本书得到了贵州大学引进人才科研项目"贵大人基合字（2022）54号"的资助。

传统乡村聚落景观基因变异机制及修复——以陕西为例

向远林　著

中国建筑工业出版社

图书在版编目（CIP）数据

传统乡村聚落景观基因变异机制及修复：以陕西为
例/向远林著．—北京：中国建筑工业出版社，
2024.1
ISBN 978-7-112-29594-4

Ⅰ.①传…　Ⅱ.①向…　Ⅲ.①乡村—景观设计—案例
—陕西　Ⅳ.①TU983

中国国家版本馆 CIP 数据核字（2024）第 019312 号

责任编辑：张礼庆
责任校对：姜小莲
校对整理：李辰馨

传统乡村聚落景观基因变异机制及修复——以陕西为例

向远林　著

＊

中国建筑工业出版社出版、发行（北京海淀三里河路 9 号）
各地新华书店、建筑书店经销
北京龙达新润科技有限公司制版
建工社（河北）印刷有限公司印刷

＊

开本：787 毫米×1092 毫米　1/16　印张：12½　字数：312 千字
2024 年 1 月第一版　2024 年 1 月第一次印刷
定价：**68.00** 元
ISBN 978-7-112-29594-4
（42116）

传统乡村聚落是中国农耕文明的宝贵遗产，亦是乡村振兴的重要目标对象。陕西是中华文明特别是中国农耕文明的重要发祥地之一，具有悠久的历史和典型的传统乡村聚落景观。景观基因理论借鉴生物基因表达、遗传、变异的理论与方法来研究传统乡村聚落景观，是解释传统乡村聚落景观形成、发展、演变的很好的理论与方法。因此，结合陕西区域传统乡村聚落景观具体特征，本研究以陕西 113 个国家级传统村落为研究样本，应用景观基因理论的主要理论体系与研究方法，从陕西省域、传统乡村聚落景观文化生态区及单个聚落三个尺度，对陕西传统乡村聚落景观基因的变异机制及其修复进行全面、系统研究。

首先，本研究分析了国内外传统乡村聚落景观及景观基因研究进展，发现传统乡村聚落景观基因变异性是目前国内外学者们尚未深入探讨的研究领域，而陕西传统乡村聚落又体现出一定的景观基因变异趋势，因此，其变异机制及修复是一个尚待解决的科学问题。

其次，在省域尺度（宏观尺度）下，研究了陕西传统乡村聚落基本特征、景观基因识别提取及图谱构建等，作为景观基因变异性研究的重要基础。首先梳理了陕西传统乡村聚落景观形成的自然和人文历史的总体环境，探讨其历史演变脉络及基本特征，并从时间和空间两个维度，研究了它的总体格局。继而，提出适于陕西传统乡村聚落的景观基因识别指标体系，并对其进行了识别、提取，分析了其景观基因基本特征和不同景观特质类型聚落的空间特征。在此基础上，以景观基因分析为主要研究方法，提出了陕西传统乡村聚落景观特质形成与表达的总体机制；进一步提出适于陕西传统乡村聚落景观基因组的图谱体系，并对其图谱进行了系统构建。之后利用图谱分析的方法，提出了陕西传统乡村聚落景观基因遗传和更新的总体机制，并分析了其遗传、变异的总体趋势。

再次，在文化生态区尺度（中观尺度）下，系统研究了传统乡村聚落景观基因变异特征、变异机制、变异性判定等景观基因变异性研究的若干核心理论问题。对陕西传统乡村聚落景观意象、景观基因信息链进行了构建。对陕西传统乡村聚落景观进行文化生态区划，分析了各区景观基因变异特征，并进一步构建区域景观基因识别系统。在此基础上，提出了陕西传统乡村聚落景观基因的总体变异机制，分析了其总体变异特征，并探讨了景观基因变异性判定的操作流程。

最后，进行单个聚落尺度（微观尺度）的研究。提出了传统乡村聚落景观基因信息链修复的理论框架，以质性研究等方法为主要研究方法，按照修复理论框架，以陕西四个典型变异聚落为例，探讨了如何对变异聚落进行景观基因信息链修复。在此基础上，提出了基于景观基因信息链修复的传统乡村聚落景观主要保护利用模式。

　　本研究采用景观基因理论相关研究方法，在识别提取陕西传统乡村聚落景观基因并系统构建其景观基因组图谱基础上，对其形成与表达机制、遗传与更新总体机制、总体变异机制、景观基因信息链、区域景观基因识别系统等核心问题进行了深入研究；厘清了陕西传统乡村聚落景观基因的变异特征、变异机制等关键问题，对陕西典型变异传统乡村聚落进行了景观基因信息链修复，并探讨了传统乡村聚落景观基因信息链修复的实践应用，为传统乡村聚落保护、振兴与合理利用提供了全新的理论和方法。本研究结合陕西区域传统乡村聚落景观特征开展相应研究，将景观基因研究从全国层面推向区域层面，并走向景观基因变异及修复研究的全新领域，对推动景观基因理论发展具有一定积极意义。

目录

第 1 章

绪　　论

1.1　研究背景与意义

1.1.1　研究背景

（1）院士之问，问题缘起

马俊如院士在 1997 年提出了地学研究之问："地理科学研究为什么只能定位在'复杂的巨系统'层次上，能否给复杂的地学问题寻找一个简单的表达？也来研究一下地学领域的图谱问题？"[1] 由此开启了地学图谱研究之门。已故著名地理学家吴传钧院士早在 1991 年就提出了地理学研究的核心是"人地关系地域系统"的著名论断[2]，其中包含了"景观""环境变化""发展"等人地关系的若干重要概念。文化景观是人文地理学的重要研究对象，传统乡村聚落景观是文化景观研究的重要内容和热点问题。既然是文化景观，自然就会被追问，它的文化基因是什么？这就给景观基因研究提供了很好的学理和哲学基础。而景观基因及其图谱研究是实现传统乡村聚落景观保护与修复的重要路径和理论方法。那么，如何将图谱研究与文化景观中的传统乡村聚落景观研究有机结合，并为传统乡村聚落的保护与发展提供新的路径与方法？这值得人文地理学者们广泛思考和积极探索。

（2）先驱开拓，提出理论

基于马俊如院士之问，刘沛林等学者对聚落景观基因进行了较早探索，其以传统聚落景观基因图谱为核心，提出了景观基因的主要理论与方法，并得到相关研究领域专家学者的普遍认同。美籍华裔地理学家谢觉民先生曾盛赞景观基因理论为"中国人文地理学者开展中国人文地理研究的典范"[3]。

景观基因理论借鉴生物基因研究的理论方法，从传统聚落景观角度阐释文化地理学的两大核心问题：区域和地方之间的关系[4]，并能很好地解构传统聚落所承载的文化空间信息，将传统聚落研究和文化地理学推向一个新的高度。但正如刘沛林教授在其博士论文结尾所说，他只是奠定了全国传统聚落景观基因研究的基础，区域传统聚落景观基因研究才开始，需要更多的人加入，也有大量的研究工作需要做。正是基于此，本书应用景观基因理论，开展陕西省传统乡村聚落景观基因的相关研究。

（3）乡村振兴，热切需求

2018年1月2日，中共中央发布2018年中央一号文件——《中共中央　国务院关于实施乡村振兴战略的意见》，明确提出我国要逐步实现乡村全面振兴，将乡村振兴作为新时期的国家战略。2018年9月，中共中央、国务院印发了《乡村振兴战略规划（2018—2022年）》，提出将传统村落、历史文化名村等纳入特色保护类村庄，合理进行特色资源保护与发展。[5] 乡村振兴不仅是乡村富裕，更重要的是乡村文化的振兴。传统乡村聚落作为我国农耕文明的宝贵基因库，无疑是乡村振兴的重要对象。它承载着中国农耕文明的几乎全部重要历史文化空间内涵，全景式地呈现中国的过去是什么样子，并揭示中国的未来应该如何继往开来。传统乡村聚落的保护与振兴，文化生态系统的保护、修复与活化是重要内容，而景观基因理论及相关研究则为其提供了科学方法和理论依据。

（4）历史悠久，本底良好

陕西历史悠久、文化底蕴深厚，传统乡村聚落景观独具特色。从西安半坡原始聚落到韩城丰富的元代村寨遗存，再到陕南水旱码头漫川关"船帮百艇连墙，骡帮千蹄接踵"的壮观景象，无不昭示着陕西令世人瞩目的乡村聚落发展史。但近现代以来，受清末西北同治回乱及改革开放后城镇化快速推进等多方面因素影响，陕西传统乡村聚落遭受了不同程度的破坏，有的甚至已看不到地面遗存。景观基因识别、提取、图谱构建等相关研究工作，是对陕西传统乡村聚落景观抢救性保护的重要研究工作之一。基于其保存数量少、聚落历史文化要素保护不好、多聚落景观格局破坏严重的客观实际，系统梳理陕西传统乡村聚落景观，构建陕西区域聚落景观基因识别系统，对典型变异聚落进行景观基因信息链修复等相关研究，显得尤其重要与必要。这也是陕西这一区域性聚落景观基因研究的重点与难点，亦是本研究希冀有所突破的创新之处。

（5）诗意栖居，乡愁所系

"诗意栖居"，是从古至今人们对美好生活的夙愿。传统乡村聚落，正是历史时期的人们基于当时的物质条件，创造的最优人居环境。古人对乡居生活素有"采菊东篱下，悠然见南山"的畅想，新时期人民有"看得见山，望得见水，留得住乡愁"的美好愿望。对一个民族而言，传统乡村聚落就是这个民族的"乡愁"所系，它承载了这个民族农耕文明发展演变的点点滴滴，积淀了深厚的物质文化基础和强大的精神文化内涵，体现了民族传统文化的智慧，并在今天依然保持着旺盛的生命力，引领着华夏文明上下五千年的风潮，传承中华文明的根脉，走在正青春的民族复兴道路之上。通过对传统乡村聚落进行变异性及景观基因信息链修复等研究，正是希望解剖式地挖掘并展示其历史文化内涵，为保护、振兴传统乡村聚落提供科学依据。

1.1.2　研究意义

（1）实践意义

中华文明光辉灿烂，且以农耕文明见长。自后稷教民稼穑，中国便进入了农耕文明的时代。传统聚落记录了中华民族从蒙昧到文明、从乡村到城镇、从古老到现代发展演变的全过程，是中国农耕文明积淀千年的基因宝库。传统聚落以乡村聚落为主体，承载着丰富的物质和非物质文化内涵，包括传统民居建筑景观、地域风俗习惯、宗族发展史等地域特征显著的景观基因要素。新时期，传统聚落既是我们了解古老中国过去的文明密码，更是我们走向未来的坚强基石。

传统乡村聚落是中国农耕文明的铁犁挽歌，是中华民族的"乡愁"所系，在快速城镇化冲击下，承载着中国优秀农耕文明积淀的传统乡村聚落正遭受着不同程度的破坏，对其进行景观基因信息链修复等相关研究，有着良好的经济、社会、文化效应，极具实践意义。而陕西作为中华民族的发祥地之一，历史文化底蕴深厚，自然地理特征丰富多样，地域文化特色突出，传统乡村聚落有历史、有文化、有故事。因而，陕西是传统乡村聚落的典型研究区，陕西的传统乡村聚落也极具研究价值。应用景观基因理论进行陕西区域性传统乡村聚落景观研究，是对其景观体系的系统梳理、景观密码的深度挖掘，为其保护、振兴、发展提供科学依据、技术支撑和方法供给，具有重要实践价值和意义。

（2）理论意义

在刘沛林等提出的景观基因理论基础上，进行区域性传统乡村聚落景观研究，持续成为聚落景观研究的热点。景观基因理论能很好地解析传统乡村聚落所承载的地域文化内涵，更能很好地解释传统乡村聚落景观发展演变的传承特征、变异特征。从景观基因视角对传统乡村聚落进行研究，能够更好地解读传统乡村聚落文化景观特征与景观特质，阐释其变异机制与变异特征。特别是，陕西厚重的历史和传统乡村聚落保存不好的客观实际，为传统乡村聚落景观基因变异性及其景观基因信息链修复提供了很好的研究基础。综合来看，进行陕西区域性传统乡村聚落景观基因研究，使景观基因理论从全国层面走向区域层面，丰富了景观基因理论的层次与内涵；结合区域聚落景观特征开展相关研究，使景观基因研究走向景观基因变异性及其修复的全新领域，推动景观基因理论系统发展，为景观基因研究提供"陕西样本"和"陕西经验"。

1.1.3 研究的创新价值取向

本研究应用景观基因理论与方法阐释陕西传统乡村聚落景观基因形成与表达、遗传与更新、变异的基本特征及其机制。通过重建和复原陕西典型变异聚落的景观基因信息链，系统展示传统乡村聚落历史文化景观的全面结构；提出基于景观基因信息链修复的传统乡村聚落保护与利用模式，为传统乡村聚落保护利用提供全新的理论与方法。因此，将景观基因理论拓展到聚落景观基因变异性及其修复的全新层面，是本研究所希冀的主要理论创新；进行景观基因信息链的复原与重建，并提出基于景观基因信息链修复的传统乡村聚落保护利用模式，是本研究所希冀的主要实践创新。总之，应用景观基因理论进行陕西区域性传统乡村聚落景观研究，具有一定的理论和实践意义，并能够进行一定的理论创新和实践创新。

1.2 研究方法和技术路线

1.2.1 主要研究方法

本研究主要应用了以下研究方法。

（1）统计学的基本方法与 GIS 空间分析方法。宏观层面，进行陕西传统乡村聚落景观现状总体特征研究时，本研究结合基础数据资料，应用统计学的基本数理统计方法与GIS空间分析的基本方法，进行相关研究分析。

（2）文献研究法。宏观层面，进行陕西传统乡村聚落历史演变分析及陕西传统乡村聚落景观基因识别、提取、图谱构建时，本研究借鉴历史地理学"文献研究"的基本理论方法进行了相关分析研究。微观层面，进行变异聚落景观基因信息链修复时，研究团队大量阅读、整理了相关古、今地方志等文献资料，作为景观基因信息链修复的部分基础数据资料。

（3）质性研究方法。基于文化景观特别是非物质文化景观难以定量分析的实际情况，本研究采用质性研究方法作为主要研究方法，采取半结构式访谈、参与式访谈、问卷调查、实地踏查等多种形式，进行数据资料收集与整理，并进行相应的归纳与演绎、分析与综合等研究工作。特别是，结合地理学、社会学的"田野调查"和建筑学的"建筑测绘"等基本方法，研究团队对陕西前五批全部113个国家级传统村落进行了实地调研，并兼顾主次与景观特质，选取景观基因变异特征显著的4个典型传统村落进行了重点调研。在宏观层面进行景观基因识别、图谱构建，中观层面进行文化生态区划、变异机制研究，微观层面对变异聚落进行景观基因信息链修复研究时，都应用了质性研究的相关理论方法。

（4）考古学、历史地理学的"复原思想"、推理方法与遗址保护的基本理论方法。本研究进行景观基因信息链修复时借鉴了考古学、历史地理学的"复原思想"和逻辑推理方法，并借鉴了遗址保护与利用的相关基本理论方法。

（5）类型学、形态学、景观基因分析等景观基因理论的其他基本方法。刘沛林等提出景观基因理论时，融合了生物学关于"基因研究"的相关基本理论、方法，以及形态学、类型学、古地理学、旅游学、经济学等相关研究领域的基本方法。

1.2.2 主要技术路线和基本框架

本研究开展陕西传统乡村聚落景观基因变异性及其修复相关研究，主要技术路线如下。（1）根据国内外研究现状，明确研究目的和研究方向；（2）进行宏观层面的研究，包括两大部分，一是进行陕西传统乡村聚落形成的自然、人文总体环境分析及其历史演变、现状总体特征分析；二是进行陕西传统乡村聚落景观基因提取识别、图谱构建及其特征分析，提出其景观基因形成与表达总体机制、遗传与更新总体机制，作为后续变异性研究的重要基础；（3）进行中观层面的研究：通过对陕西传统乡村聚落景观意象提取、景观基因信息链构建及文化生态区划，构建其景观基因区域识别系统，作为景观基因变异性综合判定的基础，亦是陕西区域聚落景观基因研究的重点；然后，基于上述基础，分析各文化生态区内景观基因变异特征并梳理出其总体变异机制，进一步提出景观基因信息链修复的理论框架体系，这是陕西区域聚落景观基因研究的核心；（4）进行微观层面的研究：主要对单个变异聚落景观基因信息链进行复原与重建，并提出基于景观基因信息链修复的四类传统乡村聚落景观保护与利用模式。本研究的详细框架体系见图1-1。

1.2.3 拟解决的主要科学问题

本研究以景观基因理论和文化生态学的主要理论、方法为基础，对陕西传统乡村聚落进行景观基因视角的系统研究，主要对其景观基因的形成与表达、遗传与更新、变异机制

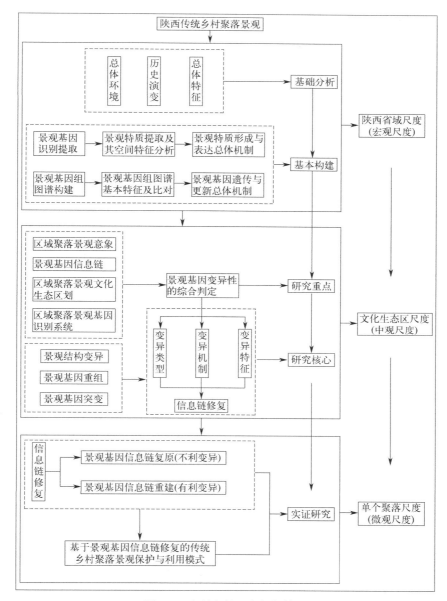

图 1-1 本研究的基本框架体系

及景观基因信息链修复等科学问题进行深入研究，并以其景观基因变异性及修复为核心，从景观基因角度全面探讨陕西传统乡村聚落景观的形成、发展与演变（图 1-2）。

图 1-2 本研究拟解决的主要科学问题

1.3 研究区域、样本选取与数据来源

1.3.1 研究对象与研究区域

本研究以陕西省行政范围所辖区域为研究区，以住房和城乡建设部、文化和旅游部等部委联合公布的陕西范围内前五批次、共计 113 个国家级传统村落为研究样本，以陕西传统乡村聚落景观为研究对象，对其进行景观基因识别、提取、图谱构建、景观基因变异性及其修复等相关研究。

陕西省地处 $105°29'\sim111°15'E$ 和 $31°42'\sim39°35'N$ 之间，幅员南北长、东西窄，南北长约 880km，东西宽在 $160\sim517km$ 之间，全省总面积约 20.60 万 km^2。[6] 陕西省与四川、山西、河南等 8 个省、18 个地级行政单位接壤，是中国拥有最多相邻省份的省级行政单位。陕西历史悠久，文化灿烂，是中华文明和中华民族的主要发祥地之一，曾先后有包括周秦汉唐在内的 14 个王朝在陕西境内建都，中华民族也正是从陕西走向了大统一的格局。1963 年在陕西宝鸡出土的"何尊"，其上铭文"宅兹中国"是迄今发现的"中国"一词的最早出处[7]。横卧在陕西中部的秦岭，是中国的南北地理分界线。它横贯东西，勾连南北，使陕西拥有三大自然环境迥异的地理单元，并孕育出各具特色的传统乡村聚落景观。

1.3.2 样本选取与数据来源

本研究以陕西省入选的 113 个国家级传统村落为研究样本，对其进行省域（陕西）尺度、文化生态区尺度、单个聚落尺度三个尺度的研究。在陕西省域尺度下，本研究将研究样本分为陕南、关中、陕北三大自然经济区进行研究；在文化生态区尺度下，本研究划分陕西传统乡村聚落景观文化生态区，进行文化生态区尺度聚落景观变异性研究；在单个聚落尺度下，根据综合分析，本研究选取陕西具有典型景观基因变异特征的传统乡村聚落，主要对其进行景观基因信息链修复等研究。

从分布特征来看，研究样本存在一定的缺失性。陕西这 113 个国家级传统村落，全部分布在陕北明长城以南的陕西区域内，陕北明长城以北的陕西区域没有入选的国家级传统村落。事实上，这一区域是以毛乌素沙地为主的风沙滩地区，人类活动较少，现存传统聚落少，有限的聚落也多是近现代聚落，故本研究认为该区域为陕西传统乡村聚落景观缺失区域，对其不做深入研究。

研究数据来源于实地调研、文献收集与整理、基础数据收集与整理等。为尽可能多地获取一手数据资料，研究团队于 2016—2019 年，利用五个寒暑假对陕西 113 个国家级传统村落展开了广泛调研，并对其中进行景观基因信息链修复的 4 个传统村落进行了重点调研，采取问卷、访谈、调查等多种方式，收集了大量文件、数据资料，包括每一个传统村落的《中国传统村落档案》《传统村落调查登记表》和部分村落的《传统村落保护发展规划》，相关村志、乡镇志、县志、家谱、碑刻、游记及其他文史资料；文献资料收集整理包括对实地调研资料、相关村史、村志、县志、统计年鉴等资料的整理、分析等；基础数据资料整理则包括各村最新影像数据资料的整理等。

第 2 章

相关概念与研究进展

2.1 相关概念界定与解析

2.1.1 聚落、传统聚落、传统乡村聚落、传统村落的概念及关系

聚落（settlement）是人类在适应并改造自然地理环境中所形成的一种特殊的生产和社会生活空间[8]，通常由居住者、居住场所和与居住直接有关的（生产、生活）设施构成，是人类各种形式的聚居地的总称，一般分为乡村聚落和城市聚落。乡村聚落是指位于城镇以外的乡村地区，以农业人口为主，以第一产业为主要经济活动形式的聚落[9]。

传统聚落是历史时期形成的具有明显历史文化特征的古城古镇古村[1]。类似的，传统聚落也包括了城镇型传统聚落和乡村型传统聚落。而乡村型传统聚落，即传统乡村聚落，是本研究的主要研究范畴，其主要由传统村落、历史文化名村、历史文化名镇等聚落类型组成。可见，聚落、传统聚落、传统乡村聚落是包含与被包含的关系，三者的内容范围逐渐缩小。

2012 年 4 月，国务院有关部委联合发布了《关于开展传统村落调查的通知》，将"古村落""历史村落"等习惯性称谓统一为"传统村落"，并明确提出了传统村落的概念，指的是形成较早，拥有较丰富的传统资源，具有一定历史、文化、科学、艺术、社会、经济价值，应予以保护的村落[10]。用"传统"一词加以修饰，以突出传统村落的历史延续性和农业文明承载性[11]。传统村落在传统乡村聚落中数量最多，是其主要组成部分，两者所包含的范围对象大致相同，因此，大体可以认为两者是等同的概念。区别在于，传统村落是倾向于行政化的语言表述，而传统乡村聚落则是更趋向于学术化的语言表述。

在本研究中，传统村落和传统乡村聚落在一定意义上等同，两者可以互相替换。因此，本研究主要使用"传统乡村聚落"一词，在必要处，根据研究对象的具体情况，使用"传统村落"一词，如第 3 章对陕西国家级传统村落的基本特征研究。

2.1.2 文化景观与传统乡村聚落景观

被学界公认为文化景观学派创立者的美国地理学家索尔在 1927 年发表的《文化地理

的新进发展》中提出了"文化景观"的经典定义：文化景观是附加在自然景观之上的人类活动形态[12]。中国文化地理学者普遍认为，文化景观是人类活动创造的叠加于自然环境之上的人文景观[13]，是地理学对景观的附加，而不单单指风景。文化景观一直都是人文地理学研究的重要内容之一。传统乡村聚落景观则是近年来文化景观研究的热点议题之一，其具体定义可以概括为：一定地域的人们在一定历史时期所创造的乡村聚落文化的空间形象[13]。

可见，传统乡村聚落景观是一种文化景观类型或现象，是一定地域内人们创造的地域文化空间形象。简单地说，传统乡村聚落（传统村落）仅指聚落本身，而传统乡村聚落景观包含了聚落本身及其所处的环境，前者是后者的承载体。因此，本研究中的陕西113个国家级传统村落为陕西传统乡村聚落景观的主要承载体，是本研究的主要研究样本，而本研究的研究对象为陕西传统乡村聚落景观。

2.1.3　景观基因、景观基因组、景观基因组图谱及其相互关系

刘沛林、胡最等国内学者对传统聚落景观基因进行了较早探索，形成了景观基因理论的基本框架体系，为从景观基因视角开展传统聚落景观研究奠定了坚实基础。刘沛林等阐明了传统聚落景观基因、景观基因组和景观基因组图谱之间的关系，其主要观点为：景观基因是传统聚落中那些世代传承并对聚落景观特征形成具有决定性影响的文化因子，其中，具有重要景观特征和关键历史文化信息的景观基因共同构成了景观基因组，景观基因与景观基因组之间是包含关系；而景观基因组图谱则是借鉴生物基因组图谱的原理和方法构建的可视化表达形式，体现传统聚落景观基因组的结构、功能、空间规划布局特征并对它们进行图示表达，传达传统聚落景观意象，是对传统聚落景观的刻画，与陈述彭院士等倡导的地理信息图谱差别较大[14]。

2.1.4　传统乡村聚落景观基因的表达、遗传、变异

借鉴生物基因研究的相关基本概念与体系，本研究提出传统乡村聚落景观基因的表达、遗传与变异的概念。景观基因表达，是指传统乡村聚落景观基因在一定条件下，形成独特的地域文化景观特质和多样地域文化景观特征的过程，类似于生物在基因控制下表达形成相应性状的过程，景观特质和景观特征即为传统乡村聚落景观的"性状"；景观基因遗传，是指传统乡村聚落景观基因在一定条件下，将景观特质与主要景观特征稳定传递给后世聚落的过程；景观基因变异，是指在一定条件下，当地地域普遍稳定遗传的传统乡村聚落景观基因产生突出变化或明显破损甚至产生新景观基因的过程。景观基因的表达、遗传与变异是本研究的重点与核心，亦是阐释传统乡村聚落景观演变得很好的理论体系。

2.1.5　其他需要特别说明的概念

窑洞民居是黄土高原上的人民利用黄土竖向稳定性的伟大创造，是一种典型的大地依恋型的民居类型[15]。窑洞聚落在陕西、山西、宁夏、甘肃等省、区的黄土高原区域都有分布，是黄土高原上独特的聚落景观类型。而本研究所指窑洞聚落、窑洞民居，均特指陕西范围内的窑洞聚落、窑洞民居，在无特别说明的情况下，陕西范围外的窑洞聚落、窑洞民居不在本研究的探讨范围之内。

2.2　国内外相关研究进展

2.2.1　国外相关研究进展

西方地理学者 18 世纪就已开始开展乡村聚落的相关研究。国外关于乡村聚落的研究经历了物质化描述说明阶段、计量解释及其拓展阶段、人本主义及社会文化转向阶段、跨学科发展及再物质化研究阶段等几个主要阶段[16]。

（1）乡村聚落的形成、发展与演变

德国地理学家科尔（J G Kohl）被认为是聚落地理的最早研究者之一，其最重要的代表作为《交通殖民地与地形之关系》[17]。法国学者白吕纳（Brunhes）也是乡村聚落早期研究的代表人物之一，其较早探讨了聚落形成、发展与自然环境之间的关系，认为村落及其内部诸多要素均受自然环境的影响[18]，并受白兰士（Blache）历史方法的影响，探讨了乡村聚落的类型、形成、演变及其与农业系统的关系[17]。E. W. Gilbert 和 R. W. Steel 将乡村聚落界定为村落、小村、农场和分散的居住区，认为乡村聚落的分布和形态是社会地理学的一个主要分支[19]。George W. Hoffman 基于对保加利亚乡村聚落形成与发展过程的系统研究，认为由于政府的不确定性，自然条件在聚落的位置和形态中发挥了重要的作用；聚落的定居模式是其多样化历史的结果，是由不同文化对其的影响演变而来的[20]。Stone 系统研究了尼日利亚中部的科夫亚人（The Kofyar）由于耕作方式改变从当地一高原迁移到另一低地平原过程中居住方式的不断变迁[21]。Roberts 选取农业、牧业和矿区三种类型的村落，从村落规模、景观感知等方面系统阐述了三类村落的历史演变历程[22]。Ruda 认为农业产业化影响了整个农村，农耕方式、大规模的集中技术和管理系统地改变了人类的生活和聚落结构[23]。

（2）乡村聚落的分类

乡村聚落分类相关研究早期主要关注聚落的平面形态，后来逐步转向关注聚落的空间地域功能[16]。以梅村、克里斯塔勒及阿·德芒戎为代表的德、法地理学者对乡村聚落形态、类型研究做出了重要贡献。梅村（A Meitzen）早在 19 世纪末就提出了聚落形态可以作为聚落类型划分依据的观点[17]。克里斯塔勒（W. Christaller）将集群村庄划分为规则和不规则两类，又将前者细化为庄园型、线型和街道村庄等类型[24]。阿·德芒戎（A Demangeon）以法国为例，依据单体聚落的平面形态划分了线型、块型、星型、趋向分散等四种类型的聚落[25]。此外，美、英、意等国学者也逐渐开展乡村聚落形态、类型的相关研究，如 Robert Burnett Hall 对日本的聚落进行了依据区域的自然地理环境和社会文化等差异的分类研究（1931）[26]；Glenn T. Trewartha 对美国密西西比河上游聚落的发展进行了流域性聚落类型的探讨，主要依据该流域不同类型土地的经济属性和农户对它们的拥有意愿（1946）[27]；伦纳德（Leonard Unger）对位于意大利南部的坎帕尼亚区的聚落从区位、人口、农业生产、耕作范围等角度进行了综合分析（1953）[28]；罗伯茨（Roberts）以英国为例，基于聚落的形状、规整度和是否拥有开阔地等方面提出了乡村分类标准（1979）[29]。

近年来，国外学者重点关注经济社会发展与乡村聚落类型、形态之间的互相影响作用。如，彼得（S. Peter）认为南非地区乡村聚落的形态影响了乡村基础设施的可达性（2003）[30]；Violette Rey[31]、M. Tabukeli[32] 则分别分析了随着经济社会的发展，聚落形态的演变及其对零售业的影响。计算机科学技术也逐步应用到乡村聚落类型的划分中，如希尔（M. Hill）依据聚落的空间分布格局，将 GIS 空间分析方法引入乡村聚落类型研究中，并划分出高密度型、低密度型、随机型等 6 种聚落类型（2003）[33]；Juan Porta 将人口迭代算法应用到乡村聚落的类型划分研究中[34]。

（3）乡村聚落的空间结构与分布体系

中心地理论、扩散理论及有关区域科学理论是对国外乡村聚落空间结构与分布研究影响较大的主要理论[35]。继杜能提出农业区位论之后[36]，基士姆（Chisholm M）等基于农业区位论探讨了聚落的不同分布区位及其土地利用特征[37]。而克里斯塔勒（W. Christaller）提出的中心地理论则是聚落分布体系研究的经典理论[24]。在中心地理论基础上，学者们从不同视角研究了聚落的空间分布，如 U. Bonapace 认为意大利南部的村庄分布属于集聚与分散混合模式，其等级分布体系符合克里斯塔勒的中心地理论[33]；J. G. Hudson 基于中心地理论与聚落扩散理论，研究美国艾奥瓦州聚落体系的分布及形成过程[38]；P. Deadman 等运用元胞自动机模型（CA 模型）对加拿大某一地区聚落的空间结构演变和扩展过程进行了模拟[39]。

（4）不同因素对乡村聚落的各种影响

国外学者们早期主要关注自然因素对乡村聚落的影响，后来逐步转向关注人口、历史、经济、社会文化等多种因素对乡村聚落的综合影响。这些影响因素，往往成为特定历史时期聚落形态、空间结构等发展演变的动力。乡村聚落的早期研究中，德国具有重要影响力的地理学家科尔、梅村及法国的白兰士、白吕纳等人都对聚落形成发展的影响因素进行了探讨，但总体都偏向于对自然因素的影响研究。当时其他相关研究也大多受此影响，如路杰安（M Lugeon）分析了地形、光照等自然环境要素对村落的影响[40]。"二战"后特别是鲍顿（L Burton）提出地理学"计量革命"（1963）以来，伴随着城乡聚落发展新特征，学者们开始更多地关注人口、经济、社会文化等对聚落的各种影响。如，D. R. Hall[41]、Stockdale[42] 等分别研究了阿尔巴尼亚移民、苏格兰乡村重构和人口留守等对当地乡村演化及人口的影响；S. Paquette[43]、Hoskins[44] 等分别研究了农业耕作方式变化、土地富饶程度等对乡村聚落空间布局产生的影响；M. Argent[45]、Diane K. ML[46]、Andrew Gilg[47]、Isabel Martinho[48] 等分别研究了人口密度、社会文化、乡村交通、历史因素等对乡村聚落的影响。

21 世纪以来，学者们开始关注农村工业化和城镇化对乡村聚落的影响。如，C. F. Carrion[49]、M. Antrop[50] 等认为城镇化是聚落演变的重要因素；Giulia Caneva 等研究了印尼巴厘岛传统村落的民族植物学知识，尽管面临着旅游业和农业变革的巨大压力，巴厘岛有几个土著村落仍幸存下来，并蕴藏着丰富的民族植物文化，而现代化造成的文化侵蚀和随之而来的信息碎片化，被认为是传统民族植物学知识（TEK）异质性增加的主要原因之一[51]。

近年来，学者们逐渐关注政府行为、公共服务设施、旅游、住宅结构等因素对乡村聚落的影响，同时，社会文化、景观生态对聚落发展演变的影响持续成为聚落研究的热点，这也是聚落研究从空间范式向人文主义范式转变的重要体现，乡村聚落影响因素研究呈现学科交叉、多元化及面向新近问题的趋势。如，Spedding 基于社会学角度探讨了聚落环境的改变[52]；Lewis CA 等认为政府规划行为是聚落演变的重要影响因素[53]；Sanjay K 研究了旅游与乡村聚落的关系，通过对尼泊尔安纳普尔纳地区几个乡村聚落旅游小屋的调查，分析了旅游业促进住宿设施的增长及对其特征变化的影响，结果表明，农村聚落形成了一种具有核心特征和外围特征的层次结构，并根据诱导模式的发展阶段、大小和功能对其进行了规范的分类[54]。

（5）不同主体对乡村聚落保护与发展的态度

聚落主体作为聚落发展的重要因素，他们对聚落保护发展的不同态度日益成为学界关注的重点。如，Azman A Rahman 等以马六甲传统村落 KampungMorten 为例，通过综合考察社区对传统乡村发展的偏好、对乡村性的感知以及对乡村生活的态度，评估社区对"将传统民居作为活博物馆"的利益和态度[55]；Bixia Chen 等调查了琉球群岛上一个为游客提供当地文化、历史和自然综合体验的传统村落森林景观，研究游客对其的保护态度和偏好，通过分析两年内收集到的 417 名受访者数据，发现年龄在 40 岁以下或与家人同行的受访者更有可能提供给树木景观保护基金更多的资助，而家庭收入较高或受教育程度较高的受访者则倾向于不增加对保护乡村树木景观的捐款[56]。

此外，域外学者近百年来对中国乡村聚落也进行了较多研究，如 19 世纪末德国地理学家李希霍芬来到中国，对陕西等地的乡村聚落进行了详细研究[57]；20 世纪末，日本学者深尾叶子等人对陕北窑洞聚落进行了深入研究[58]。

（6）文化景观及景观基因的探索研究

国外关于景观基因的研究，经历了三个主要阶段：即文化景观学派的创立和发展，"文化基因"概念的提出及景观基因研究的深入。美国地理学家索尔（O. Sauer）被认为是"文化景观"学派的创立者之一，其对"文化景观"进行了较早探索[12]，他的学生怀特（Whittlesey）在其文化景观思想基础上提出"相继占用"和"阶段序列"的概念来对景观进行阐释[59]。在此基础上，克拉克和克罗伯最早提出"文化基因"的概念[60]，其内涵得到丰富发展，逐步形成架构在文化生态学基础上的"景观基因"的概念，并得到深入研究发展。如，泰勒（Taylor）等国外学者较早提出借鉴生物基因研究的"基因分析"方法来寻找聚落空间结构共同规律的思想[61]；康泽恩（Conzen）认为历史市镇形态中蕴含着特定的"形态基因"[62]；段义孚则认为，乡土景观中的标志物可以增强人们对地方的认同感和忠贞感[63]。这些较早的景观基因探索，给国内学者进行景观基因研究诸多启示。

2.2.2　国内相关研究进展

传统乡村聚落是一种具有中国特色、特殊类型的乡村聚落，又称历史文化聚落或古村落。在中国政府相关部门的大力推动下，传统乡村聚落近年来迅速成为学术界研究的热点问题之一[64]。

传统乡村聚落的研究历史可分为萌芽（20 世纪 20—70 年代）、发展（20 世纪 80—90 年代）和繁荣（21 世纪至今）三个阶段。萌芽阶段，早期从海外学成归国的学者主要运用西方的学术理论与方法，从建筑学和社会学视角研究我国传统乡村聚落，研究成果涉及乡土建筑、乡村社会、民俗宗教等方面。这一时期的研究脱胎于我国古地理学的风水思想，并深受西方人地关系思想影响，代表人物有钟功甫、严钦尚等。发展阶段主要是传统乡村聚落在改革开放大潮的冲击下面临着严重的生存危机，国内学术界重新认识和发掘了传统乡村聚落的历史文化价值、研究价值以及实际应用价值，并引入国外的研究成果，研究重点从乡土建筑转向村落环境景观、古村落的研究与保护等，逐步形成完整的研究体系，代表人物有李旭旦、金其铭等。繁荣阶段是学术界的研究对象聚焦到传统村落，并将其提升到中华传统文化精华和农耕文明精髓的高度[65]，更加关注传统村落的文化价值。政府采用一系列法律法规和相关制度将传统村落纳入文化遗产保护体系，并开展全国传统村落普查，相关学术界也从最初的建筑学、规划学拓展到地理学、社会学、历史学、旅游学等多学科，从旅游开发、文化遗产保护、人地关系等多视角对传统村落进行综合性研究[66]。目前，国内传统乡村聚落的研究视角趋向多元化，并呈现多学科交叉的趋势[64]，研究内容主要集中在以下几个方面。

（1）传统乡村聚落的形成、发展及演变

刘沛林基于村落环境的"可识别性"和"可印象性"特征，将传统村落选址的意象归纳为：环境意象、景观意象、趋吉避凶意象、生态意象[67]，并认为祠堂、高塔、阁楼、寺庙、大树、广场、水塘、流水与桥、屋顶与山墙等构成了中国传统村落意象的标志[68]。

张少伟梳理了中国传统乡村聚落的发展轨迹，探讨其发生与演进的动力机制，认为中国传统乡村聚落从先秦时期以地缘关系为纽带的"丘"和方便生产的"卢"，到汉代乡村城市化的"里"、自发垦荒形成的"庐聚"和拥有商业职能的"市聚"，再到魏晋南北朝时期拥有自卫功能的"坞堡"，最后发展为唐代具有行政意义的"村"；传统乡村聚落的演进则受到单一的农业经济生产方式、土地制度的变迁、传统农业生产技术的改进和提高、科举选拔制度的实施、传统农业的耕作方式与技术传承等因素的影响[69]。

李鹏等（2018）运用GIS分析方法对江西175个传统村落的选址特征及其规律进行定量分析，揭示江西各历史时期传统村落的选址特征、聚集演变规律及其成因。研究结果表明：宋元时期奠定了江西古村落的基本格局，形成了三大聚集核心区，集聚中心与江西东北部徽文化、庐陵文化、临川文化及赣南客家文化中心耦合一致；随时序，古村落选址展示出"由北向南、由原向岭、由旷向隐"的总体移动规律，并受国家经济文化中心南向化、战事低纬化、人口迁移历史、土地利用竞争化、堪舆习俗等多种因素共同影响[70]。

燕宁娜探讨了宁夏西海固地区自石器时代到元、明、清时期不同历史阶段传统乡村聚落的演变历程及其人居环境和社会文化特征，认为自然地理环境的恶劣、"城—寨—堡"的军事防御体系、移民迁徙、宗教文化等是传统乡村聚落营建和演变的重要影响因素[71]。

张子琪等运用类型学方法分析了传统粤北围村聚落的演进机制，通过辨别与提取传统乡村聚落中具有特殊历史文化价值的建筑片段的"原型"特征，在新的生活场景下进行"原型"的转换与重组，并从结构规划与节点设计两个层面提出具体的更新策略[72]。

彭鹏根据湖南农村社会经济变迁的轨迹，选取1949年、1978年、1990年、2005年等四个极具代表性的时间点，分析湖南农村聚居模式的历史演变过程，比较分析不同时间段、不同类型湖南省农村聚落位置、规模、结构及形态的差异，认为传统农村聚居模式具有以下主要特征：聚居选址布局顺应自然、"天人合一"；聚落规模总体偏小，但相差悬殊；聚居结构形态呈现宗族组团式，宗法、礼制的地位突出；农村住宅以实用的生存型农宅为主；城乡间的聚居关系孤立且封闭[73]。

房艳刚等（2009）研究了以集聚为主要特征的农业村落文化景观的演化过程及机理。

研究发现：改革开放 30 年来，受宏观层面国家经济发展与现代化进程、国家政策、城乡关系等因素和微观层面村落经济社会发展、人口、文化观念等因素的影响，此类聚落空间演变（经历了机械型外向扩展、蔓延型外向扩展与空心化、内部重填与再集聚三个阶段）、民居景观演变（经历了传统四合院、平顶化向立体发展三个阶段），土地利用（经历了圈层化、细碎化与集约利用、集中化与粗放利用三个阶段）都呈现出三阶段式的演变过程[74]。

郭晓东等（2012）以甘肃省秦安县为研究对象，运用 GIS 空间分析方法，研究了1998—2008 年秦安县乡村聚落的空间演变特征及其影响因素，认为自然地理条件决定了秦安县乡村聚落的总体空间分布格局，但人口、经济、政策制度以及传统文化等因素，极大地影响了秦安县乡村聚落空间分布格局的演变[75]。

冯应斌（2014）以重庆市潼南县崇龛镇古泥村为例，从村域尺度和农户地块尺度探讨了农村居民点用地演变过程、特征、趋势及其驱动机制和生态环境效应，并提出转型时期重庆丘陵地区农村居民点用地分类调控体系[76]。

（2）传统乡村聚落的形态特征

传统乡村聚落形态的形成与演进主要有"自然式"有机演进和"计划式"理性演进两种途径，并以前者为主，大多呈现出自由、不经意、不规则等形态特征[77]。部分学者探讨了传统乡村聚落的民居形态。如，朱向东等以山西平顺奥治村为例，认为其民居空间形态以四合院的"回"形空间为基本形态，在此基础上部分发展为二进院落，也有一部分横向布置跨院[78]。三峡地区的传统聚居形态则以古场镇为主，根据地理环境的差异，其布局形态主要有平行江面布局、垂直江岸布局、团状紧凑型布局、自由布局等。受地域文化和外来文化等方面影响，其民居建筑形态呈现山地穿斗式、南方天井式、平坝夯土墙以及中西合璧式等类型[79-80]。之后国内学者基于空间句法理论、分形理论、自组织理论等多元理论，综合运用数理统计方法、3S 技术、计盒维数法、非线性方法等研究方法对传统乡村聚落形态进行量化研究[81]。

（3）传统乡村聚落的分类和区划

金其铭按照地域将我国农村聚落划分为 11 个类型区[40]。彭一刚将传统聚落分为平地聚落、山地聚落、水乡聚落等[82]。胡振洲研究了散居乡村聚落的类型及成因，将其划分为孤屋和小村[83]。陈若曦根据陕南地形地貌特点，结合村落与环境之间的联系，将传统村落划分为平地型、河谷型、坡脚型、坡地型和沟谷型等五种类型[84]。魏绪英等依据民居类型，将江西省传统村落划分为赣派传统村落、徽派传统村落和客家型传统村落三种类型[85]。

近年来，经济、社会及综合因素日益成为乡村聚落类型划分的重要考量。梁彬综合自然环境、区位、政策等因素进行了相关性的量化分析，将广州市乡村聚落划分为边远山区型、工业化快速推进型、建设用地高度密集型、都市型、沙田区型等五类[86]。魏成等以前三批 2555 个中国传统村落为例，通过分析传统村落基础设施的"适应性""生态性"和"地域性"等特征，借鉴地理相关分析法、主导因子法、生态地理分区方法等，从整体层面对传统村落进行了基础设施特征区划，将其划分为 4 个地理大区、14 个特征亚区[87]。陈勇根据自然景观相同和生态环境相似、生产和生活方式相同和相近、区域共轭性、以县域为单位等聚落生态区划原则，将四川西部山区民族聚落划分为西北部高原草地半游牧藏族聚落生态区、中部高山峡谷藏族和羌族定居聚落生态区、南部中山山原彝族和汉族聚落生态区等三个聚落生态区，认为不同聚落生态区在自然生态特征、聚落景观、民族生产和生活方式上均表现出一定的差异[88]。

部分学者引入文化生态学的理论和方法，进行传统乡村聚落的区划。李建华引入文化生态学及其层级理论，建构了以生态位为标尺，由亚文化圈—文化丛—文化簇组成的西南文化生态层级，将西南地区的聚落划分为宗族聚落、经济聚落、宗教聚落、军事防御聚落、民俗聚落等多种类型，并以景观生态学的景观结构模式，结合文化在漂积与演化过程中的生态学特征，诠释西南地区聚落的形态[89]。崔海洋等提出民族文化生态社区的概念，即在特定地域范围内和生态系统下集中的生产和生活所形成的、具有共同的民族文化认知和社会关系的社会聚落方式，是以核心村寨为中心，以自然村为外围的两个或两个以上互相作用、相互影响的地域综合体。依据文化背景下的民族生产方式，将西南地区的民族文化生态社区划分为侗族低山丘陵亚热带农耕类型稻田耕作类型、喀斯特藤蔓丛林苗族农林牧复合文化生态区、热带雨林傣族稻田耕作文化生态区、川滇黔毗邻地带高山疏树草地彝族农牧复合生计文化生态区等十种类型[90]。

（4）传统乡村聚落的空间研究

第一，传统乡村聚落的空间结构研究。范少言等于 20 世纪 90 年代末提出乡村聚落空间结构研究重点在于对规模与腹地、等级体系与形态、地点与位置等揭示乡村聚落体系演变规律问题的研究[91]。李瑛等对陕南乡村聚落空间结构从宏观整体、村庄个体、住户单元三个层次探讨了其基本特征及各层次的演变规律[92]。刘沛林（1996）则最早从文化构成的角度，研究了中国历史文化村落的"精神空间"（即"心理生活空间"）的形成与特点，认为中国历史文化村落的"精神空间"是一种包括宗族观念和宗教意识等因素在内的复合型"精神空间"[93]。此后，学者们分别从不同视角探讨了传统乡村聚落的空间结构。陈志文等分析了我国江南地区农村居住空间的三种典型结构模式及其规律[94]。李根（2014）对秦巴山地传统聚落的形态和空间结构进行了分析，并提炼出其有利于现代人居环境建设的可借鉴价值[95]。业祖润引入空间结构理论，探讨了传统聚落环境空间结构，认为以自然生态为载体的绿色空间体系、以人为主体的物质空间体系和以"人文"为核心的精神空间体系构成了传统聚落环境空间结构体系，并以中心、方向、领域和群组等形态构建传统聚落环境空间结构[96]。李薇薇则运用理性主义类型学的方法和视角，采取从表层结构到深层结构的方式，研究徽州古村落的空间结构，从徽州古村落空间要素中提取其原型，并通过对其形式表达的研究，完成其原型在具体场景中的还原[97]。郭晓东研究了位于葫芦河流域的秦安县域乡村聚落的社会空间结构、地域—形态空间结构及两者之间的关系，进而分析乡村聚落空间结构发展演变及其影响因素和驱动机制，并提出优化途径[98]。李红波等基于苏南地区土地调查数据，从市域和县域两个层面分析该地区乡村聚落的空间格局特征，并探讨了其形成的驱动机制[99]。

近年来，学者们开始逐步关注传统乡村聚落的功能转型与空间重构。李伯华等以张谷英村为例，归纳总结了快速城镇化进程中传统村落的功能类型和空间形态演变，通过分析传统村落的空间适应性，构建了传统村落的空间重构调控机制[100]。余侃华以西安大都市周边地区乡村聚落为例，阐述了乡村聚落空间调控机制的理论与方法，提出了乡村聚落的空间发展路径[101]。雷振东通过分析关中地区乡村聚落空间转型的现状及问题，剖析其演进的动力机制，提出了其整合与重构的方向和途径，并以灵泉村为例探讨了传统乡村聚落的有机更新模式[102]。林涛通过分析浙北乡村集聚化的基础条件、现状特征等，探讨乡村聚落空间演进的动力、要素及优化路径[86]。

第二，传统乡村聚落的空间生产研究。"空间的生产"源自于西方人本主义的新马克思主义者的最新成果，该理论认为"空间的生产"是权力、资本等要素对空间的重塑，提倡从关心"空间中（事物）的生产"转向"空间本身的生产"，深刻认识空间与社会关系的互相生产机理[103]。"空间的生产"作为一种新的研究视角，随着 20 世纪 90 年代以来，空间研究逐渐转向空间的文化研究以及探讨空间的后现代属性[104]，空间生产理论逐渐被应用到传统村落的研究中。如，张纪娴等基于空间生产理论，分析了旅游开发下陆巷村物理—社会—文化空间再生产以及开发者、社区居民、游客等多元主体对村落空间生产的差异化认同倾向，提出陆巷村旅游可持续发展的关键是深入挖掘地域传统文化特色、良性引导本地居民参与旅游开发以及注重协调多元利益主体间的社会关系[105]。陈俭明基于空间生产理论，分析了信阳市西河村旅游扶贫开发中的空间生产过程、空间生产中各受益主体产生的影响及其存在的主要问题[106]。赵巧艳以典型的侗族村落——宝赠村为例，从其布局和居住格局入手，认为文化逻辑和文化规范制约着宝赠侗寨的形成与演化历程，并建构了侗族传统文化与村落空间实践的互动机制与侗族村落文化模式，从微观层面提供了社会空间实践理论的应用解释[107]。王丹将空间生产理论应用到古村落文化景观研究上，应用空间生产理论来解释江西婺源古村文化景观演变历程及因素[108]。

第三，传统乡村聚落的空间分布及其影响因素研究。学者们多从空间（或行政区）尺度研究传统村落的空间分布。从全国尺度来看，佟玉权[109]、刘大均[110]、熊梅[111]、康璟瑶[112] 等学者研究了中国传统村落的空间分布格局、空间分异特征及其影响因素；从省域尺度上，佟玉权[113]、李伯华[114]、孙军涛[115]、冯亚芬[116]、魏绪英[85]、黄荣静[117]、王艳想[118] 等学者分别研究了贵州省、湖南省、山西省、广东省、江西省、河南省传统村落的空间分布特征及影响因素；从市、县域尺度上，杨思敏[119]、郭晓东[120] 等分别研究了安康市、天水市麦积区等传统村落空间分布情况。还有学者研究了传统村落空间分布的"边缘化"特征[121] 及传统民居等传统乡村聚落单要素的地理空间分布特征[122]。

近年来，学者们更倾向于兼顾时间和空间尺度，面向特殊地理单元（如大的流域、文化地域、经济区、跨行政区等）来探讨传统村落的空间分布特征及影响因素。如，卢松等以徽州 119 个国家级传统村落为研究对象，用 GIS 技术与方法，从时间和空间两个尺度揭示徽州传统村落的分布特征及其影响因素[123]。梁步青等以赣州客家传统村落为研究对象，通过实地调研与历史文献分析等方法相结合，从空间和时间两大维度综合分析了其空间分布特征及历史演化过程，并构建了"赣州客家传统村落地理信息时空数据库"[124]。龚胜生等以山西省 303 个国家级、省级历史名村和传统村落为研究对象，综合运用 GIS 空间分析、历史时间断面等方法，分析得出其空间分布具有"聚盆、近水、沿边、偏中南"的特征[125]。陈君子运用 GIS 空间分析法与分形理论，分析认为嘉陵江流域传统村落的空间分布主要为凝聚型，并体现出"亲水性"特征[126]。关中美等以中原经济区传统村落为研究对象，采用核密度分析、地理探测器等方法，研究认为该区域传统村落呈现"双核聚集—网状发展"的空间结构[127]。马勇等以长江中游城市群 170 个传统村落为研究对象，利用核密度法、谷歌地图全球搜索引擎等，探讨该城市群传统村落的空间分布特征，并运用 GWR 回归模型剖析了传统村落可达性水平的重要影响因子及其影响程度[128]。还有学者对西北地区[129]、晋东南地区[130]、西江流域广东段[131] 等区域、流域性地域传统村落的空间分布规律、特征及影响因素进行研究。

（5）传统乡村聚落的人居环境

刘沛林（1995）认为古村落作为一种传统的人居空间，具有典型的东方式的人居文化思想：一是贴近自然、融于山水；二是追求"世外桃源"式的乡村居住模式；三是注重血缘、礼制秩序和聚族而居之风表现明显[15]。李伯华等认为乡村人居环境是一个具有开放性、非平衡性、非线性和涨落性特征的动态的复杂巨系统，并利用 Logistic 生长曲线模型，模拟了乡村人居环境系统的演化过程和机理，提出其自组织演化路径[132]；以湖南省江永县兰溪村为例，研究了兰溪村"三生"空间演变的过程、格局、驱动机制[133]；通过总结和反思改革开放以来我国乡村人居环境的演变，认为其演变动力及效应、农户空间行为特征等在制度变迁过程中存在较大差异，其建设过程的空间问题也一直无法实现预期目标[134]；以大南岳旅游圈为例，从自组织性、周期性和波动性等 3 个方面总结了景区边缘型乡村旅游地人居环境的演变特征，构建了其演变的动力模型，进行了阶段划分，并认为每个阶段所产生的人居效应有差异[135]。近年来，学者们开始探讨传统村落人居环境的转型发展。李伯华（2018 年）等基于复杂适应系统理论，以张谷英村为例，分析了传统村落人居环境复杂适应系统的特征、构成、机制，研究其人居环境的演化过程[136]；然后以兰溪村为例，探讨了其转型发展的系统特征[137]。冯晨（2018）以陕南青木川村为例，认为传统村落在营建过程中存在"避害"和"趋利"的"双重"目标，因而针对不同的"目标"和环境因子宜采取相应的营建策略，并提炼出传统村落营建中的 30 条生态手法[138]。

（6）传统乡村聚落的景观基因研究

第一，景观基因的识别与提取。刘沛林（2003）率先引入生物学中"基因"的概念，提出文化景观基因的定义，认为它是文化"遗传"的基本单位，即某种代代传承的区别于其他文化景观的文化因子，它对某种文化景观的形成具有决定性作用[139]。刘沛林等（2009）运用聚落景观基因的理论和方法，对客家传统聚落景观基因特征进行了识别，并从自然环境、传统文化等因子分析了其地学成因[140]；还对中国少数民族聚落景观基因进行了识别和比较，并认为其景观具有聚族而居、向心性强、自我防御、尊重环境等特征[141]。刘沛林等（2009）提出了景观基因完整性理念，即基于景观基因视角的一种综合评价景观的理念，包括景观基因"点—线—网—面—体"的完整性[142]，并借鉴城市地理学中的城市形态学方法和地图学中的图示表达方法，提出了我国古城镇景观基因的"胞—链—形"体系，揭示我国古城镇景观基因的基本结构及其规律[143]。

邓运员等基于景观基因理念，从抽象文化符号和外在景观要素两种景观基因表现形式分析了湖南省三十处古村镇景观基因的特点及其保护价值[144]。胡最等（2013）以湖南省 30 个历史文化名村名镇为研究对象，结合传统聚落景观基因理论，运用要素提取法、图案分析法等景观基因提取方法，建立了传统聚落景观基因识别指标体系和识别流程，对湖南省传统聚落景观基因进行识别、提取及空间特征分析[3]；从景观基因的基本概念、产生的理论背景和识别方法、传统聚落景观区划与群系研究、GIS 技术在景观基因信息图谱建立中的探索等方面论述了传统聚落景观基因理论与应用的研究现状，系统整理了景观基因理论的基本框架，分析了其研究方法的基本特点[8]；提出了面向对象的景观基因分类模式（OOCPLG），建立了特征解构的景观基因提取方法，并总结了景观基因的识别模式和基本操作流程[145]。杨立国等（2015）则以侗族村寨为例，在识别其景观基因基础上，通过对三个典型侗寨问卷数据运用结构方程模型进行测算，探讨不同尺度的景观基因在地方认同建构中的作用差异以及同尺度景观基因在地方认同不同维度建构中的差异[146]。

之后，学者们开始广泛开展传统乡村聚落景观基因研究。祁剑青等通过研究陕西传统民居文化景观的地域分异规律，分析了自然地理环境、经济、社会文化环境在陕西传统民居类型形成中所发挥的作用，并对陕西传统民居进行文化地理区划，将其划分为黄土高原和秦巴山地两大传统民居文化区[122]，从景观基因角度探讨了陕南传统民居对自然地理环境的适应性[147]，并对窑洞聚落景观基因进行了初步识别[148]。辛福森（2012）从文化地理学角度，对徽州传统村落的类型、景观构成、空间特征及其形成机理进行了整体研究，并进行徽州传统村落景观的基因识别与提取[149]。秦为径对彝族地区乡土聚落景观基因进行了识别，并探讨了其保护与传承[150]。

翟文燕等则采用地域"景观基因"理念分析古城西安的环境、格局、地标、传统民居等，并进一步分析了其建筑风格的地域文化构成，建构古城西安的文化空间布局认知结构[151]。王兴中等引用人文地理学的"现象学结构主义"方法，首次系统揭示（中国）地域文化遗产景观基因遗传类型与基因图谱系列，提出人本观下的遗产景观基因图谱社区化转基因再现理念[152]。翟洲燕等在此基础上，以陕西省 35 个代表性传统村落为例，从宏观和中观尺度，分析了传统村落遗产性景观的文化环境特征；从微观视角，建立传统村落文化遗产景观基因识别指标体系，综合运用景观基因识别与提取方法，分析了传统村落文化遗产景观的基因特征[153]。杨晓俊等以陕西省 71 个国家级传统村落为例，建立陕西省传统村落景观基因识别体系，运用类型学原理和 N 级编码理论对其进行编码，同时借鉴生物学中"胞—链—形"的 DNA 碱基序列模型，构建陕西传统村落景观基因信息链与自动识别模型，以此自动识别传统村落的区位、类型、特征和文化基因[154]。

第二，景观基因图谱的建构及其应用。胡最等基于景观基因理论，结合地理信息图谱的理论方法与 GIS 技术，构建我国南方地区传统聚落景观基因信息图谱的基本信息单元，并提出建立景观基因信息图谱的技术方案[155]。然后，胡最等提出了传统聚落景观基因组图谱的概念并分析了其类型、功能和意义，以湖南省具有代表性的 30 个传统聚落为例，构建了湖南省传统聚落景观基因组图谱，并利用图谱分析了湖南省传统聚落的群系性特征，结果表明，景观基因组图谱对实现传统聚落景观数字化、识别不同区域的传统聚落景观特征、挖掘传统聚落的规划模式等具有实际意义[14]。胡最等又结合传统聚落景观基因组图谱，以湖南省传统聚落为研究对象，空间形态上，基于空间排列特征，归结出向心圆环式、扇形扩张式、多向扩张式等湖南省传统聚落空间形态的几种基本类型及其特征；空间结构上，通过构建空间轴线模型，发现其空间结构具有对称和平行等鲜明的几何特征，存在着"界域"和"街—巷—码头"等典型结构，还具有典型的风水意象特征[156]。侯爱萍等以新疆吐鲁番麻扎村维吾尔族聚落为例，将景观基因信息图谱和景观基因识别都推向了数学表达研究，一方面采用数学表达方式对地理环境、地方文化等景观基因因子进行离散化描述，另一方面构建了聚落景观基因识别关系表达函数，并进行景观基因相似性识别，编制聚落景观信息图谱系统[157]。周烨伟对甘南藏区传统乡村聚落景观基因图谱进行了构建，并探讨了其在景观规划设计实践中的应用[158]。

此外，学者们还基于景观基因图谱进行传统聚落的景观区划及特征研究。如，申秀英等提出引入生物学的"基因图谱"概念，通过分析各聚落景观区系深层次的"文化基因"，提取和建立不同区域聚落的景观"基因图谱"，对中国传统聚落景观群系进行类型整理和区域划分[159-160]；并在景观"意象"内部相似性，相对一致性等原则下，对我国南方传统聚落进行了景观区和景观亚区的初步划分[161]。刘沛林等基于中国传统聚落景观本身存在的地域性、系统性、稳定性等特点，综合考虑景观"意象"的内部相似性及相对一致性、地域完整性、环境制约性等原则，对全国聚落景观进行了景观大区、景观区和景观亚区三级的初步划分[162]。翟洲燕等以陕西省 35 个传统村落为例，构建了陕西传统村落文化遗产景观基因组图谱，并提炼出其主体性地域文化特质，将其划分为宗法礼制型、政治中心型、军事防御型等 6 种地域文化类型[163]。

第三，GIS 技术在景观基因图谱中的应用。邓运员等从聚落景观保护管理的视角出发，以南方地区 208 个经典古镇作为研究样本，初步建立基于 GIS 的南方传统聚落景观保护管理信息系统[164]。胡最等则从建立我国传统聚落景观群系信息图谱角度，提出景观基因信息单元的概念，从逻辑机制、数据模型与自动提取三大机制研究了景观基因信息单元表达机制的特点和技术方法，作为景观基因信息图谱系统组织和管理的基础[165]；建立了聚落景观基因信息图谱的图谱单元并分析其表现方法，运用 VC 7.0 编程语言初步设计开发了图谱的原型系统并进行了图谱数据库设计、图谱单元建模实验研究等[166-167]。

（7）传统乡村聚落的保护与发展

刘沛林认为，原始聚落中的功能分区、古村落形态和空间布局普遍受到宗族礼制、宗教信仰、风水观念等人文理念的支配及均强调人与环境的和谐统一等方面，体现出中国古代村落存在规划思想[168]。学者们从各自的学科视角出发，在借鉴国外文化遗产保护经验基础上，提出了具有中国特色的传统乡村聚落保护与发展路径。

第一，传统乡村聚落的保护思路。徐春成等鉴于"传统村落具有历史文化遗产与现实人居环境的双重属性，传统村落的居住者是传统村落的所有者"的观点，提出以传统村落居住者权益保护为中心的传统村落保护观[169]。翟洲燕以陕西传统村落为研究对象，以传统村落文化生态景观价值为切入点，探讨了新型城镇化进程中传统村落的统筹性响应机理、发展路径及其文化生态景观价值保护与再现的统筹性发展理念[170]。翁时秀等以叙事研究为主探讨了浙江省永嘉县芙蓉村传统村落保护，研究了空间治理中的正当性建构及地方特性对其的影响[171]。刘天曌等以岳阳市张谷英村为例，通过实地访谈调查和建立关系模型，分析了古村落旅游的农户感知、态度与行为之间的关系，认为开发商、政府如何合理分配经济利益、协调各方利益矛盾以及通过利益分配调动农户参与的积极性，是推动古村落旅游良性发展的关键[172]。

第二，传统乡村聚落的保护与利用模式。刘沛林等通过分析北京山区沟域经济典型模式（即文化创意先导模式、特色产业主导模式、龙头景区带动模式、自然风光旅游模式和民俗文化展示模式）及其特点，认为发展沟域经济可为山区古村落保护提供物质基础，保护山区古村落是沟域经济文化发展的重点[173]。彭思涛等通过对贵州省雷山县控拜村落文化景观保护实践的探讨，总结了村落文化景观保护的社区参与机制，探索了尊重社区文化自觉权的村落文化景观遗产保护模式[174]。

第三，传统乡村聚落的保护与发展路径。刘天曌等提出了新型城镇化背景下注重古村镇的整体性、原真性和地方文化基因保护，促进古村镇旅游的适度发展，基于"景观信息链"理论编制古村镇的旅游地规划以及利用数字化技术开展古村镇的三维虚拟景观呈现（VR）等古村镇保护与发展路径[175]。刘沛林等基于景观基因完整性理念，提出从摸清古聚落基因家底、准确定位价值、展示景观基因、构建完整的景观基因体系、加强配套措施等方面开展传统聚落保护与开发[142]，并受启发于"景观连续断面复原"理论，提出文化旅游地规划的"景观信息链"（LIC）理论，分别对王村古镇、碛口古镇两大典型古镇进行了实证运用研究[176]；之后借鉴国内外文化遗产数字化保护的技术及实践经验，探讨了传统村落数字化保护的基本理念、存在的问题及对策[177]，提出综合利用测绘、遥感、虚拟现实等技术手段对文化遗产的现状数据进行提取，利用信息技术进行数字化记录、监测、修复等，实现我国历史文化村镇的数字化保护和永续传承[178]。郑文武等在当前传统村落数字化保护的基础上，面向乡愁需求，提出从制度和标准上做好顶层设计，基于景观基因理论，设计以数字记忆为基础的、满足乡愁需求的虚拟旅游产品[179]。王军等通过分析我国传统村落保护过程中面临的问题，提出了传统村落保护动态监控理念，并建议建构相应动态监控体系[180]。邹子婕等以城市边缘区传统村落莲湖村为例，通过分析村落的历史文化价值、科学研究价值及保护与发展现状，提出传统村落保护与城镇总体发展策略有机结合、文化遗产保护与产业协同发展的传统村落发展路径[181]。李乔杨等尝试运用布迪厄的场域理论解读泡通村由宗族观念、信仰体系和生活实践等复合构成的"精神空间"，发现该理论并不完全适用，认为泡通村具有自身的发展逻辑，其村落场域变迁的主要原因是内外部、历史等诸多因素共同作用的结果[182]。童正容运用博弈论对传统村落保护与发展参与主体的行为进行分析，认为我国传统村落保护与发展中存在政府主导和监督作用发挥不充分、村民主体性地位丧失、企业参与积极性较低等问题，提出应充分考虑参与主体各方利益诉求，形成主体间多方共赢的合作性博弈[183]。

第四，传统乡村聚落的规划与建设策略。部分学者针对乡村聚落的物质空间和乡土建筑提出了规划与建设策略。如，许娟通过分析秦巴山区乡村聚落的选址、形态、空间布局等现状及问题，构建了一套结合秦巴山区乡村聚落特点的"乡村聚落总体规划—乡村聚落建设规划—宅院及建筑设计"多层级、一体化的规划与建设策略[184]；赵之枫通过总结当前村庄建设中各种营建方式的特点及乡村地区建筑特有的功能多样性、营建渐进性及村民主体性等营建特征，在此基础上，提出乡村地域建筑的营建模式[185]；蒋盈盈等以花溪镇山布依族村寨为案例，认为民族村落文化景观的保护与利用涉及建设、文物、旅游、交通等当地政府诸多部门，提出建立一个各部门之间相互协调的机构和机制，针对不同类型的村寨采取不同的管理模式、制定保护规划等措施，实现村落文化景观可持续发展[186]；华承军通过对陕南地区乡土建筑的有机性认知，运用有机更新理念均衡其内在机制与外在影响，提出该区域乡土建筑有机更新的应对策略并打造"有机生命体"[187]；吴昕泽等以北京市门头沟区 6 个传统村落为例，通过详细分析案例村落的人口变化、产业类型、空间布局、传统建筑保存和新建建筑、基础设施建设等情况，归纳了门头沟区传统村落保护中存在的问题，进而提出传统村落的保护发展策略[188]；韦宝畏等以朝鲜族传统村落白龙村为例，通过分析村落内的古遗址、空间格局、建筑样式、非物质文化遗产等的特征，针对其保护中存在的问题，提出划定不同层级保护范围、延续传统建筑风貌、塑造特色景观等策略[189]；姜淼等以云南武定县万德村为例，通过梳理村落的环境格局、街巷空间、民居建筑等现状及问题，提出以问题为导向的传统村落保护与发展对策[190]；唐珊珊等通过分析传统村落点状、线状和面状三类公共空间的类型、功能及传承情况，探讨村落公共空间变迁的原因，将其重新划分为自然生态空间、生活物质空间、民俗文化交往空间、新型活动空间四类，并提出相应的传承建议[191]。

还有学者引入文化生态学、文化地理学等理论与方法提出具体的保护与发展策略。如，薛正昌等以宁夏为例，分析了宁夏传统村落文化遗存现状及其文化意义，提出在城镇化进程中传统村落文化的保护思路和措施，并建议建立宁夏六盘山大村落文化生态保护区[192]；张批以贵州紫云格凸河景区的苗寨聚落为研究对象，运用文化生态学理论解析其文化生态结构，明确其文化保护开发的主要目标、基本原则及重点保护的对象，进而提出格凸河苗寨的保护与开发策略[193]；钟舟海分析了赣南客家古村落保护的现状及存在的突出问题，基于"文化生态学"的理论与方法，提出生态保护、使民重迁、弘扬传统、修新如旧、适度开发、以旅养文等赣南客家古村落文化保护措施[194]；刘春腊等综合运用专家打分、决策优选、RELEASE评价法等对湖南乡村文化景观资源进行定量评价，提出合理布置文化景观形象、优化资源的经营管理理念、建立乡村文化景观资源信息库等措施[195]。

（8）传统乡村聚落（保护）的评价

学者们关于传统乡村聚落的评价研究，主要集中在传统乡村聚落价值、旅游开发效果、社区居民对旅游发展的态度、乡村性、脆弱性、保护度、文化传承度等方面。如，王云才等结合悠久性、完整性、乡土性等，综合评价了北京市门头沟区传统村落的价值特征，并以此提出传统村落的三种类型和六种可持续利用模式[196]；王云才等还探讨了传统乡村地域景观的孤岛化、破碎度等特征评价[197-198]；汪清蓉等结合层次分析法和模糊综合评判法，构建古村落综合价值评价的指标体系及模糊综合评判模型，对佛山三水大旗头古村落进行综合价值评价[199]；宋子千等从成本和收益角度，以周庄、同里、西递、宏村四个古村镇为研究对象，根据对当地居民和专家的调查问卷，对四个古村镇旅游开发效果评价进行了量化分析，结果显示，古村镇旅游开发总体利大于弊，经济收益是首要考虑因素，不同主体及主体内部对其评价存在差异[200]；赵勇等通过构建历史文化村镇保护评价指标体系，运用因子分析方法对中国首批历史文化名镇（村）的保护状况进行分析评价，并对上述评价结果进行聚类分析，按照保护状况将其划分为4种类型并做出相应评价[201]；王纯阳等（2014）以村落遗产地——福建土楼为例，构建了社区依恋、旅游影响感知、社区居民旅游发展态度等的结构关系模型，采用结构方程模型（SEM）对社区居民旅游发展态度的影响因素进行实证研究[202]；杨立国等从原真度、活态度、完整度、传承度四个方面，构建了传统村落保护度评价指标体系及其评价函数，又从保存度、承接度和传播度三个层面，构建了传统村落文化传承度评价指标体系及其综合评价函数，都以湖南省首批中国传统村落为例进行了实证研究[203-204]；窦银娣等以永州市为例，从资源禀赋、开发环境、市场条件等方面构建了传统村落旅游开发潜力评价体系，并从整体和分类发展两个视角提出了相应的旅游发展策略[205]；王勇等通过对苏州12个国家级传统村落的调研，根据发展路径将其划分为旅游发展型、传统技艺型等四类，并构建传统村落乡村性评价指标体系对其进行乡村性评价[206]；邹君等基于脆弱性理论，对传统村落景观脆弱性的概念进行界定，并引入脆弱性分析框架，构建包括内损性和暴露性两个维度的传统村落景观脆弱性定量评价指标体系，对湖南省新田县典型传统村落进行景观脆弱性的定量评价[207]；袁蕾基于农户视角，运用 DFID 可持续生计理论框架，构建农户可持续生计资本评价体系，对张家界市少数民族传统村落农户生计状况进行实证分析[208]；魏唯一在探讨陕西传统村落保护原则、保护内容基础上，从历史、文化、艺术等五大价值出发，构建陕西传统村落的保护价值评估体系并进行相应评价[209]。

（9）传统乡村聚落的景观研究

地域文化景观具有特定地域性、特定文化背景性和历史延续性，它保存了大量物质形态历史景观和非物质形态传统习俗，具有重要的历史文化价值，而传统乡村聚落景观是最重要的地域文化景观类型之一。

王云才团队对此做了长期的持续性研究：认为传统地域文化景观与整体人文生态系统之间具有不可分割的内在联系，基于传统地域文化景观存在整体性与孤岛化、欠发达与边缘化、地方性与现代化等主要矛盾与问题，探讨了其研究趋势[210]；将传统地域文化景观分解为地方性环境、知识和物质空间三个方面，并从建筑与聚落、土地利用、地方性群落文化等五个方面对其进行解读，揭示其代表性图式语言[211]；进一步探讨了在城市化、工业化、现代化、商业化的冲击下，传统地域文化景观所呈现的空间特征及演变机理，并提出其空间保护的调控机制[212]；基于景观破碎度和孤岛化分析，提出传统地域文化景观连续性和整体性保护模式[197-198]；之后以江苏昆山千灯—张浦片区为例，选取建筑空间、水系网络和农业景观 3 个核心因素对其进行文化景观空间的传统性评价，在此基础上构建传统文化景观空间整体性保护空间格局[213]。其他的研究主要可归纳为以下几方面。

第一，传统乡村聚落文化景观的形态特征、空间格局及影响因素。赵荣、李同昇从文化地理学的视角，探讨了陕西文化景观的判识原则和研究方法[214]。黄成林（2000）研究了徽州聚落、民居景观的特征、成因及其与地理环境、中国传统文化的关系，认为徽州文化景观再现了中国传统文化，并与徽州自然环境协调发展[215]。杨洁等以川西平原传统乡村地域文化景观——林盘为例，从空间格局、环境景观形态及居住模式与文化的图示语言，解读林盘的景观空间形态与组合特征[216]。闫杰通过对陕南地理区位、文化特征等的研究，探讨了陕南民居产生的背景和价值[217]，并以陕南的乡土建筑作为研究对象，对其进行功能分类及不同类型乡土建筑特点的探讨[218]；之后以秦巴山地乡土建筑的文化特征为切入点，从地缘、交通、价值取向三方面解析了该区域乡土建筑的文化基因、典型风格和特征元素，揭示其多元文化共存、南北分异的地理格局和形态特征[219]。师永辉等以国家级传统村落河南新县丁李湾村为例，对其景观格局特点、影响机制进行了基于形态学视角的探讨[220]。角媛梅等（2002）以云南元阳哈尼梯田景观为例，证实研究了作为亚热带山地民族文化景观的哈尼梯田文化景观是哈尼文化与自然环境相互适应、协调发展的结果[221]。

第二，传统乡村聚落文化景观的演化及其机理。何金廖等通过对湘中丘陵地区何家村1980 年、1990 年和 2000 年的乡村景观进行对比分析，认为该地区乡村文化景观演化主要表现在聚落景观的空间演化、基础设施、房屋类型及土地利用类型变化等方面，并认为农业生产方式、生活娱乐方式、经济收入水平与来源等是其演化的主要推动力[222]。房艳刚等选取冀鲁豫地区三个典型村落为例，比较分析了该区域近 30 年来农村民宅景观的演化过程，研究发现，该区域民宅景观经历了逐步现代化，农业生产空间逐渐弱化、生活空间地位提升，并逐步实现按代际、活动、性别的专门化和分隔化四个阶段的演化过程，家庭人口学特征、家庭经济收入、人口流动等是其演变的重要影响因素[223]。李畅基于场所理论，从"在地性"的自然系统和"在场性"的文化系统两个方面，对巴渝沿江场镇乡土景观的场所语境及其时空格局演变进行了系统分析[224]。许斌等（2015）以西双版纳地区基诺山区为例，从景观演变的视角探讨了全球化背景下橡胶文化景观兴起的空间格局演变、过程及其对民族关系的影响[225]。林若琪（2012）认为全球化背景下乡村多功能概念的兴起为乡村地域自力发展带来可能，乡村景观多功能则是乡村地域多功能的潜在动力[226]。

第三，传统乡村聚落文化景观的意象研究。刘沛林将"城市意象"的理念引入对中国古村落景观的研究中，对其多维空间立体图像进行了初步研究，将其基本意象概括为山水、生态、宗族和趋吉四个意象[13]，并进一步对传统村落意象构成标志及其选址意象等进行了探讨[67-68]。

第四，传统乡村聚落景观价值的居民感知。李伯华等以张谷英村为例，利用主成分分析法、GIS空间分析法和参与式制图法等，基于不同感知类型居民对传统村落景观价值的认知与评价，探讨了其类型差异与地域分异特征[227]。

2.2.3 国内外相关研究综合评述

国外对传统乡村聚落的研究，方法上从最初的定性描述走向定性与定量相结合，研究内容涉及聚落的形成、发展与演变、类型、形态特征、空间结构与分布体系、影响因素等方面，并出现了社会与文化转向，更加关注乡村聚落景观的文化价值、不同利益主体对传统乡村聚落保护与发展的态度等。

国内对传统乡村聚落的研究，尺度上由民居、文物保护单位[113]、建筑群体[169]拓展到村落整体[203]。从研究内容来看，我国地理学者重点关注了传统乡村聚落的人居环境、形态特征、空间分布格局、时空演化机制及影响因素等领域，更加关注传统乡村聚落的文化景观研究。特别是以刘沛林教授团队为代表的"传统乡村聚落景观基因"研究团队，对景观基因及其图谱等进行了持续深入探讨，形成了景观基因理论的基本框架体系，为传统乡村聚落文化景观拓展了全新的研究视角和研究领域，并使景观基因理论成为解释传统乡村聚落景观形成、发展、演变的较好理论，为传统乡村聚落保护与利用提供了较好的理论和实践基础，使传统乡村聚落研究成为融合地理学、建筑学、规划学、旅游学、社会学、民俗学等学科的交叉、综合研究领域。而旅游学界则更多地关注了旅游开发对传统村落城镇化、利益主体、空间形态等方面的影响，使传统村落面临着功能转型与空间重构，社会学与文化学关注的焦点在于传统村落的公共空间变迁、社会治理体系、文化遗产保护及传统文化传承，建筑学与规划学则主要关注传统村落的保护与发展规划、乡土建筑的更新与改造等方面。从研究方法来看，已经从早期的定性研究转向定性与定量相结合，除了传统的实地调研、问卷调查、深度访谈、数理统计等方法外，现代地理学手段如3S技术等逐步开始应用。

通过文献综述，本研究发现关于传统乡村聚落景观基因变异和修复的相关研究目前还较少，仅见如祁剑青等运用历史文献分析法和聚落景观基因理论与方法，在识别与提取黄土高原窑洞建筑景观基因基础上，初步分析了与地理环境相适应的窑洞聚落景观基因的变异[148]；张文泉将景观基因理论应用于汽车品牌基因的研究，探讨了汽车品牌的内涵、外延和概念范畴等，提出品牌形成的家族性和延续性表征了汽车品牌基因的遗传，品牌的跨越性和生命活力则体现了汽车品牌基因的变异[228]；潘顺安探讨了旅游开发引起了民族文化的不良变异，面临着民族文化被外来文化同化、民族文化庸俗化、伪文化出现等一系列突出问题，认为引起其不良变异的根本原因是当地经济发展水平低，文化生态系统脆弱[229]。再则，就是关于文化变异的相关探讨，如李晓星研究了社会转型中媒体消费主义文化变异[230]；薛佳研究了传统饮食文化在旅游开发过程中的变异问题[231]；庞希云等以中越"翁仲"传说为例研究了文化在传递过程中发生的变异[232]；许然等提出文化锋面的定义，是指两种不同特质的文化相遇所形成的文化过渡现象，是两种社会气团之间的交错带，具有不均质性、动态性、复杂性和地域性等特点[233]。

此外，随着传统乡村聚落成为持续的研究热点，国内关于传统乡村聚落研究的专题书籍，特别是以"省"为研究尺度的专题图书，近年来持续增多。例如，陕西省城乡规划设计院编写的《陕西古村落（一）——记忆与乡愁》[234]、《陕西古村落（二）——记忆与乡愁》[235]；刘奔腾等所著的《甘肃传统村落》[236]；贵州省住房和城乡建设厅编写的《贵州传统村落》[237]；洪卜仁等编写的《厦门传统村落》[238]；闵忠荣等编写的《江西传统村落》[239] 等，这些书目以传统村落相关知识科普为主。还有一些具有一定研究性质的传统村落书籍，如罗德胤编著的《传统村落——从观念到实践》[240]、杨国才等编著的《城市化进程中诺邓古村的保护与发展》[241]、胡彬彬等编著的《中国传统村落文化概论》[242] 等。

2.3 传统乡村聚落景观研究的相关理论基础

2.3.1 景观基因理论体系下的主要研究基础

传统聚落景观基因理论由刘沛林教授率先在国内提出，主要包括聚落景观基因的识别与提取流程、景观基因图谱构建、景观基因完整性理念和景观信息链理论等，相关成果目前已应用于传统聚落的保护与规划等实践中。经过二十多年的发展，景观基因理论已形成一套较为成熟的理论体系，其主要理论框架如图 2-1 所示。

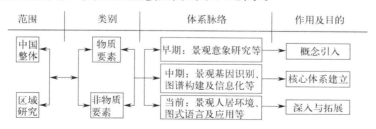

图 2-1　景观基因理论的现有基本框架体系

景观基因理论发展的早期阶段（1990—2000 年），刘沛林等主要引入"景观意象"的概念并将之应用于传统聚落研究中[13,67-68]；中期阶段（2000—2015 年），其主要以湖南传统村落为例，对传统聚落景观基因的识别和提取方法[139,145]、信息单元的表达机制[165]及信息图谱单元[166] 和传统聚落景观基因图谱构建方法及其应用[1,243] 等进行了研究，分析了景观基因及图谱特征[3,14,156]，并将之应用于文化景观区系划分[160,162] 等领域，提出了景观基因完整性理念[142]、景观信息链理论[176] 等；近几年，景观基因理论进入深入发展与拓展研究阶段，学者们更多关注传统聚落空间布局的图式语言[244]、符号机制[245]、人居环境及其演变[137] 等方面。目前，景观基因理论主要形成了以下几方面与本研究相关的理论与方法。

（1）景观基因的识别、提取与景观基因组图谱构建

聚落景观基因研究引入生物学的"基因"概念，将"景观基因"定义为传统聚落的基本"遗传"单位，即某种聚落景观形成、世代传承、与其他聚落景观相区别的决定性文化因子，它们存在于聚落之内，并做各种有序排列，通常通过聚落平面空间结构、建筑单体立面形态、局部装饰、建筑用材等表现出来。通过聚落景观基因的确定、提取和识别，有利于识别聚落文化景观。聚落景观基因按照不同的分类依据可以进行多种分类，如根据在聚落景观中的重要程度及不同构成要素，可分为主体基因、附着基因、混合基因等；根据物质形态，又有显、隐性基因之分。

聚落景观基因的确定应遵循内在唯一性、外在唯一性、局部唯一性和总体优势性等原则[139]。景观基因的识别可采用元素、结构、图形、含义和特征解构提取等方法[145]。根据上述识别原则和方法，大致可以从环境因子、整体布局、民居特征、主体性公共建筑等多个层面进行聚落景观基因识别[1]，识别流程主要包括结合现代信息技术进行景观资源数据采集、景观特征分析和景观基因数据库构建等景观基因资源管理流程和针对特定区域的传统聚落，分析其具体景观特征和研究任务，合理设计和选用景观基因识别方法而构建的识别操作技术流程[145]。

在景观基因识别基础上，按照类似的原则与流程，可以对传统乡村聚落景观中识别性强、遗传稳定性高、利于图式表达的景观基因元素进行景观基因组图谱构建。刘沛林等先后对中国传统聚落景观基因组图谱构建的基础体系[1]、图谱特征[14]、聚落图式语言[143,244] 等进行了系统研究。

（2）景观基因完整性理念

景观基因完整性是一种从景观基因视角对传统聚落景观的特征进行综合评价的理念，包括景观基因"点—线—网—面—体"的完整性：第一，景观基因点（即景观的最基本构成单元，呈点状分布，如建筑单体）的完整性；第二，景观基因线（即狭长景观单元，呈线状分布，具有连通和分割景观的双重作用）的完整性；第三，景观基因网（即通过景观基因线将处于不同地理位置、具有独立功能的景观基因点连接所组成的链路）的完整性；第四，景观基因面（即由景观基因点进行合理的搭配组合，并通过景观基因线的有效连接，共同组成的网络体系）的完整性；第五，景观基因体（即除了景观内部景观基因"点—线—网—面"的完整性外，还需要与景观外部环境保持和谐性）的完整性[1,142]。景观基因完整性理念符合传统乡村聚落可持续发展的内在要求，是保护与利用传统乡村聚落的重要理论基础。

（3）景观信息链理论及"转基因再现"理论

"景观信息链"（LIC）理论提出了开展传统聚落旅游地规划的新范式[8]，其核心思想可归纳为"一目标、三要素、两途径"："一目标"是提出"景观信息链"理论的目标，即打造可识别性强、地方感浓厚、特色鲜明的文化旅游地；"三要素"是"景观信息链"理论的核心，即"景观信息元"（文化景观基因）、"景观信息点"（可彰显文化景观基因的历

史文化场地和具体物象）和"景观信息廊道"（旅游地内景观点的空间排列与组合），通过有效挖掘旅游地的文化景观基因，并以聚落的景观点和景观廊道的形式表现出来；"两途径"是"景观信息链"理论的具体实现方式，一方面，通过挖掘、提炼和恢复历史文化景观元素，恢复景观的历史文化记忆；另一方面，通过构建景观信息点和景观信息廊道等景观信息载体，完善并展示旅游地的文化景观内容[1,176]。文静基于"景观信息链"理论的基本思想，探讨了韩城古城景观基因图谱构建及其旅游展示的基本原理、途径[60]。

王兴中等在景观基因基本理论基础上，提出了针对地域文化遗产景观基因的"转基因再现"理论。该理论基于中国古地理学，梳理了地域文化遗产景观基因的基本类型、基本结构，并提出在满足遗产地生活空间质量需求规律下，遗产景观基因再现的理念、目标与原则[152]。刘沛林的"景观信息链"理论和王兴中等提出的"转基因再现"理论，都受到了"景观连续断面复原"思想的启发，前者的侧重点在于旅游地规划中的文化基因挖掘和展示利用，后者则侧重探讨遗产景观复原与新社区生活的关系。

（4）古城镇景观基因的"胞—链—形"理论

针对我国古城镇景观基因空间形态的基本特征，刘沛林等提出了"胞—链—形"的理论，其核心思想为：我国古城镇景观包括基因胞（组成景观的基本结构）、基因链（交通等景观连接通道）、基因形（城墙等景观总体形态）三级结构，并认为从沿海到内地，不同区域之间古城镇景观"胞—链—形"的结构特征存在较为明显的差异[143]。该理论主要针对我国古城镇提出，而传统乡村聚落同样存在类似的结构特征。任国平等应用"胞—链—形"理论分析了都市郊区的村域空间发展模式体系[246]。

2.3.2　新文化地理学和文化生态学的相关研究基础

区域和地方是文化地理学研究的核心议题，而"景观"体现出较强的区域性[4]，成为研究区域的较好切入点。新文化地理学在 20 世纪 80 年代登上学术舞台以来，在该视角下对景观表征性的研究越来越受到学术界的重视，而国内学者更多从情感、日常生活等非表征角度去研究景观[247]。文化生态学则走向现代性，成为架构在进化论、人地关系论等理论上的综合理论体系，文化聚落、文化变迁、文化生态系统成为文化生态学的主要研究内容[248]，为传统乡村聚落景观研究提供了很好的理论基础。

综合文化生态学和"转基因再现"理论可见，传统村落的历史文化生态空间是地域传统文化的空间载体，通过传统村落内的文化生态景观集中体现出来。文化生态景观由"区位"及其所关联的自然、经济与社会文化环境共同构成，其价值则是它与人的情感、态度与价值不断地进行空间重组和活动所构成，现代社会更注重文化生态景观的空间行为与文化价值。要保护与再现传统村落的文化生态景观价值，核心是对传统村落历史文化生态空间的文化生态景观进行规划控制，路径是通过建构传统村落文化遗产景观基因组图谱进行控制[152]，并运用传统村落文化遗产景观基因信息链（即"历史文化基因元—链—形"）进行图谱的再现[170]。

2.3.3　乡村地理学的相关研究基础

（1）城乡空间发展相关理论

本研究通过归纳总结国内外地理学、社会学、经济学、规划学等相关学科关于城乡空间发展方面的相关理论成果，探寻传统乡村聚落景观的研究思路。目前，城乡空间结构理论主要包括中心地理论、城乡二元结构理论、增长极理论、核心—边缘理论、陆大道院士等提出的点轴渐进扩散理论等；城乡空间组织理论主要包括霍华德提出的"田园城市理论"、沙里宁的"有机疏散理论"等；城乡空间关系理论主要包括城乡连续谱模型理论、城乡网络化发展模式、城镇相互作用理论等。

（2）人地关系理论

人地关系涉及人与自然地理环境之间的各种关系。吴传钧院士认为，人地关系地域系统以地域为基础，研究内容包括系统的形成、特点与发展趋势、人地之间的相互作用、地域分异规律、地域人口承载能力等，是地理学研究的核心[249]。

人地关系理论是人文地理学的核心理论之一，其经历了三个主要发展阶段：从倡导人对自然的有限索取、国土范围与人口规模相适应等的古代朴素人地关系思想，到倡导人对环境的适应及利用的选择能力，导致人对自然的过度索取继而引发人地关系趋于失调的近代人地相关论，再到如今倡导人与自然相和谐的可持续发展思想[250]。它对传统乡村聚落保护与利用的指导意义在于将城镇和乡村视为一个人地关系地域系统，基于可持续思想指导城镇化进程下传统乡村聚落的保护、更新及永续利用，最终实现合理保护与健康发展。

2.3.4 其他学科的相关研究

（1）景观连续断面复原理论

英国著名历史地理学家达比早在 20 世纪中叶就提出了"景观连续断面复原"的思想。该理论认为，任何一种历史文化景观都是不同历史时期文化层的叠加，具有叠加性、连续断面性和可复原性。由于历史的不断演进，使得原本连续的文化景观断面出现断裂甚至消失，要对其进行复原，只能在现有残存断面基础上进行保护性修复，使其重新恢复为"景观连续断面"[251]。"景观连续断面复原"理论为变异传统乡村聚落景观基因修复奠定了坚实的理论基础。

（2）历史景观保护管理与修复理论

历史景观具有动态发展的特征，对其保护必须与当代社会经济发展和人们现代生活需求相适应，保护的目标是保持历史景观的多样性、景观特征的可识别性和发展的可持续性；历史景观的管理是通过制定保护政策，对历史景观的形态和类型、自然演变过程和历史场地的使用等进行保护、管控和干预，使其朝着可持续方向更新，管理的目标是提升地方的社会凝聚力、经济活力、环境品质和景观价值与功能的多样性，管理的内容主要包括景观形态、环境要素、社会要素等方面。历史景观保护的空间规划是保护历史景观、修整历史肌理和提升环境品质的重要手段，其中具有代表性的历史景观保护与修复介入方式有：美国国家公园管理局针对以自然环境为主的文化景观，提出历史景观保护与修复的四种介入手段；Fitch 针对以建成环境为主的历史景观，提出历史建成环境保护和修复的保存、转换、修复、整修等七种介入手段[252]。

（3）人居环境生态化理论

国外人居环境生态化理论与实践主要体现在运用生态学理论与方法，解决发达资本主义国家工业化进程中引发的区域人居环境问题，在不同区域的社会经济发展阶段下存在两条主线：理论探索上由个体、种群、群落的生态学研究向生态系统生态学理论阶段性演化；实践活动则由单一城市公园化、城市区域园林化、区域城市生态化向人居环境生态化演化，在演化过程中人居环境学与生态学逐步走向融合[253]。

中国人居环境生态化理论与实践大致可分为古代朴素生态化、近现代生态化和当代生态化三个阶段，表现为中国朴素生态思想（即"天人合一"）逐渐被西方工业化生态思想（即"人类中心主义"）所取代。当代我国具有开创性的生态理论是"社会—经济—自然"复合生态系统理论，该理论认为城市和乡村实际上是一个具有生产、生活和生态三大功能，由自然、社会和经济三个相互作用、相互制约的亚系统组成的复合生态系统。2001年，吴良镛院士积极吸收建筑学、区域规划学和人类聚居学等学科内容，结合中国人居环境建设实践提出了人居环境科学理论[254]。

第 3 章

陕西传统乡村聚落景观历史演变与总体特征

3.1 陕西主要地理环境要素总体透视

3.1.1 自然地理的总体环境

一般来说，自然地理环境主要包括地质、地貌、气候、水文、土壤、植被和动物等要素。不同的自然地理环境要素，对人类活动有着不同意义和作用。按照文化生态学的环境决定论，自然环境是文化景观形成的重要基础，人类活动叠加于自然环境之上，就形成了文化景观[12]。因此，在分析研究陕西传统乡村聚落景观基因特征之前，对其形成的自然环境作宏观分析。陕西主要自然地理环境要素分别呈现下述特征。

(1) 地质：三大地质构造单元与三大地层区

陕西地质构造极为复杂。总体来看，陕西省从北到南主要分为三个一级地质构造单元，即中朝准地台、秦岭褶皱带和扬子准地台。中朝准地台包括陕甘宁台坳、渭河地堑、小秦岭断块隆起等次级构造单元；秦岭褶皱带包括北秦岭加里东褶皱带、中秦岭海西褶皱带、南秦岭印支褶皱带等七个次级构造单元；扬子准地台包括龙门—大巴台缘隆褶皱带和四川台坳两个次级构造单元，陕西省仅占其北部的一部分[6]。

从地层划分来看，陕西省也分为三个一级地层区，从北到南分别为：中朝准地台的地层区、秦岭褶皱带的地层区、大巴山过渡地带的地层区[6]。

(2) 地貌：三大地貌区

从总体上看，陕西省地势特征为：南北高、中间低，由西向东倾斜[6]。陕西可以分为三大主要地貌区：北部的陕北高原、中部的关中盆地、南部的秦巴山地[6]。

北部的陕北高原，主要包括风沙滩地区和黄土高原丘陵沟壑区。风沙滩地区位于明长城陕西段以北，平坦开阔，属毛乌素沙区的一部分。黄土高原丘陵沟壑区是地域广阔的黄土高原的一部分，占陕西省总面积的将近四成。由于不断的水力侵蚀，黄土高原逐渐形成了塬、梁、峁的丘陵沟壑特殊地貌[255]。残存的黄土高原面即为"塬"，高原上被切割较为严重的部分形成"梁"，"峁"则是穹起的黄土丘陵[6]。正是黄土高原塬、梁、峁的特殊地貌及其独特的自然环境，孕育了窑洞聚落这一独特的人文景观。

中部的关中盆地，以渭河为中轴线，主要分为冲积平原、黄土台塬、洪积倾斜平原[6]。冲积平原位于渭河两侧，包括一级和二级两级阶地；冲积平原南北外侧为黄土台塬，渭河以北的黄土台塬面积广阔，渭河以南的黄土台塬断续分布；秦岭北麓的众多河流冲积物在山前形成洪积倾斜平原[6]。

南部的秦巴山地，呈现出"两山夹一川"的总体结构，中间的汉江谷地被北侧的秦岭山区和南侧的大巴山区相夹[6]。这一区域的地貌类型包括高山、高中山、中山、低山丘陵和盆地，中山山地是秦巴山地的主体[6]。秦岭，是我国南北自然地理分界线。

陕西三大地貌区的不同地貌类型，对陕西传统乡村聚落景观格局的形成，起到了重要作用。

（3）气候：干湿过渡区域

陕西省处于我国湿润与干旱地区的过渡地带，依据水热条件，可以划分为五个气候区：长城沿线温带半干旱气候区、陕北高原暖温带半干旱气候区、关中平原暖温带半湿润气候区、秦岭山地暖温带湿润气候区、陕南北亚热带湿润气候区[6]。陕西各地年平均气温 7～16℃，由南向北逐渐降低；年降水量 323.4～917.6mm，也呈现出由南向北递减的特征[6]。

（4）水文：总体水资源缺乏

陕西省多年平均降水量为 653mm，地表年平均径流量 $420 \times 10^8 \mathrm{m}^3$，地下水资源总量 $195 \times 10^8 \mathrm{m}^{3[6]}$。总体来看，陕西省水资源较为短缺，虽然秦巴山地水资源较为丰富，但关中和陕北地区水资源缺乏，尤其是陕北地区，缺水较为严重[6]。从水系特征上来看，陕南地区水网密布，主要有属于长江流域的汉江、嘉陵江、丹江及属于黄河流域的南洛河等几大水系；关中地区以渭河及其支流泾河、洛河为主；陕北地区以无定河、延河、洛河为主。

（5）土壤：类型多样

陕西省土壤类型多样，共 22 个土类，55 个亚类，主要有六大土壤生态系统：长城沿线沙滩地淡栗钙土、风沙土系统，黄土丘陵沟壑区森林草原黑垆土系统，关中盆地暖温带阔叶落叶林褐土系统，秦岭山地阔叶—针阔叶混交林棕壤系统，汉中—安康盆地亚热带黄棕壤、水稻土系统，大巴山常绿阔叶—落叶混交林黄棕壤系统[6]。

（6）植被：种类丰富

陕西种子植物达到四千多种，植物种类丰富、生态条件多样[6]。陕南地区常见针叶林有马尾松群系、杉木群系等，常见阔叶林有米心水青冈群系、包石栎群系等；关中平原主要植被类型为落叶阔叶林；陕北高原植被类型则主要为暖温带落叶阔叶林和温带草原带。此外，中国特有属植物在陕西有 53 属，反映出陕西植被区系的丰富性和古老性[257]。

（7）动物：中国野生动物最为丰富的区域之一

陕西全省已知野生脊椎动物达到 800 多种，是中国野生动物最为丰富的区域之一[6]。根据中国动物地理区划，陕西由北向南依次为蒙新区、华北区、华中区、西南区，秦岭为东洋界和古北界的分界线；陕北地区动物种类、数量偏少，关中地区自北向南动物种类差异较大，秦巴山区动物种类最为丰富，并随着其山高沟深变化和植被的垂直分布，动物分布也呈现出垂直地带差异[6]。

综上所述，陕南、陕北、关中三大自然经济区在地质、地貌、气候、水文等诸多自然地理要素方面，体现出迥然不同的特征。而降水量的不同、山地的阻隔、气温的差异等因素，对陕西三大自然经济区迥然不同的乡村聚落景观形成起到了重要作用。从陕南山地到关中平原再到陕北高原，三者既相互独立，又在历史演进中互相影响，最终形成了陕南的天井院聚落、关中的窄院聚落和陕北高原的窑洞聚落等截然不同的乡村聚落景观，既呈现出一定的分异性，又有内在的联系性和过渡性。可见，陕西是非常典型的乡村聚落景观研究区域。

3.1.2 人文历史发展的总体环境

"陕西"一词，根据清人毕沅所著《关中胜迹图志》所述："陕以西周公主之、陕以东召公主之"[258]，意即"陕塬以西"。陕西充满了荣耀与传奇，历史为这里留下了无与伦比的文化遗产。

陕西是中华民族的重要发祥地之一，也是中国农耕文明的重要发祥地之一。大约六七千年前的仰韶文化时期，代表人类文明"童年"的半坡人就在这里从事渔猎活动。自后稷教民稼穑，中国便进入农耕文明的伟大时代，咸阳市武功县的教稼台就是对这一历史的最好印证[259]。炎黄二帝标志着中华人文的起源，而陕西是炎黄二帝的葬地，宝鸡的炎帝祠（另：湖南株洲炎陵县有炎帝陵，存在争议）、延安黄陵县的黄帝陵（另：河南郑州新郑为黄帝出生地）是中华儿女祭祀炎黄二帝的圣地。

陕西曾是十四朝古都所在地，中国历史上最辉煌的四个王朝——周、秦、汉、唐，在这里谱写了中华民族历史上的梦幻乐章。周公定礼制，正是儒家思想的发端；秦始皇在咸阳完成了中国历史上第一次真正意义上的统一，使中华民族从此走向大统一的格局；大汉王朝北击匈奴、凿空西域、开丝绸之路，奠定汉民族的基本生存空间和精神空间格局，从此"汉"文化成为中华文明构成谱系的主体符号；而大唐无比开放、自信与包容，文化腾远，威震四方，万国来朝，成为当时世界的中心，奠定了中华民族在世界格局中的基本地位。

陕西古迹众多，历代遗存的庙、塔、寺、观、石窟、帝王陵等，如珍珠般散布在三秦大地，尤以帝王陵墓最为突出。据《陕西帝王陵墓志》记载，陕西帝王陵墓数量和密度为全国之最，经田野调查能基本确定的帝陵有42座，其中29座汉唐帝陵屹立于渭河南北，包括11座西汉帝陵和18座唐代帝陵[260]。这些帝王陵墓，是当时政治、经济、文化的集中体现，也是陕西辉煌历史的主要载体。此外，张骞通西域、苏武北海牧羊、昭君出塞、文成公主吐蕃和亲等，都是从陕西出发的经典历史故事。

陕西主要分为关中、陕南、陕北三大自然经济区，各区人文历史发展具体特征如下：

（1）关中地区：历史文化积淀极其深厚

关中地区曾长期作为封建王朝的都城京畿之地，文化底蕴与历史积淀极其深厚，历代人文荟萃，古迹遍地。李白、杜甫、王维等大诗人都曾在长安及其附近地区留下了不朽诗篇，唐诗三百首里也有不少关于长安及其附近地区的描述。白居易形容长安城"百千家似围棋局，十二街如种菜畦"，王维更是赞叹盛唐长安"九天阊阖开宫殿，万国衣冠拜冕旒"。关中地区拥有以秦始皇陵兵马俑为代表的各类碑刻、墓藏、秦砖汉瓦等令人叹为观止的地上、地下文物，堪称"中国最大的地下文物宝库"[259]。以大唐石台孝经和开成石经为代表的历代碑刻汇集于西安碑林博物馆[261]，是关中书法、文学、艺术等的集中体现和厚重历史积淀的集中展示。

关中中部的西安、咸阳地区是儒家思想的源头、道家思想的诞生地[259]，包括周、秦、汉、唐在内的十三个王朝曾在此建都。秦始皇在咸阳统一中国后，统一度量衡、货币、文字等，使中华文化开始腾飞。随着历史的演进，西安地区形成了独具特色的农耕、方言、诗词、民俗、宗教等地域文化[262]。古都西安是今日陕西之省会，也是陕西的政治、经济、文化中心，这里学府林立、汉唐遗珍遍地，是中华民族的精神故都。铜川是药王孙思邈故里，耀州十里窑场延续了一千多年的炉火，曾为多个朝代烧制精美瓷器，红色照金为陕甘边革命根据地发展成为西北革命根据地奠定了坚实基础[263]。

关中西部的宝鸡，是早周、先秦文化的重要发祥地，以青铜器著称。当地出土的何尊，其上铭文"余其宅兹中国，自之义民"，是目前已知的"中国"一词最早出处；陈仓石鼓堪称中华第一古物，是春秋战国时期的书法精品；凤雏村遗址堪称中国最早的"四合院"[264]。关学宗师、宋代宝鸡人张载的"横渠四句"——"为天地立心，为生民立命，为往圣继绝学，为万世开太平"，喊出了历代读书人的耕读心声。苏东坡曾到凤翔府任职，挖掘了现今的凤翔东湖，并留下《喜雨亭记》等千古名篇。

关中东部的渭南地区，历代亦是人才辈出，是关中耕读文化的集中代表区域。尤其以渭南东北部的韩城地区，最为突出。从太史公司马迁，到清代的状元宰相、嘉庆帝师王杰，韩城文脉不断，弦歌不绝，产生了一大批"士大夫"和商人，有"一代史圣、两朝状元、三朝宰相、四代世家、父子御史"及"朝半陕、陕半韩"之说，素有"小北京""文史之乡""关中文物最韩城"之称[265]，孕育了以党家村为代表的大批古村落，并成为关中乃至陕西省保存传统村落最多的地区之一。关中东府大荔，古称同州府，与山西隔黄河相望，以"丰图义仓"为代表的文物古迹，记录了东府大荔在清末民初汹涌的历史大潮中发挥的独特作用。此外，渭南地区的富平县，明清以来，涌现出孙丕扬、杨爵、李因笃等名臣大家，并因此而孕育出多个名臣世家聚居聚落；蒲城县是爱国将军杨虎城的故里，近现代以来也涌现出多位革命人物；潼关古城，自古为兵家必争之地，渭水、洛河在这里注入黄河，三河相汇，西岳华山昂首独立，独特的河岳文化是自东进入关中的第一道人文景观。

（2）陕北地区：大漠风光与高原气象并存

陕北地区主要为榆林、延安两市，古代曾长期是边塞之地，历经秦晋、秦魏、汉匈、宋金、宋夏、金夏、蒙元与明朝等争夺战争[266]，长期是中原政权与少数民族政权拉锯战争的区域，秦始皇的长子扶苏、大将蒙恬及宋代的范仲淹、沈括等都曾在陕北戍边[267]。历史上，秦、隋、明三代曾在此修筑长城，遗留的长城、直道、寨堡、驿站等军事设施众多，光北宋时期在这一区域修筑的军事堡垒都达到 129 个之多，明代更是大修长城、广筑寨堡，形成"三边"和"九边重镇"的防御体系[268]。唐代诗人陈陶的"可怜无定河边骨，犹是春闺梦里人"，描述了陕北边塞战事的无情与残酷。作为农牧交错区，从风沙滩地广袤的大漠边塞风情到黄土沟壑区生境独特的窑洞聚落景观，无不体现出陕北苍茫、高亢、激昂的人文风情。

今之榆林，以能源化工产业著称，是中国主要的煤、气富集区之一。而历史上的榆林，多为边防要塞。榆林神木石峁遗址，是目前我国发现的最大规模史前遗址，它表明，四千多年前人类就在此生息繁衍。陕西所经历的十四个王朝唯一不在关中建都的朝代，就是匈奴人赫连勃勃建立的大夏国，其都城统万城位于现榆林市靖边县。明代封关后，榆林为"九边重镇"之一的"延绥镇"，万里长城与九曲黄河在这里相拥，来自全国各地的军民在此戍边，边塞文化发展到顶峰，留下了"万里长城第一台"——镇北台等历史遗迹。陕北长城沿线也是风沙草滩和黄土丘陵沟壑区的交界地带，许多古堡发展至今，三边村落与匈奴帝都相依，形成了蔚为壮观的边塞古堡乡村聚落景观。榆林东南部的米脂、绥德、佳县等地，在明清时期产生了不少大地主，因而形成了一定数量的地主庄园古聚落，例如在全国范围内影响巨大的米脂县杨家沟马氏地主集团等。此外，这一区域也是中共中央转战陕北的主要途经地，是《东方红》的发源地，沿线形成了大量红色革命遗存型聚落。边塞地带、地主经济、红色革命等因素，使榆林成为陕西拥有传统村落最多的地区。

延安地处黄土高原丘陵沟壑区，素有"三秦锁钥，五路襟喉"之说，是黄帝文化圈核心地带和中国革命圣地。黄帝、黄河、黄土高原民俗文化，是延安的三大名片。轩辕黄帝陵寝位于延安市黄陵县桥山镇，是历代祭祀轩辕黄帝的主要场所；延安东部的黄河乾坤湾、黄河古渡、壶口瀑布展现了母亲河黄河的神韵；安塞腰鼓、洛川蹩鼓、宜川胸鼓打出了边塞将士的豪情[269]。而最让延安闻名于世的，是中共中央在延安十三个春秋的光辉革命史，培育出谢子长、刘志丹等民族英雄，成为中国革命走向全国胜利的光辉起点。延安土窑洞里的灯光照亮了中国革命的航程并最终取得胜利[267]，毛泽东、周恩来等老一辈革命家在此艰苦创业，习近平等新一代领导人也曾在延安当插队知青，延安精神永放光芒，时刻指引我们不忘初心，砥砺前行。

（3）陕南地区：人文与自然相映生辉

陕南地区主体位于秦岭南坡，包括汉中、安康、商洛三市。山地，是陕南的主要地貌类型。陕南汉江谷地在其西段的汉中形成较为开阔的平原，在其东段逐渐变窄，平原减少，山地变多，最终形成了陕南传统乡村聚落多为山地聚落的总体格局；其次，汉江，是陕南传统乡村聚落形成格局的另一个主要因素。陕南地区大部分属于汉江流域，小部分属于嘉陵江流域及黄河流域[6]。汉江水运催生了陕南交通商贸型聚落。

汉中，是两汉三国文化的重镇，素有"西北小江南"之称。楚汉相争时，刘邦定都南郑，从此发迹，建立西汉王朝百年基业；东汉末年进入三国相争阶段，而汉中是曹魏与蜀汉相争的重要地带，因而形成了独具特色的"三汉文化"（西汉、东汉、蜀汉）和"汉水文化"[270]。陕南秦巴山区，自古以来就是南北交通的要塞地带。山地的阻隔，在秦巴山区形成了具有上千年历史的几条主要古道，如陈仓道、褒斜道、傥骆道、子午道等。在古代交通不发达的情况下，古道成为沟通秦岭南北的主要交通方式，沿线也催生了很多交通商贸型古镇古村。而这些古道，主要位于汉中地区，汉初韩信"明修栈道、暗度陈仓"的故事，就发生于此。

安康市，古称"金州""兴安府"等，是川、陕、鄂、渝的交界地带。陕南地区，元明清三朝，历经战乱，人口锐减，多次经历移民浪潮，历史发展曲折，人口结构复杂。据《安康地区志》记载，自元世祖至元八年，"连年战祸与灾荒，地旷人稀""下不辖县，西城、汉阴、石泉、平利、旬阳县具废"；明万历二十一年，"百姓大饥、灾民流动"；清乾隆二十年，"湖广流民纷纷流入兴安各县垦荒定居"[271]。陕南的移民浪潮，主要发生在安康地区，汉中、商洛也有少量移民迁入。湖广移民带来了故乡的民居建筑、风俗等，对陕南经济、社会、文化产生了深远影响。此外，汉江安康段水深、河宽等条件利于航运，明清以来安康汉江沿线形成了不少水运码头。

商洛地处陕西东南部，为秦楚交界地带，有"秦楚咽喉"之称，古时为商鞅封地。商洛市几乎整体位于秦岭山区之中，平地面积稀少，动植物资源丰富。从秦汉时期隐居秦岭的"商山四皓"，到今日著名作家贾平凹，商洛在商山洛水、秦头楚尾之间，演绎着人文与自然的相映生辉。

综上所述，陕西悠久的历史孕育出优秀的传统乡村聚落，它们散布在三秦大地，是中国农耕文明的精髓和瑰宝，也是满载历史记忆的传统文化空间遗产，具有独特的历史、文化、景观价值，是不可复制和不可再生的文化景观资源。这些聚落繁荣在历史的尘埃中，遗存在当下浮躁的物欲世界中，必将盛放在未来，成为民族的历史记忆，让我们对自己的文明"知来处，明去处"。

3.2　陕西传统乡村聚落景观的历史演变

3.2.1　远古的呼唤

陕西历史悠久，早在一百多万年前，中华民族的先民们就在这片皇天后土上繁衍生息。陕西的原始文明主要包括旧石器时代、新石器时代、奴隶社会等几个阶段，这也是中华文明早期起源的几个主要阶段。1964 年，在西安市蓝田县公王岭出土的中年女性头骨化石，被认为是亚洲北部迄今发现的最古老的直立人化石[272]。距今约二十万年的大荔人，则是猿人逐渐向智人过渡的代表[6]。西安东郊发掘的半坡人聚落遗址，是新石器时代仰韶文化的主要代表，也是中国聚落文明的萌芽。而距今约三千年左右，周部落登上历史舞台。古公亶父率领周人到岐山脚下的周原定居，开启了对周原的经营和早周历史的序幕，在陕建都的第一个伟大朝代就要到来。《诗经》有云："周原膴膴，堇荼如饴"，描述了周原的富饶美丽，昭示着从洪荒走来的中华文明走向农耕文明时代。

从旧石器时代居无定所的原始人到新石器时代逐渐走向聚居的原始部落，再到以农耕文明见长走向定居的周部落，这是中华民族的童年，也是陕西聚落历史发展的童年。历史的洪流滚滚向前，聚落景观进一步演变，才有了中华文明上下五千年的弦歌不绝。可以说，陕西聚落文明的早期发展演变史，就是一部中国聚落文明的上古史和中古史（图 3-1）。

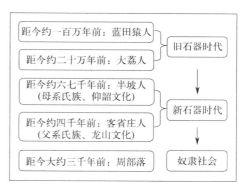

图 3-1　陕西原始文明主体脉络
附注：作者根据史料整理

3.2.2 早期的功能和形态

新石器时代，是陕西原始聚落文明的萌芽期与爆发期。根据目前的考古结果，陕西省共发现新石器时代遗址 3763 处[273]、新石器时代原始村落 887 处[274]，足见这一时期原始聚落数量之大。这一时期，包括了以西安半坡村聚落和西安临潼姜寨聚落为代表的仰韶文化时期和稍晚的以客省庄聚落和石峁遗址为代表的龙山文化时期，它们共同构成了陕西聚落文明的早期形态。

半坡村聚落是仰韶文化时期陕西原始聚落的主要代表，聚落遗址位于今西安东浐河右岸的半坡村，总面积约 5 万 m²[273]。防御性的壕沟、大房子、彩陶，是半坡村聚落遗址留给世人印象最为深刻的三大件，也可以称之为陕西聚落景观最原始的"景观基因"。半坡村聚落遗址平面为不规则圆形，有比较明确的功能分区，主要分为：居住区，北侧的氏族墓葬区和烧陶区。大房子为当时氏族首领住所兼氏族成员聚会场所，为现已知的最早的"前堂后寝"布局[275]。《周礼·考工记》所记述的"前朝后寝"的规制，或许正是来源于原始聚落的此种约定俗成。大致同时期的姜寨聚落遗址，其平面也几乎呈圆形，也有类似的"居住、墓葬、烧陶"三大分区，但不同的是，它的居住区以大房子为核心成组分布，每组均朝向聚落的中心广场，呈现以中心广场为核心的向心式的总体布局特征（图 3-2）。

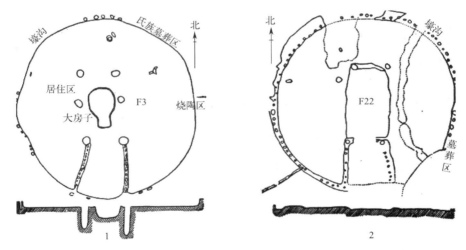

图 3-2 仰韶文化时期的半坡聚落遗址（左）和姜寨聚落遗址（右）平面图
附注：图片在《陕西省志·文物志》[273] 相关图片基础上修改而来

比仰韶文化时期稍晚的龙山文化时期，陕西也有两个重要的原始聚落代表。其一为位于今西安市西南沣河西岸的客省庄聚落遗址。与上述半坡和姜寨聚落遗址不同，客省庄聚落遗址平面大致呈方形，有 10 座半地穴式房址，"吕"字形双室房最为典型[273]，且无墓葬区，陶器以三足陶器为主。而陕西另一个龙山文化时期的典型代表——石峁遗址，被认为是迄今国内发现的最大史前遗址。陕西神木市的石峁遗址发现房屋遗址二处、石棺葬四座[276]，并出土了大量红陶和玉器。它由皇城台、内城遗址、外城遗址三部分构成[277]，被学界普遍认为是都城聚落遗址（图 3-3）。

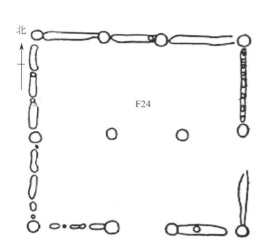

图 3-3　龙山文化时期的客省庄聚落遗址（左）和石峁遗址（右）平面图

附注：左图来源于《陕西省志·文物志》，右图为作者根据调研资料自绘

　　按照景观基因理论，对陕西四个主要原始聚落的景观基因信息进行初步提取和比对（表 3-1），可以看出：聚落萌芽时期的新石器时代，聚落平面从早期的圆形逐渐演化为方形，方圆之间，这或许也是后世的封建时代偏好按照方形规制建城的渊源所在；聚落结构由简单的居住、墓葬、陶址三分区演化为更加复杂的城镇型甚至都城型聚落结构，制陶是原始聚落文明的初始手工艺术，陶址出现在原始聚落中，也充分说明了伴随聚落演变而成长的陶瓷文化的源远流长，这正是东方原始文明的象征；而这些聚落主要的景观基因要素，也由功能结构简单的"大房子"逐渐演化为功能结构更加完善的各类房屋，器物也由最初的陶器演化为打磨更加精致的玉器等。从最初半坡聚落式的小规模群居性防御原始聚落，到石峁遗址式的大规模都城式聚落，原始聚落功能更加完备，形态更加丰富，人类文明一步一步走向多姿多彩，原始文明为后来光辉灿烂的中华聚落文明奠定了坚实基础。

新石器时代陕西典型原始聚落景观基因信息比对　　　　　　　　表 3-1

原始聚落名称	聚落平面	聚落主体结构	主要景观基因要素
半坡村聚落	不规则圆形	居住区、氏族墓地、烧陶窑址	大房子、防御壕沟、彩陶
姜寨村聚落	圆形	中心广场向心式布局	大房子、防御壕沟、彩陶
客省庄聚落	方形	居住区、陶址、无墓葬区	"吕"字形双室房、三足陶器
石峁遗址	不规则方形	内外城拱卫	皇城台、内外城墙址、玉器

3.2.3　主要历史时期的发展与演变

　　东周以来，地主阶级逐渐登上历史舞台。秦始皇在咸阳完成统一中国的壮举，标志着中国全面进入封建社会。从聚落发展演变的角度来看，两千多年的封建社会里，陕西聚落发展演变主要分为两个阶段：一是从西周到唐的都城型聚落为主体的时代，二是五代到清末的地方区域性聚落发展时期。

陕西聚落发展演变的第一阶段，正是陕西经历十四个王朝更迭的时期，包括西周、秦、西汉、新、东汉、西晋、前赵、前秦、后秦、大夏、西魏、北周、隋、唐，其中大夏在陕北统万城建都，其余均在关中地区建都[6]。奴隶制的西周王朝以及先秦时期迁都频繁，在关中及其附近地区形成了许多都城遗址（图3-4），这些都城普遍不大，但正是这一时期出现了第一次城邑聚落建设的高潮[278]。到秦建都咸阳以后，形成了蔚为壮观、规模宏大的多宫制宫殿群聚落景观（图3-5），将陕西聚落发展推向第二个高潮。这一时期，产生了以《周礼·考工记》为代表的城邑型聚落营建思想，它几乎影响了后世两千年中国封建社会的城邑营建、聚落发展史。这一时期，也正是汉民族文化基本框架体系形成的时期。

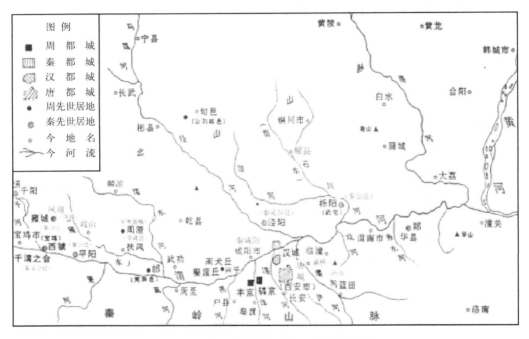

图 3-4　陕西关中古都城遗址分布示意图
附注：引自《陕西省志·建设志》[274]

进入汉唐以来，陕西都城型聚落发展达到历史顶峰。汉代开疆拓土，初定长安。大唐更是以空前开放和无比自信的形象雄踞世界东方，唐长安城成为世界历史上第一个人口突破百万的城市，它将陕西都城型聚落营建推向顶峰（图3-6）。唐代诗人王维曾赞叹唐长安城，"九天阊阖开宫殿，万国衣冠拜冕旒"，赞述了盛唐长安的无限繁华。汉民族文化的主体也在这一时期形成。

这一阶段，陕西经历了凤鸣岐山的西周礼乐，经历了秦扫六合、一统天下的豪情，也经历了北击匈奴、抵定天下的大汉雄风，更经历了盛世无前的大唐气魄。从丰镐二京到秦咸阳、汉唐长安，以长安、咸阳为核心的都城型聚落始终是这一时期陕西聚落发展的主体

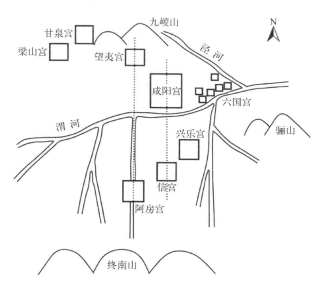

图 3-5　秦咸阳宫及其附近宫殿群聚落示意图
附注：作者根据相关史料自绘

和主导。都城以外的陕西普通乡村聚落，经历了从东汉以来的长期战乱、人烟稀少到隋唐时期鼎盛发展的演变（表 3-2）。

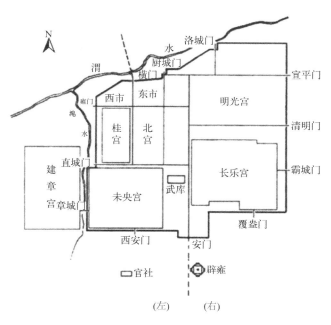

图 3-6　汉长安城（左）与唐长安城（右）平面图
附注：图片引自《中国城市建设史》[279]

陕西主要都城型聚落景观基因信息比对 表 3-2

聚落名称	聚落平面	聚落主体结构	区域聚落体系
秦咸阳	渭河南北、多宫散布	以咸阳宫为核心的多宫制	京城京畿有机结合；直道和驰道串联的城镇体系
汉长安城	不规则方形	一套城墙、每边三门、多宫组城、东西二市	京城、陵邑、郊县的"三辅体系"；陵邑制
隋唐长安城	规则方形	三套方城、中轴对称、棋盘格局	宏大的都城体系

唐以后，长安结束了它的千年建都史，在五代时期降为一方重镇，并在唐末军阀的多次焚掠中沦为废墟[280]，陕西进入封建社会时期聚落发展的第二阶段：地方区域聚落发展阶段。这一阶段陕西乡村聚落发展的总体特征可以概括为：发展缓慢。

这一阶段，西安仍是区域的核心，在其辐射带动下，陕西各级县、镇、乡村聚落得到长足发展，成体系的聚落群逐渐形成。唐末朱全忠毁长安宫室使其成为废墟，节度使韩建借用唐长安城皇城基础，改建为"新城"，规模较唐长安城大为缩小，一改唐长安城以南北走向的朱雀大街为主体的对称结构，使其成为东西长、南北短的东西主体走向结构，并在其旁筑长安、咸宁两个小县城，自此"三城一体"格局形成，后来元代又加修安西王府，形成"四城格局"[281]。明将徐达攻占奉元路城后即改其名为西安府，后来兴建规模宏大的秦王府，并向东、向北扩展，大城规模扩大。其后清代又在大城东北角兴建满城，逐步演变发展为今日所见之西安（表 3-3）。

宋至清西北重镇西安的发展演变 表 3-3

朝代	平面特征	主体结构	区域城镇体系
宋金京兆府	方形	"回"字结构，不规整	"三城一体"
元奉元路城（安西府城）	圆角方城	"回"字结构，趋于规整，西部商业，东部官署	"四城联合"
明西安府	规整方形	"大城、砖城、萧墙"三重城墙，两道护城河	西北军事重镇
清西安府	规整方形	东满城、西汉城、南城三部分分割，东西隔离	西北军事重镇

附注：作者参考著名历史地理学家史念海所著《西安历史地图集》[282] 整理而成。

宋元以来，战争不断，人们流离失所。陕西又地处西北边疆，长期成为各种势力争夺的要冲，这一时期的地方聚落多为防御型的军事堡垒，但在关中东部的韩城市形成了规模较完善的大大小小聚落群，至今韩城仍遗留有不少元代建筑。明清以来，政治趋于稳定，陕西商贸业进一步发展，人口流动增加。陕北地区市镇等聚落总体上偏居其南部，分布稀疏，并向北逐渐减少[283]，窑洞聚落体系逐渐形成；关中的西安府内会馆林立，城郊市镇在清初为 21 座左右，清末光绪时期关中市镇达到 330 个[283]，市镇功能逐渐由军事堡垒向商贸、交通型转变，"村镇合一"的模式逐渐形成[284]；湖、广移民大量涌入陕南，陕南水旱码头、交通重镇等兴起，各层级聚落逐渐形成稳定的体系。但明末的李自成、张献忠农民起义，给陕西的聚落形成一定的冲击和毁坏；清末同治年间的西北回乱，给陕西乡村聚落几乎造成毁灭性打击，明清以来形成的许多优秀古聚落在这一时期遭到破坏。本研究所包含的 113 个陕西的国家级传统村落，也主要形成于这一阶段的元明清时期（表 3-4）。

宋至清陕西聚落发展演变主要特征　　表 3-4

朝代	区域聚落发展特征	代表聚落及特征概述
宋	宋夏、宋金相争,战乱不断,发展有限	榆林市子洲县张寨村:宋夏边城,环山而建,居高临下,防御优势突出
元	金夏、金蒙相争,但聚落体系逐渐形成,陕南、陕北、关中各层级聚落框架基本形成	关中东部韩城党家村:农商并举,四合院民居众多,有"民居瑰宝"之称
明	陕商兴起,且拥有九边重镇之一的延绥镇,人口流动加强,各层级聚落进一步发展	榆林市米脂县杨家沟村:横跨明清两代的杨家沟马氏家族,重农抑商,耕读传家,无疑是陕西特别是陕北窑洞聚落发展的典型代表
清	商贸业进一步发展,陕南移民增加,陕南、陕北、关中聚落体系趋于稳定	西安市周至县老县城村:原为佛坪县城,从建立到消亡成村,仅短短数十年时间,见证了清末陕西聚落发展的历史

3.2.4　近现代以来的嬗变与特征

近现代以来,陕西乡村聚落发展主要分为两个阶段,一是清末、民国至新中国成立前的艰难发展阶段,二是新中国成立以来的全面发展阶段。

第一阶段,陕北地区成为中国红色革命的中心,关中地区先后经历了北洋政府和国民政府的统治[281],陕南地区则有限地发展着各类商贸活动。中共中央长征胜利到达陕北后,在延安驻扎 13 个春秋,延安成为中国革命的圣地,古老的黄土高原为中国革命的胜利作出了巨大牺牲、立下了不朽功勋,也产生了大量的红色革命聚落,这是这一时期陕北窑洞聚落发展的主要特征(表 3-5)。抗战时期,陕西成为抗战的大后方,并爆发了改变中国近代史的"西安事变",促成全民族统一抗战;内战爆发后,陕西又成为国共对峙的最前线。这一时期,陕西政局动荡,军阀混战,土匪肆虐,关中许多乡村聚落都"筑墙防护"[285]。特别是民国十八年开始的三年特大旱灾,陕西死亡、逃亡约两百万人[274],给陕西乡村造成了几乎毁灭性的打击。但也有在混乱的时局中谋得巨大发展的乡村聚落,如民国时期陕南第一大商贸重镇青木川镇,"鸡鸣三省",规模宏大。这一阶段,陕西乡村聚落发展的总体特征可以概括为:破败不堪,百废待兴。

第二阶段,新中国成立后,陕西迎来了乡村聚落的全新发展期。同全国其他地区一样,改革开放以来,陕西各级聚落进入一个全面加速和全面变革的发展时期,以关中平原为核心的全新城乡体系逐渐形成,并形成了一批专业村和以礼泉县袁家村、铜川耀州区孙塬村为代表的现代化水平较高的村庄[274]。特别是新世纪以来,以袁家村为代表的古村落脱胎换骨,开创出一条以厚重的历史文化底蕴为基础,吃、住、游、玩一体化的具有陕西特色的古村旅游新模式,使陕西乡村聚落走出一条绝地求生的新路子(表 3-5)。

陕西 113 个国家级传统村落中的主要红色遗存聚落概况　　表 3-5

聚落名称	产生朝代	今属市县	红色事由
杨家沟村	明代	榆林市米脂县	中共中央驻扎(1947.11.22—1948.3.21)
神泉堡村	宋代	榆林市佳县	中共中央驻扎(1947.9.23—1947.11.19)

续表

聚落名称	产生朝代	今属市县	红色事由
高杰村	明代	榆林市清涧县	中央警备三团驻扎三年,并产生多位革命人士,旁边的高家 圪村为毛主席《沁园春·雪》诞生地
桃镇村	明代	榆林市米脂县	原陕甘宁边区政府副主席李鼎铭故居
黑圪塔村	宋代	榆林市米脂县	"中共米东县委旧址"所在地、米脂红色革命第一村,产生了 郭洪涛等六位革命先烈
岳家岔村	明代	榆林市米脂县	首任中共陕西省委书记马明方故居
沙坪村	明代	榆林市佳县	毛泽东、贺龙在此从事革命活动,产生了大量红色民歌
张庄村	宋代	榆林市佳县	《东方红》作者李有源故里
峪口村	明代	榆林市佳县	陕北革命根据地之一,陕甘宁边区造纸厂
木头峪村	宋代	榆林市佳县	1946年八路军被服厂、留守处等在此驻扎一年
石村	唐代	延安市宝塔区	陕甘红26军、中央红一方面军团一师,359旅717团一营曾 在此驻扎
安定村	隋代	延安市子长市	"民族英雄"谢子长故里

但是,陕西城镇规模和分布不平衡,中心城市西安发展迅速,小城镇大量涌现,中小城市发展缓慢[257],快速城镇化给陕西乡村聚落也带来了巨大的冲击,导致乡村发展的不均衡、地域文化的衰落和新文化的浅根性[102]。陕北的窑洞聚落快速废弃化、渭北地区的地坑院窑洞全面填平复垦、关中地区乡村人口向西安等地的无序聚集而导致的快速空心化、陕南地质自然灾害的频繁冲击导致的移民搬迁等,都是这一时期陕西聚落发展的主要问题。这一阶段,陕西乡村聚落在曲折中不断发展,其主要特征为:陕北窑洞聚落的发展失衡;关中乡村旅游和特色小镇蓬勃兴起,部分乡村聚落空心化,发展不充分不均衡;陕南移民搬迁,自明清外来移民后,本地移民在秦巴山区奏出新乐章。

综合来看,陕西具有悠久而厚重的聚落发展史,它伴随着人类文明进程特别是中华民族文明进程的几乎全过程,是从人类文明童年到人类进入现代文明的一部完整聚落发展史,这在中国其他区域是少见的。但遗憾的是,长期作为国都的长安及其附近地区,历史上历经战乱,古聚落保存不多。陕西现存古聚落主要以明清时期形成为主,且各聚落保留的古民居数量有限,较江浙、湖南、贵州等古聚落保存量较多的地区,存在较大差距。由此可见,进行陕西聚落景观基因变异性及其修复研究,极具实践意义和理论意义。

3.3　陕西传统乡村聚落景观的总体特征

3.3.1　基本特征

(1)入选概况

根据陕西省统计局官方网站所示2018年陕西统计年鉴,截至2017年末,陕西省共计18316个村民委员会[286]。2019年6月6日,住房和城乡建设部、自然资源部等部委联合公布了入选第五批中国传统村落名录的村落名单，这将是最后一批入选的中国传统村落，以后将不再增选[287]❶。至此，全国五批共计 6819 个村落入列"中国传统村落"名录。而陕西作为中国农耕文明的重要发祥地之一，全部五批次共计入选 113 个国家级传统村落。这些传统村落，是陕西农耕文明的精华和重要遗产。它们的入选，不仅说明作为中华文明重要发祥地之一的陕西，具有悠久的农耕文明史，更说明陕西是西北地区传统村落保存最好的区域，与其悠久的历史一脉相承。在经历了明末清初的李自成、张献忠农民起义、清末的西北同治回乱与民国十八年开始的三年大旱[274] 等毁灭性打击后，陕西仍保存有一百多个水平较高的国家级传统村落，实属不易。并且，其中多个传统村落保存有全国重点文物保护单位等高水准、重量级历史遗迹，足见陕西历史文化底蕴之深厚，传统村落总体分布示意图见图 3-7。

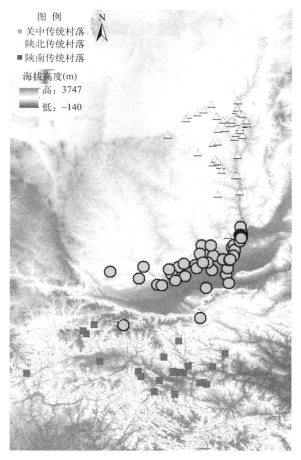

图 3-7　陕西国家级传统村落总体分布示意图

陕西所入选的国家级传统村落，基本能够反映陕西传统乡村聚落保护与发展的总体情况。当然，也有一些传统民居保存较好的陕西古村落没能入选，如拥有唐家大院的咸阳旬

---

❶　文件发出时原本作为最后一批，但后来因传统村落保护工作的需要又继续开展了第六批中国传统村落的调查推荐和审批工作。

邑县太村镇唐家村、拥有周家大院的咸阳三原县鲁桥镇孟店村、拥有吴家大院的咸阳泾阳县安吴镇安吴堡村等，这几个大院是陕商历史的见证。大部分具有代表性的陕西古村落，都已顺利入选国家级传统村落其中包括关中民居的典型代表村落党家村、陕北窑洞民居的瑰宝杨家沟村及陕南典型山地聚落青木川村等。陕西国家级传统村落各村具体行政归属及入选批次见附录1（后文举例时为了简洁与方便，只写出村名，不再具体到其所属市县等行政单位）。

从省域层面统计特征来看，陕西省五批次共计入选113个国家级传统村落。其中，关中地区共计入选45个，陕北地区共计入选46个，陕南地区共计入选22个。可见，陕北地区是陕西省传统村落保存最多的地区，关中地区与其数目几乎相当，而陕南地区是陕西保存传统村落数量最少的地区。

从地级市层面统计特征来看，陕西10个地级市都有村落入选国家级传统村落（杨陵区面积小且无村落入选，故忽略不计）。其中，榆林市五批次共计入选34个，为陕西入选数量最多的地级市；渭南市五批次共计入选33个，是陕西入选数量第二多的地级市，并且，渭南市第五批次入选14个村落，是陕西单批次入选数目最多的地级市。同时，榆林、渭南是陕西仅有的两个每一批次都有村落入选的地级市。宝鸡市五批次仅1个村落入选，为陕西入选数量最少的地级市；西安、商洛五批次仅入选2个村落、铜川五批次仅入选3个村落，是陕西入选数量倒数第二、倒数第三的地级市。汉中、安康、咸阳、延安四市入选村落数目在5~15个之间，处于全省的中游水平。陕西各市各批次入选国家级传统村落具体情况详见图3-8~图3-10。

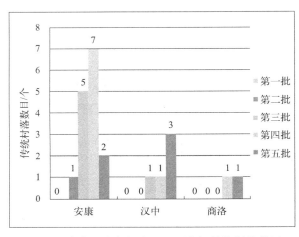

图3-8　陕南三市各批次入选国家级传统村落数目

总体来看，由于朝代更迭的战乱与时间的久远等原因，历史遗留下来的陕西的传统村落并不多。纵观我国传统村落的整体格局，浙江、湖南、贵州、云南等南方省份保留最多，且多为明清时期发展至今的传统村落。陕西入选的国家级传统村落，大部分保存的历史信息比较完整，可以说是"幸甚至哉"的历史馈赠。

（2）物质要素和非物质要素景观基本特征

从物质要素层面来看，陕西历史悠久，其范围内的多个国家级传统村落保存有水平较高的古民居建筑、庙、塔、寺、观、碑刻、古城堡等各类文物遗存（表3-6和表3-7）。从

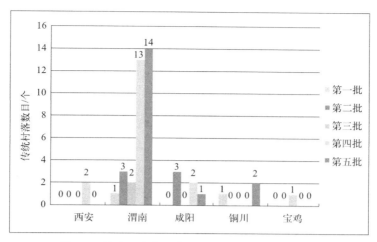

图 3-9　关中五市各批次入选国家级传统村落数目

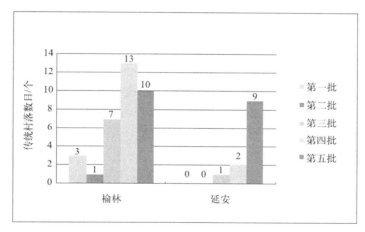

图 3-10　陕北两市各批次入选国家级传统村落数目

传统村落最为重要的物质要素——传统民居建筑来看，陕西传统村落成片保留的传统民居并不多，但陕北、关中、陕南三大自然经济区都保留有具有代表性、规模宏大的传统民居群，即陕北杨家沟村的马氏庄园窑洞群（杨家沟革命旧址）、关中的党家村古建筑群、陕南青木川村的魏氏庄园，这三大古民居建筑群都入选了"全国重点文物保护单位"。可见，陕西传统村落保留的古民居具有"少而精"的特征。其次，陕西传统村落保留的其他文物古迹也较多。

拥有"全国重点文物保护单位"的陕西国家级传统村落　　　　　　　　　表 3-6

聚落名称	国保单位公布批次	国保单位具体名称
孙塬村	第一批	药王山石刻
安定村	第三批	钟山石窟
东高垣村	第四批	魏长城遗址
周原村	第四批	韩城大禹庙

续表

聚落名称	国保单位公布批次	国保单位具体名称
党家村	第五批	党家村古建筑群
双泉村	第五批	京师仓遗址
杨家沟村	第五批	杨家沟革命旧址
大寨村	第六批	丰图义仓
西原村	第六批	玉皇后土庙
庙台子村	第六批	张良庙
刘家峁村	第六批	姜氏庄园
青木川村	第七批	青木川老街建筑群和青木川魏氏庄园
营梁村	第七批	瓦房店会馆群
漫川关社区	第七批	骡帮会馆
尧头村	第七批	尧头窑遗址
贺一村	第七批	党氏庄园
柳枝村	第八批	柳枝关帝庙
高庙山村	第八批	米脂常氏庄园

此外，2014年4月29日，榆林市佳县朱家坬镇泥河沟村的"古枣园农业文化系统"被联合国粮农组织列入全球重要农业文化遗产，成为中国第十一个全球重要农业文化遗产，使陕西国家级传统村落里拥有了世界级文化遗产，充分展现了陕西传统村落所蕴藏的深厚农耕文明内涵。

拥有省级、市（县）级文物保护单位的陕西国家级传统村落　　表3-7

聚落名称	文保单位级别	文保单位具体名称
孙塬村	全国重点文物保护单位	药王墓、药王祠
神泉村		神泉堡中共中央驻地旧址
莲湖村		富平文庙
灵泉村		灵泉村古建筑群
张庄村		李有源故居
泥河沟村		佛堂寺
万家城村		普润县故城
南长益村	陕西省文物保护单位	南长益药王庙
老县城村		佛坪厅故城
东里村		李靖故居
东高垣村		东高垣城堡
安定村		安定堡古城、普同塔
高庙山村		米脂常氏庄园
桃镇村		李鼎铭故居和陵园
岳家岔村		马明方故居

续表

聚落名称	文保单位级别	文保单位具体名称
白兴庄村	陕西省文物保护单位	牛骨湾石崖居
王峰村		王峰寨古建筑群
云镇村		云盖寺及云镇老街
长岭村		熨斗古镇
城关村		留坝厅故城
立地坡村		秦王府琉璃厂遗址、立地坡三圣阁
康家卫村		杜康庙、杜康墓
东白池村		东白池九郎庙
周原村		周原张氏民居群
刘家山村		乾坤湾毛泽东旧居
太相寺村		太相寺会议旧址
梁家河村		梁家河知青旧址
凉水岸村		凉水岸河防战斗遗址
响水村		响水堡遗址
五龙山村		法云寺
镇靖村		镇靖堡遗址、惠中权故居
孙塬村	耀州区文物保护单位	孙塬戏楼、李日红大院
中山村	旬阳县文物保护单位	郭家老院
张峰村	黄龙县文物保护单位	张峰古村
张寨村	子洲县文物保护单位	克戎寨遗址
东里村	三原县文物保护单位	史可轩墓
程家川村	彬县文物保护单位	老君庵(清微观)
王峰村	韩城市文物保护单位	元代玉皇庙,清代王峰桥
石村	宝塔区文物保护单位	八路军三五九旅七一七团一营旧址
黑圪塔村	米脂县文物保护单位	中共米东县委旧址
笃祜村	富平县文物保护单位	杨爵祠
行家庄村	合阳县文物保护单位	李静慈故居
南社村	合阳县文物保护单位	雷德骧纪念馆
黑东村	合阳县文物保护单位	黑水池、古城墙、卧虎蹲
贾大峁村	榆林市文物保护单位	贾大峁震天宫庙

　　从非物质要素层面来看，陕西国家级传统村落亦有丰富的内涵。它们大部分具有形式多样的地域非物质文化活动，如山歌、戏曲、社火、庙会、剪纸、农民画等，秦腔、陕北民歌早已蜚声全国。单从具有非物质文化遗产传承人的村落来看，就有 8 个国家级传统村落的非遗项目入选国家级非物质文化遗产（表 3-8），其中多个极具特色。如：堪称民乐经典孤本的华阴老腔在双泉村传唱千年，并于 2016 年登上央视春晚舞台；纪念药王孙思邈的药王山庙会是关中地区最大的庙会之一，该传统延续了近千年；西原村是韩城黄河行

鼓发源地，其历史也接近千年。

综上，悠久的历史赋予了陕西国家级传统村落丰富的物质和非物质文化遗存。其中多个村落同时拥有"国保单位"和国家级非物质文化遗产，如尧头村、孙塬村、西原村、双泉村等。它们是陕西历史文化的见证，也是陕西地域文化和农耕文明的重要载体。

拥有"国家级非物质文化遗产"（有传承人）的陕西国家级传统村落　　表 3-8

村落名称	国家非物质文化遗产公布批次	国家非物质文化遗产具体名称
云镇村	第一批	商洛花鼓
尧头村	第一批	澄城尧头陶瓷烧制技艺
莲湖村	第一批/第二批	皮影戏（阿宫腔）/红拳
双泉村	第一批	皮影戏（华阴老腔）
孙塬村	第二批	药王山庙会
西原村	第二批	韩城行鼓
行家庄村	第二批	合阳跳戏
杨武村	第四批	仓颉传说

（3）与其他村落类型的交叉特征

中国历史文化名村、中国历史文化名镇是另外两类具有代表性的传统乡村聚落，它们比传统村落遴选标准更高、更具历史价值，数量也更少。从入选情况来看，陕西三个中国历史文化名村全部入选中国传统村落名录，但七个中国历史文化名镇所在村，仅有三个入选中国传统村落名录，具体见表 3-9。

陕西国家级传统村落中的中国历史文化名镇与名村　　表 3-9

类型	名称
中国历史文化名村	韩城市西庄镇党家村
	米脂县杨家沟镇杨家沟村
	三原县新兴镇柏社村
中国历史文化名镇	澄城县尧头镇（尧头村）
	宁强县青木川镇（青木川村）
	石泉县熨斗镇（长岭村）

3.3.2　时空分布特征

（1）数据来源与处理

本研究从住房和城乡建设部官方网站获取陕西全部 113 个中国传统村落名单，并通过百度地图开放平台坐标拾取器逐个获取其经纬度信息，将其录入 Excel 文件中，并结合实地调研所获取的各村《中国传统村落档案》《传统村落调查登记表》《陕西古村落（一）——记忆与乡愁》《陕西古村落（二）——记忆与乡愁》等基础资料，共同确定各村的形成年代、传统村落类型等，并建立相应属性字段。然后，将建立完备的 Excel 文件及通过国家地理信息公共服务平台获取的陕西省 DEM 数据导入 Arc GIS 10.2 备用。

（2）研究方法

从宏观层面来进行研究，传统村落可以抽象为一个个独立的点。而对点状要素进行空间格局研究的经典方法，包括地理集中指数、核密度估计等方法。地理集中指数（公式3-1）用来判断区域内点状要素是否具有集聚性，而核密度估计法（公式3-2）则是在此基础上，探测区域内点状要素的集聚区，两者相互配合，对分析研究区域内点状要素的空间结构特征非常有效。其计算公式分别为：

$$G = 100 \times \sqrt{\sum_{i=1}^{n} \left(\frac{x_i}{T}\right)^2} \tag{3-1}$$

其中，G 为陕西国家级传统村落地理集中度指数，n 为陕西地级市的总数量（含副省级城市），x_i 为 i 市所拥有的国家级传统村落数，T 为陕西省国家级传统村落总数。假定陕西国家级传统村落均匀分布时，其地理集中指数为 G_1，此时，$x_i = T/n$，$G_1 = 100 \times \sqrt{1/n}$。当 $G < G_1$，表明陕西国家级传统村落呈现分散状态；反之，则呈现聚集分布状态。

$$f(x) = \frac{1}{mh} \sum_{i=1}^{m} K\left(\frac{x - x_i}{h}\right) \tag{3-2}$$

其中，m 为样本数，h 为探索半径，$K(\cdot)$ 为核密度函数。

（3）聚集性判断

陕西各地级市传统村落数目及占比　　　　　　　　　　表 3-10

项目	西安	咸阳	渭南	宝鸡	铜川	榆林	延安	安康	汉中	商洛	共计
传统村落数量（个）	2	6	33	1	3	34	12	15	5	2	113
所占百分比（%）	1.77	5.31	29.20	0.89	2.65	30.09	10.62	13.27	4.42	1.77	100

运用（公式3-1）进行计算，判断陕西国家级传统村落的聚集性。陕西共辖西安、咸阳等10个地级市（含副省级城市。杨陵区虽为地级行政单位，但其没有入选的传统村落，本身面积也较小，故忽略不计），故 $n=10$，$T=113$，陕西各市所拥有的国家级传统村落数量具体见表3-10。通过计算，可知，$G_1=31.62$，$G=45.92$，$G>G_1$。所以，陕西国家级传统村落在地级市水平上，分布较为集中。由表3-10亦可见，从各地级市入选村落所占全省百分比来看，渭南、榆林两市占比最高，都在30%左右，共占约60%，应是集中分布的重点区域。

（4）陕西国家级传统村落总体空间分布特征

进一步应用（公式3-2）分别进行陕西国家级传统村落的总体核密度、不同形成时期及不同类型传统村落核密度（不同类型传统村落核密度分析结果在4.1.4小节陕西传统乡村聚落景观特质表达类型分析结论得出后给出）的分析计算，结果如图3-11、图3-12所示。由图3-11可见，陕西国家级传统村落在省域尺度总体空间分布格局上，呈"土"字形结构，表现出明显的聚集性，各区域分布相对集中，在陕南、陕北、关中腹地分别形成明显聚集区，且过渡区域分布较少。首先，在陕南、关中地区，呈现明显东西走向的条带状分布特征；陕北地区，在榆林东南部、延安东部形成南北走向的条带状分布，它们共同构成了陕西国家级传统村落"土"字形的总体空间结构。其次，陕西国家级传统村落形成了两个高密度聚集区，第一个是位于黄河西岸、榆林东南部的米脂、绥德、佳县区域，这一区域是黄土高原窑洞聚落的主要分布区域，也是窑洞聚落景观的典型区域；第二个是关中平原东北部的韩城、合阳区域，得益于韩城、合阳良好的交通、区域条件和关中腹地的支撑，这一区域成为关中传统聚落的主要分布区。再次，陕西国家级传统村落，在省域尺度上，呈现出"东多西少、北多南少"的特征，并且有比较突出的向东聚集特征。由图 3-11 可见，陕南、陕北、关中三大区域的传统村落，都主要聚集在各区域的东部地区，并在各区域东部地区形成密集聚集区；另一方面，秦岭北侧的陕北、关中地区传统村落数量明显多于秦岭南侧的陕南地区。其主要原因在于，秦岭北侧的黄土高原，是中华民族的主要发祥地之一，人类活动历史悠久，且黄河陕西段沿岸、汉江陕南段东部的水运交通、自然条件、历史人文等各方面条件较为优越，具备形成具有一定地域文化水平传统村落的基础。

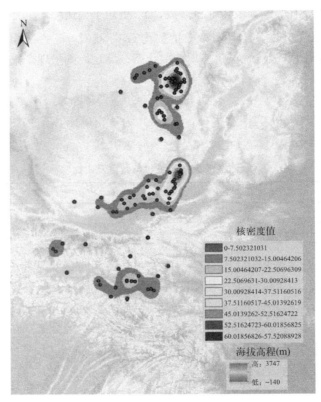

图 3-11　陕西国家级传统村落总体空间分布核密度图

（5）不同形成时期的陕西国家级传统村落空间分布特征

陕西历史悠久，有着丰厚的人文底蕴和历史积淀。分析形成于不同历史时期的陕西传统村落，对陕西经济、社会、文化相关研究具有积极意义。陕西 113 个国家级传统村落中，27 个形成于元代以前，64 个形成于元明清时期，22 个为近现代形成或不能确定形成时期。

如图 3-12（a）所示，分析可知，元代以前形成的陕西国家级传统村落，主要分布在关中地区渭北区域的韩城、蒲城、富平、礼泉、永寿等县以及陕北地区的佳县、子长等县，陕南地区分布较少。究其原因，宋以前，关中地区曾长期是都城京畿之地，条件优越；而陕北地区曾是宋金、宋夏、金夏争夺的边塞，许多边塞型寨堡形成于这一历史时期，如延安子长市安定村、榆林子洲县张寨村等。

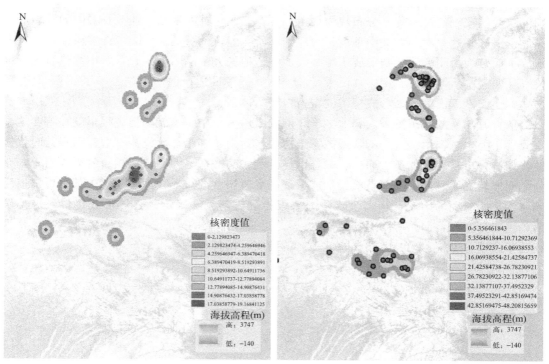

(a) 元代以前 　　　　　　　　　　　　　　(b) 元明清时期

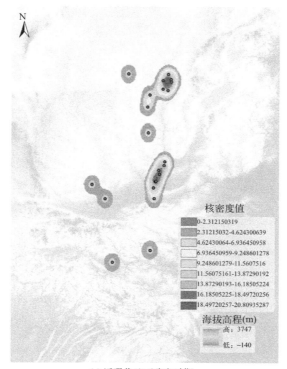

(c) 近现代及不确定时期

图 3-12　不同形成时期的陕西国家级传统村落空间分布核密度图

  陕西国家级传统村落主要形成于元明清时期。由图 3-12（b）可知，形成于元明清时期的陕西国家级传统村落，分布较为均衡，且在陕北榆林的米脂、佳县及关中的韩城形成高度密集区。这一时期，关中不再是封建国都所在地，韩城地区形成了许多耕读式的世家大族；而较为封闭的陕北则形成了一些大地主，他们大多从明朝开始，繁衍数代直至近现代；从明朝中后期开始，湖广移民大量涌入陕南开荒垦地，他们不仅带来了故乡的建筑、文化，还使秦巴山区逐渐形成完备的市镇村聚落体系。

  从百万年前的蓝田猿人，到六七千年前的半坡人，中华民族的祖先很早就在陕西这片皇天后土上生息繁衍。入选的陕西国家级传统村落中，多个村落发掘有旧、新石器时代遗址，如榆林市横山区的贾大峁村、榆林市佳县的木头峪村、渭南市韩城市的周原村等，充分说明原始文明时期，陕西就已经形成了许多乡村聚落的雏形。而过于悠久甚至可以追溯到原始文明时期的历史，让多个陕西国家级传统村落无法确定其具体形成年代。这类聚落，主要分布在黄河西岸附近（图 3-12 c）。近现代形成的陕西国家级传统村落，主要为红色革命遗存型聚落，其分布在陕北地区的延安、榆林相关县市。

第 4 章

陕西传统乡村聚落景观基因识别及图谱构建

4.1 陕西传统乡村聚落景观基因识别、提取及特征分析

4.1.1 景观基因识别流程

（1）识别流程及数据处理

根据景观基因理论，传统聚落景观基因识别流程主要包括景观基因资源管理流程和识别操作流程[145]。根据陕西传统乡村聚落景观具体特征，其景观基因识别流程主要分为如下几个步骤：①指标体系的建立与优化。根据陕西区域聚落具体特征，结合已有研究，建立适于陕西传统乡村聚落景观基因识别提取的指标体系。②识别原则与方法。坚持"内在唯一性、外在唯一性、局部唯一性、总体优势性"等原则，同时结合元素提取、图案提取、结构提取和含义提取等提取方法，保持景观基因的完整性。[145] 结合调研、访谈资料等基础数据，保持景观基因的原真性与准确性。③传统乡村聚落特征解构与历史文化脉络解读。根据所整理基础资料，并结合实地调研情况，对各聚落进行特征解构和历史文化脉络梳理，从宏观上把握各聚落发展脉络、演变特征等。④景观基因识别与提取的具体操作。根据建立的陕西传统乡村聚落景观基因识别提取指标体系，按照上述流程，逐个对各聚落进行景观基因识别、提取。⑤景观基因特征分析与解析。根据识别结果，进行相应聚落景观特征和特质解析，并分析其一般规律。⑥依据识别结果，建立陕西传统乡村聚落景观基因数据库，为下一步陕西传统乡村聚落景观基因组图谱构建、区域景观识别系统构建等打下坚实基础。

陕西传统乡村聚落景观基因识别主要数据来源为：①前期调研和资料收集。本团队（含相关协助调研人员，下同）自 2016 年至 2019 年，对陕西 113 个国家级传统村落逐一进行了实地调研，尽可能地获取一手数据资料，并收集了每一个传统村落的《中国传统村落档案》《传统村落调查登记表》、部分村落的《传统村落保护与发展规划》及村史、村志等相关资料。②数据资料梳理。对所收集的各聚落资料以及调研过程中产生的问卷、访谈录音等进行分类梳理，提取有效数据信息，形成景观

基因识别、提取的基础数据库。③结合《陕西古村落(一)——记忆与乡愁》[234]《陕西古村落(二)——记忆与乡愁》[235]《黄土高原的村庄——声音·空间·社会》[58]《黄土高原聚落景观与乡土文化》[288]《陕西古村落——成为新农村的路径探索》[289]等陕西古村落相关书籍及陕西各市、县地方志等相关文献资料,共同作为陕西传统乡村聚落景观基因识别的基础数据资料。

(2)与既有指标体系的区别和联系:适于陕西传统乡村聚落的景观基因识别指标体系建立

目前,国内关于聚落景观基因识别的指标体系主要有刘沛林等提出的"特质解构法"指标体系[145]和翟洲燕等提出的"传统村落文化遗产景观"基因识别指标体系[153]。"特征解构法"景观基因指标体系能够很好地兼顾传统聚落内、外部环境特征,但其过于重视民居建筑特征表达,对非物质文化景观要素表达不足;而"传统村落文化遗产景观"基因指标体系,全面提升了非物质文化遗产景观基因的表达比重,但其过于注重"遗产性"景观基因表达和古风水地理学研究。因此,本研究在分析比较各种景观基因识别、提取指标体系优缺点的基础上,综合各指标体系优势,主要按照"建筑、文化、环境、布局"四种分类的指标体系,建立陕西传统乡村聚落景观基因识别指标体系,作为传统聚落图谱构建和群系划分的基础。

为了使景观基因识别指标体系更加客观、真实地反映陕西传统乡村聚落的地域文化特质,识别出有陕西特点的传统乡村聚落景观基因,本研究建立的陕西传统乡村聚落景观基因识别指标体系具有如下特征:①本研究在"特征解构法"景观基因识别指标体系基础上,进行了重新梳理,从聚落景观的内部特征、外部特征两大方面进行景观基因识别提取。其中,内部特征包括建筑和文化特征,建筑特征为内部的物质要素,文化特征为内部的非物质要素;外部特征包括环境和布局特征,环境特征为外部的自然要素,布局特征为外部的人文要素,以突出本指标体系内外兼顾、物质与非物质、人文与自然要素兼具的特征。②对"建筑特征"类部分指标进行了优化。基于传统聚落的空间性和地域性,将"建筑"类中"民居特征",明确为"传统民居特征",以突出传统性民居对地域文化的承载特征,并将其下的"平面"因子明确为"院落平面","主体性公共建筑"因子下的"公共场所"优化为"公共空间"。③综合"传统村落文化遗产景观"指标体系的优势,结合陕西省,特别是陕北地区非物质文化景观多样的特征,对"文化特征"类指标进行了全面优化提升,去掉"图腾"因子,增加"曲艺、非遗技艺、方言、宗族"四个因子,细化为"民歌与戏曲、表演与制作技艺、地方性语言、宗族文化特征"四个指标,强化对"非遗类"景观基因的识别提取,更完整地体现景观本体的地域文化特质,切合陕西传统乡村聚落非物质的民风民俗多样的特征。④将"文化特征"下的"宗教"因子,改为"信仰"因子,并细化为"宗教、人物和民间故事传说"指标,以体现地域信仰的多样性,更符合陕西聚落景观实际。⑤传统民居和主体性公共建筑是传统聚落景观基因的主要物质载体,是传统聚落最重要的景观基因;同样,非物质文化景观亦是传统聚落非常重要、不可或缺的景观基因。因此,优化后的指标体系兼顾了对物质类和非物质类景观基因的表达,使其趋于平衡。优化后适于陕西传统乡村聚落景观基因识别提取的指标体系,包括"四大类、十七项"指标,具体见表4-1。

陕西传统乡村聚落景观基因识别提取指标体系　　　　　表 4-1

类别	因子	指标
建筑特征 （内部/物质要素）	传统民居特征	屋顶
		山墙
		屋脸
		院落平面
		装饰
		材质
	主体性公共建筑	公共空间
文化特征 （内部/非物质要素）	曲艺	民歌与戏曲
	非遗技艺	表演与制作技艺
	方言	地方性语言
	宗族	宗族文化特征
	习俗	地域习俗
	信仰	宗教、人物及民间故事传说
环境特征 （外部/自然要素）	地貌	地势（选址）
	河流	水
布局特征 （外部/人文要素）	形态	平面
	结构	空间（格局）

4.1.2　景观基因识别与提取结果

（1）识别提取样例——杨家沟村景观基因识别提取

本研究以杨家沟村为案例，识别提取陕西传统乡村聚落景观基因。杨家沟村位于陕西省榆林市米脂县，是陕北地区最为典型、最具地域特色的地主窑洞庄园聚落。据《陕西省米脂县杨家沟马氏家族志》记载，马氏家族从明朝万历年间在杨家沟定居发展至今，已有四百多年的历史。清康乾盛世时期，马氏家族在此逐步发家，鼎盛时期其势力曾遍及陕北，繁衍出姜氏庄园、寺沟村地主庄园，甚至和几十公里以外繁盛一时的佳县木头峪村都存在姻亲关系。杨家沟窑洞民居建筑群经过几代封建地主建设，发展成为窑洞庄园，后又经留学归来的族人马醒民优化，融入了西方建筑、日本建筑的特征，产生了一些景观变异现象。革命时期，杨家沟是毛主席、党中央离开延安在陕北居住时间最长、从事革命活动最多、影响最大的地方[234]。中共中央的驻扎，又为其注入了红色革命基因。因此，杨家沟融合了陕北传统窑洞民居基因、西式建筑景观基因及红色革命基因，堪称中华民族窑洞民居聚落的瑰宝和窑洞民居发展演变的活化石。按照上述景观基因识别提取流程，本研究对杨家沟村景观基因进行了识别与提取，其结果如表 4-2 所示。

杨家沟村景观基因识别提取结果　　　　　　　　　　　表 4-2

类别	因子	指标	杨家沟村
建筑特征	传统民居特征	屋顶	平屋顶
		山墙	口字形
		屋脸	窑脸:嵌入式木雕拱形窗
		院落平面	厢窑式窑洞四合院
		装饰	砖雕、木雕、石雕
		材质	砖、石、木
	主体性公共建筑	公共空间	扶风寨、毛主席旧居、转战陕北纪念馆
文化特征	曲艺	民歌与戏曲	米脂民歌、米脂小戏
	非遗技艺	表演与制作技艺	秧歌、剪纸、唢呐
	方言	地方性语言	晋语
	宗族	宗族文化特征	"堂号"文化、耕读传家
	习俗	地域习俗	祈雨、庙会、转九曲
	信仰	宗教、人物及民间故事传说	红色革命信仰
环境特征	地貌	地势(选址)	黄土沟壑
	河流	水	崖磕沟、水燕沟、小河沟
布局特征	形态	平面	折形散状
	结构	空间(格局)	交汇式

（2）景观基因识别提取结果

传统聚落景观基因识别、提取，是构建传统聚落景观基因组图谱的基础，也是区域景观基因识别系统构建的基础。为了能够更准确地构建陕西传统乡村聚落景观基因组图谱，建立起完整的陕西传统乡村聚落景观基因信息库，本研究按照前述流程，对陕西 113 个国家级传统乡村聚落逐一进行了景观基因识别、提取，具体结果见表 4-3～表 4-5。

陕西传统乡村聚落景观基因识别结果（陕南）　　　　　　　表 4-3

聚落名称			中山村	青木川村	长兴村	营梁村	庙湾村	万福村
所属行政区			旬阳县赵湾镇	宁强县青木川镇	石泉县后柳镇	紫阳县向阳镇	旬阳县赤岩镇	旬阳县赤岩镇
类别	因子	指标						
建筑特征	传统民居特征	屋顶	悬山顶	悬山顶	悬山顶	悬山顶	悬山顶	悬山顶
		山墙	"人"字形	"人"字形	封火山墙	"人"字形	"人"字形	"人"字形
		屋脸	木格门窗	木板门窗	石门仪砖斗栱	砖框木门	木质门堂门楼	砖框木门
		院落平面	天井四合院	街面式四合院	天井四合院	天井四合院	嵌套式天井院组合	天井院组合
		装饰	砖雕门楼	竹骨白墙	砖雕、木雕	木雕	圆形木雕	砖雕
		材质	土、木	砖、木、竹	石、砖、土	砖、土	土、木	土、木
	主体性公共建筑	公共空间	郭家祠堂、郭氏私塾、娘娘庙	辅仁剧社、辅仁中学	—	北五省会馆、川主会馆、江西会馆	龙王庙、药王庙、大碾磨、陈氏祠堂	古井、古树、石氏祠堂

续表

聚落名称			中山村	青木川村	长兴村	营梁村	庙湾村	万福村
所属行政区			旬阳县 赵湾镇	宁强县 青木川镇	石泉县 后柳镇	紫阳县 向阳镇	旬阳县 赤岩镇	旬阳县 赤岩镇
类别	因子	指标						
文化特征	曲艺	民歌与戏曲	秦巴报路歌	傩戏	汉调二簧	紫阳民歌	花鼓戏	秦巴山歌
	非遗技艺	表演与制作技艺	酿酒、烤烟	雕刻、羌绣	火狮子、彩龙船	布凉鞋编制技艺	龙灯、舞狮	早船、舞狮、烤烟
	方言	地方性语言	中原官话关中片	西南官话	西南官话陕南小片	西南官话	江淮官话竹柞片	江淮官话竹柞片
	宗族	宗族文化特征	重教育、办私塾	乡绅文化	移民文化	—	族长族规	始祖三国石韬
	习俗	地域习俗	祭祀祖先、娘娘庙	三月三庙会、马王会	—	会馆文化	四月初八浴佛节	祭祀金皇娘娘
	信仰	宗教、人物及民间故事传说	郭文基创业传说	魏辅唐家族发展轶事	—	—	药王山药王信仰、风水信仰	风水信仰
环境特征	地貌	地势（选址）	条形狭沟	两山夹一川	半坡平坝	沿江坡地	临水坡地	半山腰
	河流	水	旬河	金溪河	鸽鸡河	汉江	吕铜河	—
布局特征	形态	平面	一字形	"U"形	组团状	带形	组团状	组团状
	结构	空间（格局）	九合天井院	仿"龙"形	河谷式	两江交汇	环山临水	状如龙椅

聚落名称			湛家湾村	乐丰村	双柏村	天宝村	双桥村	王庄村
所属行政区			旬阳县 赤岩镇	城固县 上元观镇	汉滨区 洪山镇	汉滨区 双龙镇	汉滨区 叶坪镇	汉滨区 早阳镇
类别	因子	指标						
建筑特征	传统民居特征	屋顶	硬山顶	悬山顶	硬山顶	悬山顶	悬山顶	悬山顶
		山墙	封火墙	"人"字形	"人"字形	"人"字形	"人"字形	"人"字形
		屋脸	砖框木门	木板门窗	砖墙木门	木门高窗	木门夯土墙	木门楼
		院落平面	天井院	街面式合院	天井院	"L"形	天井院组合	天井院
		装饰	圆形木雕	木雕	木雕、砖雕	木雕	木雕、石条	木雕、砖雕
		材质	砖、土	砖、木	土、木	土、木	土、木	砖、石、木
	主体性公共建筑	公共空间	长安寨、三个池塘、练武场、祠堂	东门城楼、护城河、土城墙	张家祠堂、麻衣庙	大寨子、千年古树、华佗洞	桥亭戏楼	—
文化特征	曲艺	民歌与戏曲	巴山小调	—	花鼓戏	花鼓戏	花鼓戏	花鼓戏
	非遗技艺	表演与制作技艺	烤烟、舞狮、烟熏腊肉制作	红豆腐制作技艺、舞狮	舞狮、彩莲船	彩莲船、烤烟	彩莲船	烤烟、彩莲船
	方言	地方性语言	江淮官话竹柞片	西南官话川黔片	中原官话	中原官话	中原官话	中原官话
	宗族	宗族文化特征	血缘式聚居、农商并重	—	多家族共同发展			家族式隐居
	习俗	地域习俗	吃栽秧酒、杀过年猪	社火	—	—	古庙会	—
	信仰	宗教、人物及民间故事传说	飞凤公偶梦传说	孔夫子会	—	神医华佗	—	—

续表

聚落名称			湛家湾村	乐丰村	双柏村	天宝村	双桥村	王庄村
所属行政区			旬阳县赤岩镇	城固县上元观镇	汉滨区洪山镇	汉滨区双龙镇	汉滨区叶坪镇	汉滨区早阳镇
类别	因子	指标						
环境特征	地貌	地势(选址)	半山腰	平原	条形夹沟	沟壑纵横	沟谷平地	半山腰
	河流	水	吕铜河	护城河	五堰河	樟子沟河	无名溪	—
布局特征	形态	平面	筲箕形	拟方形	带形	散状	组团状	组团状
	结构	空间(格局)	上中下三湾	棋盘式	河谷式	梯田聚落	沿沟发展	环山

聚落名称			高山村	马河村	牛家阴坡村	云镇村	长岭村	前河村
所属行政区			汉滨区共进镇	汉滨区谭坝镇	旬阳县仙河镇	镇安县云盖寺镇	石泉县熨斗镇	汉滨区谭坝镇
类别	因子	指标						
建筑特征	传统民居特征	屋顶	石板屋顶	悬山顶	悬山顶	硬山顶	悬山顶	硬山顶
		山墙	"人"字形	"人"字形	"人"字形	"人"字形	"人"字形	"人"字形
		屋脸	木门夯土墙	木质门窗	木质门堂门楼	木质铺板门	木质铺板门	木门窗
		院落平面	天井院组合	天井院	天井院	街面式合院	吊脚楼	天井院
		装饰	木雕、石雕	青石铺地	石狮、油漆彩画	彩绘、木雕、石板	木雕	砖雕翘首花脊
		材质	土、木	土、木	土、木	砖、木	土、木	土、木
	主体性公共建筑	公共空间	—	天灯塔	祠堂、牌坊、书院、黄龙观	云盖寺、财神庙、戏楼	戏楼、汉江燕翔洞	黑虎财神庙、青龙潭
文化特征	曲艺	民歌与戏曲	花鼓戏	—	旬阳民歌、打太司	镇安民歌、花鼓戏、渔鼓、二簧	汉调二簧	花鼓戏
	非遗技艺	表演与制作技艺	彩莲船、酿酒	烤烟、彩莲船	烤烟、木雕、油画	旱船、跑驴、泥塑	制茶、酿酒	彩莲船
	方言	地方性语言	中原官话	中原官话	中原官话关中片	中原官话关中片	西南官话陕南小片	中原官话
	宗族	宗族文化特征	—	—	耕读传家	—	汉羌杂居	三大家族
	习俗	地域习俗	烤火盆	—	—	庙会	庖汤会、婚俗	—
	信仰	宗教、人物及民间故事传说	—	佛教	"犀牛望月"传说	李世民回长安传说	"白龙入川、黄龙入陕"	财神
环境特征	地貌	地势(选址)	山顶	开阔平地	半山腰	河谷川道	喀斯特	河谷地
	河流	水	—	马河	任河	镇安河	富水河	前河
布局特征	形态	平面	平面	组团状	带形	组团状	井字形	曲尺形	组团状
	结构	空间(格局)	绝顶面居	河谷式	坐势合牛	仿"船"形	仿"熨斗"形	河谷式

续表

聚落名称			庙台子村	城关村	磨坪村	漫川关社区
所属行政区			留坝县留侯镇	留坝县城关镇	留坝县江口镇	山阳县漫川关镇
类别	因子	指标				
建筑特征	传统民居特征	屋顶	悬山顶	悬山顶	硬山顶	硬山顶
		山墙	穿斗式	"人"字形	"人"字形	封火墙
		屋脸	木质门窗	木质门窗	木质门窗	木质铺板门
		院落平面	前店后院	前市后寝	"一"字形	前店后院
		装饰	砖雕、木雕	木雕、石雕	木格窗	彩绘、砖雕、木雕
		材质	土、木	砖、木、石	砖、木、石	砖、木
	主体性公共建筑	公共空间	张良庙、紫柏山	留坝厅故城、火神庙、阳德门	褒斜栈道遗址、古泉、古墓葬	鸳鸯戏楼、骡帮会馆、武昌馆、北会馆、娘娘庙
文化特征	曲艺	民歌与戏曲	—	端公戏	汉调桄桄、留坝民歌	漫川大调、船歌
	非遗技艺	表演与制作技艺	花木手杖制作、古法养蜂	罐罐肉制作、旱船、铁匠工艺	舞狮、纳鞋底技艺	旱船、舞狮、踩高跷
	方言	地方性语言	西南官话	西南官话	西南官话	中原官话
	宗族	宗族文化特征	—	—	—	—
	习俗	地域习俗	张良庙庙会、年俗、婚俗	婚丧习俗、牛王会	祭祖先习俗	龙灯会
	信仰	宗教、人物及民间故事传说	道教、张良"成功不居"传说	—	张武畴孝感天下故事传说	五教俱全(道、佛、天主、基督、伊斯兰教)
环境特征	地貌	地势(选址)	五山环抱、二水夹流	两山夹一川	半山腰坡地	河谷平川
	河流	水	紫柏河	北栈河	红岩河	靳家河、金钱河
布局特征	形态	平面	带形	带形	组团状	"之"字形
	结构	空间(格局)	河谷式	临城面居、背山面水	背山缓坡、良田环绕	仿"蝎子"形

陕西传统乡村聚落景观基因识别结果（关中）　　　　　　　表 4-4

聚落名称			孙塬村	党家村	柏社村	袁家村	等驾坡村
所属行政区			耀州区孙塬镇	韩城市西庄镇	三原县新兴镇	礼泉县烟霞镇	永寿县监军镇
类别	因子	指标					
建筑特征	传统民居特征	屋顶	悬山顶	悬山顶	以地为顶	硬山顶	以地为顶
		山墙	"从"字厦房式	"人"字形	—	"人"字形	—
		屋脸	四字砖雕门楣门头	走马门楼	拱形土墙门窗	墀头式砖墙木门	拱形土墙门窗
		院落平面	四合院	四合院	地坑院式四合院	四合院	地坑院式四合院
		装饰	砖雕	木雕、石雕、砖雕	院中心树	砖雕、木雕、石雕	院中心树
		材质	砖、土	砖、石、木	砖、土	砖、木	砖、土
	主体性公共建筑	公共空间	药王墓、药王祠、药王幼读遗址	祠堂、节孝碑、文星阁、看家楼、泌阳堡	寿丰寺、四大古城堡遗址	宝宁寺、秦琼墓、关中戏楼	汉代城墙、龙王庙

续表

聚落名称			孙塬村	党家村	柏社村	袁家村	等驾坡村
所属行政区			耀州区孙塬镇	韩城市西庄镇	三原县新兴镇	礼泉县烟霞镇	永寿县监军镇
类别	因子	指标					
文化特征	曲艺	民歌与戏曲	孙塬秧歌"十对花"	秦腔	秦腔	秦腔、弦板腔	秦腔
	非遗技艺	表演与制作技艺	剪纸、泥塑	面塑、舞灯笼	木雕、剪纸	剪纸、茯茶制作技艺	监军战鼓、剪纸
	方言	地方性语言	中原官话	中原官话	中原官话	中原官话	中原官话
	宗族	宗族文化特征	孙思邈后裔聚居	农商并举、血缘聚居	—	多族共生	—
	习俗	地域习俗	"二月二"古庙会、娘娘庙会、社火、火亭子	元宵灯节、婚丧习俗、乞巧节	社火	关中多样民俗体验	社火
	信仰	宗教、人物及民间故事传说	药王孙思邈传说、道教养生	贾氏经商传说	佛教	秦琼敬德门神传说	百官等驾传说
环境特征	地貌	地势(选址)	渭北黄土塬	葫芦状沟谷	渭北黄土塬	北山南塬	渭北黄土塬
	河流	水	漆水河	泌水		冷泉溪	永寿西湖
布局特征	形态	平面	正方形	带枝式	自由点缀	"井"字形	"一"字形
	结构	空间(格局)	一纵五横	仿"舟"形	下沉式	两横两纵	下沉式

聚落名称			莲湖村	灵泉村	尧头村	万家城村	南长益村	清水村
所属行政区			富平县城关镇	合阳县坊镇	澄城县尧头镇	麟游县酒房镇	合阳县同家庄镇	韩城市芝阳镇
类别	因子	指标						
建筑特征	传统民居特征	屋顶	硬山顶	硬山顶	平坡结合	悬山顶	硬山顶	硬山顶
		山墙	"人"字形	"丛"字厦房式	正房平屋顶、厢房单面坡	"丛"字厦房式	"丛"字厦房式	"丛"字厦房式
		屋脸	砖墙木门	墀头式砖墙木门	拱形砖墙木门	夯土墙木门窗	墀头式砖墙木门	走马门楼
		院落平面	四合院	四合院	厢房式窑洞四合院	四合院	四合院	四合院
		装饰	木雕、石雕	砖雕、木雕、石雕	砖雕	砖雕	砖雕、木雕	砖雕、石雕
		材质	砖、木	砖、木	砖、木	土、木	砖、木	砖、石
	主体性公共建筑	公共空间	文庙、县衙、望湖楼、藏书楼	党氏祠堂、三义庙、古城墙、古寨	白家祠堂、窑神庙、东岳庙	斩官穴、普润故城、九天圣母庙	药王庙、马王庙、全孝祠堂	薛氏祖祠、戏台、狐仙楼

聚落名称			莲湖村	灵泉村	尧头村	万家城村	南长益村	清水村
所属行政区			富平县城关镇	合阳县坊镇	澄城县尧头镇	麟游县酒房镇	合阳县同家庄镇	韩城市芝阳镇
类别	因子	指标						
文化特征	曲艺	民歌与戏曲	阿宫腔	—		秦腔	—	蒲剧
	非遗技艺	表演与制作技艺	红拳	木雕技艺	尧头陶瓷烧制技艺	万家城红花脸	《白鹿原》拍摄地	剪纸、面花、冶铸
	方言	地方性语言	中原官话	中原官话	中原官话	中原官话	中原官话	中原官话
	宗族	宗族文化特征	—	党氏经商	多族共生	耕读传家	耕读传家	重农重冶
	习俗	地域习俗	—	福山祈福节、社火、抢头香	窑神庙会、东岳庙会	祈雨、九天圣母庙会	二月初五药王庙会	门楣题字、流水洗衣
	信仰	宗教、人物及民间故事传说	筑城传说	佛教、道教	伏羲和宓妃神话传说	风水斩断传说	药王孙思邈救人传说	"铧薛"铸造传说
环境特征	地貌	地势（选址）	川塬相间	三山环抱、三面临沟	黄土台塬	渭北旱塬	黄土台塬	背山面塬
	河流	水	温泉河	黄河	洛河	万家城河	—	芝水河
布局特征	形态	平面	拟方形	多重方形城墙	弧线形	"人"字形	拟方形	一村三寨堡
	结构	空间（格局）	三街四门十巷	五条主巷	环山式	一岭两川	三面深沟、一面连塬	三塬四水

聚落名称			石船沟村	老县城村	东里村	程家川村	辛村	大寨村
所属行政区			蓝田县葛牌镇	周至县厚畛子镇	三原县鲁桥镇	彬州市龙高镇	华州区赤水镇	大荔县朝邑镇
类别	因子	指标						
建筑特征	传统民居特征	屋顶	悬山顶	悬山顶	硬山顶	硬山顶	硬山顶	硬山顶
		山墙	"人"字形	"人"字形	"丛"字厦房式	"丛"字厦房式	正房双坡、厦房单坡	"丛"字厦房式
		屋脸	土墙木门	土墙木门	砖墙木门	砖墙木门题字门楣	砖墙木门	砖墙木门
		院落平面	天井院	"一"字排院	四合院	厢房式窑洞四合院	三合院	四合院
		装饰	石雕	石雕	木雕	砖雕、木雕	砖雕、石雕	砖雕、木雕
		材质	土、木	土、木	砖、木	砖、木	砖、石	砖、木
	主体性公共建筑	公共空间	祠堂、药王庙	荣聚站、城墙、白云塔	东里花园	独堆山、钟鼓楼、清微观	古城门楼	丰图义仓、岱祠岑楼、金龙塔

续表

聚落名称			石船沟村	老县城村	东里村	程家川村	辛村	大寨村
所属行政区			蓝田县葛牌镇	周至县厚畛子镇	三原县鲁桥镇	彬州市龙高镇	华州区赤水镇	大荔县朝邑镇
类别	因子	指标						
文化特征	曲艺	民歌与戏曲	—	厚畛子山歌	木偶戏、秦腔	—	秧歌戏、碗碗腔	同州皮影
	非遗技艺	表演与制作技艺	唱孝歌	酿酒技艺	蓼花糖制作、酿醋	刺绣、面花、木雕技艺	皮影戏制作技艺	花馍、剪纸
	方言	地方性语言	中原官话	中原官话	中原官话	中原官话	中原官话	中原官话
	宗族	宗族文化特征	客家移民、齐氏"禁条十则"	—	—	耕读传家	耕读传家	—
	习俗	地域习俗	六月六晒家谱	百年粥	社火、书法	社火	蕴空山庙会	社火、细狗撵兔
	信仰	宗教、人物及民间故事传说	"石船普度众生"传说	佛坪厅城故事传说	李靖护国故事传说	道教、佛教	—	"救时宰相"阎敬铭传说
环境特征	地貌	地势（选址）	多山一沟	谷地平川	平原	黄土沟壑	平原	黄土台塬
	河流	水	石船沟	湑水河	清河	泾河	遇仙河	黄河
布局特征	形态	平面	带形	"丁"字形	方形	弧线形	"一"字形	三寨并列
	结构	空间（格局）	沟谷式	一城三门	一堡三门	环山式与沿轴结合	平原街巷式	三巷六社三面环崖

聚落名称			东高垣村	东宫城村	山西村	相里堡村	西原村	王峰村
所属行政区			大荔县段家镇	合阳县百良镇	蒲城县椿林镇	韩城市新城街办	韩城市龙门镇	韩城市桑树坪镇
类别	因子	指标						
建筑特征	传统民居特征	屋顶	硬山顶	硬山顶	悬山顶	硬山顶	硬山顶	硬山顶
		山墙	"丛"字厦房式	"丛"字厦房式	"丛"字厦房式	"丛"字厦房式	"丛"字厦房式	"人"字形
		屋脸	土墙木门	墼头式砖墙木门	土墙木门	走马门楼	走马门楼	带拱券走马门楼
		院落平面	四合院	四合院	四合院	四合院	四合院	四合院
		装饰	砖雕	木雕、砖雕	石雕	砖雕、木雕、石雕	砖雕、木雕	砖雕、木雕
		材质	土、木	砖、木	土、木	砖、木	砖、木	砖、木
	主体性公共建筑	公共空间	魏长城遗址、东高垣古城堡	唐太子李确陵、祠堂、戏楼	王氏祠堂、古城堡、高力士墓	相里古堡、槐抱椿、无影山	玉皇后土庙、戏楼、城门洞	玉皇庙、王峰寨戏台、摩崖石刻

续表

聚落名称			东高垣村	东宫城村	山西村	相里堡村	西原村	王峰村
所属行政区			大荔县段家镇	合阳县百良镇	蒲城县椿林镇	韩城市新城街办	韩城市龙门镇	韩城市桑树坪镇
类别	因子	指标						
文化特征	曲艺	民歌与戏曲	同州梆子	秦腔	—	—	蒲剧	秦腔
	非遗技艺	表演与制作技艺	花馍制作	花馍制作	血故事特技、剪纸	舞狮、蒸花馍、秧歌	韩城行鼓、耍神楼	韩城行鼓、织土布
	方言	地方性语言	中原官话	中原官话	中原官话	中原官话	中原官话	中原官话
	宗族	宗族文化特征	戍边后裔	—	耕读并重	多族共生	多族共生	—
	习俗	地域习俗	社火、乞巧节	祭祖	正月初一大锅饭	门楣题字	清明祭祖、古会	玉皇庙庙会、婴儿拜土地爷
	信仰	宗教、人物及民间故事传说	魏国戍边传说	"织锦城"传说	"三槐并茂"三兄弟迁居传说	释道儒共存、精忠水洞纪念岳飞	黄河行鼓传说、大禹治水传说	道教、杨虎城避难传说
环境特征	地貌	地势(选址)	黄土台塬	黄土台塬	孤丘台塬	黄土塬	黄土塬	土石山区
	河流	水	洛河	徐水河	—	黄河	黄河	凿开河
布局特征	形态	平面	长方形	拟方形	长方形	拟方形	拟方形	带形
	结构	空间(格局)	村堡分离	南临沟、北接塬	背山面塬	九巷十八家	一主多支巷	三街四巷、形似龙舟

聚落名称			柳枝村	郭庄砦村	柳村	薛村	张代村	立地坡村
所属行政区			韩城市西庄镇	韩城市西庄镇	韩城市西庄镇	韩城市西庄镇	韩城市西庄镇	印台区陈炉镇
类别	因子	指标						
建筑特征	传统民居特征	屋顶	硬山顶	硬山顶	硬山顶	硬山顶	硬山顶	平屋顶
		山墙	"人"字形	"丛"字厦房式	"人"字形	"人"字形	"人"字形	方形
		屋脸	走马门楼	走马门楼	走马门楼	走马门楼	走马门楼	砖墙门窗
		院落平面	四合院	四合院	四合院	四合院	四合院	窑洞四合院
		装饰	砖雕、石雕、木雕	砖雕、石雕、木雕	砖雕、木雕	砖雕	砖雕、木雕	陶瓷器物、琉璃
		材质	砖、石	砖、木	砖、木	砖、木	砖、木	砖、陶瓷
	主体性公共建筑	公共空间	关帝庙、华佗庙、望春楼	三圣庙、石牌坊、城墙北石洞	关帝庙、观音庙、土塔	薛家祠堂、太守祠、庆善坡	关帝庙、娘娘庙、望河楼	东圣阁、三眼井、杨氏宗祠

续表

聚落名称			柳枝村	郭庄砦村	柳村	薛村	张代村	立地坡村
所属行政区			韩城市西庄镇	韩城市西庄镇	韩城市西庄镇	韩城市西庄镇	韩城市西庄镇	印台区陈炉镇
类别	因子	指标						
文化特征	曲艺	民歌与戏曲	秦腔	唱大戏	—	蒲剧	—	秦腔
	非遗技艺	表演与制作技艺	花馍制作、棉麻织布	十二连环鼓、上坡鼓	锣鼓、织土布	黄河行鼓、花馍	花馍、元宵鼓乐表演	陶瓷工艺、秧歌
	方言	地方性语言	中原官话	中原官话	中原官话	中原官话	中原官话	中原官话
	宗族	宗族文化特征	血缘聚居	异性兄弟结义	六族共寨	多族共寨	单姓聚居	—
	习俗	地域习俗	门楣题字	社火、抬幸	楹联文化	楹联文化	祭祖	龙柏芽入药
	信仰	宗教、人物及民间故事传说	基督教、道教、佛教	异性兄弟结义修城墙传说	郝鼎辰隐居传说	太守李参隐居传说	—	晋文公、杨六郎传说
环境特征	地貌	地势（选址）	黄土塬	黄土塬	黄土塬	黄土塬	黄土塬	黄土沟壑
	河流	水	汶水河	汶水河	泌水河	黄河	黄河	—
	形态	平面	拟方形	拟方形	"U"形	三寨并立	拟方形	带形
布局特征	结构	空间（格局）	四大巷、仿"孔雀"状	一主二十四支巷、仿"舟"形	三面环沟、一面连塬	东临黄河、上寨下村	三主多支巷、一沟一塬一河	阶梯状

聚落名称			移村	杨武村	康家卫村	吉安城村	东白池村	结草村
所属行政区			耀州区小丘镇	白水县北塬镇	白水县杜康镇	澄城县冯原镇	大荔县两宜镇	大荔县范家镇
类别	因子	指标						
建筑特征	传统民居特征	屋顶	以地为顶	平屋顶	平屋顶	平屋顶	硬山顶	硬山顶
		山墙	—	方形	方形	方形	"丛"字厦房式	"丛"字厦房式
		屋脸	拱形土墙门窗	拱形砖墙门窗	拱形砖墙门窗	拱形青砖木门窗	墀头式砖墙木门	墀头式砖墙木门
		院落平面	地坑院式四合院	多孔联排式窑洞四合院	厢房式窑洞四合院	上下房式窑洞合院	四合院	四合院
		装饰	院中心树	砖雕	砖雕	砖雕	砖雕、木雕	砖雕
		材质	砖、土	砖、土	砖、土	砖、土	砖、木	砖、木
	主体性公共建筑	公共空间	知青地坑窑遗址	仓颉庙、仓颉碑、戏楼	杜康庙、杜康墓、靳公桥	壶阳书院、观音庙、马王庙	凤首寨、九郎庙、郝家祠	萧王庙、文昌阁、烽火台
文化特征	曲艺	民歌与戏曲	—	—	—	秦腔	秦腔	秦腔
	非遗技艺	表演与制作技艺	斗狮、大头娃娃	腰鼓、花馍	杜康酒酿造技艺、腰鼓	簸箕编织技艺、刺绣	布艺纸花、花馍	剪纸、虎头鞋制作
	方言	地方性语言	冀鲁官话	中原官话	中原官话	中原官话	中原官话	中原官话

续表

聚落名称			移村	杨武村	康家卫村	吉安城村	东白池村	结草村
所属行政区			耀州区小丘镇	白水县北塬镇	白水县杜康镇	澄城县冯原镇	大荔县两宜镇	大荔县范家镇
类别	因子	指标						
文化特征	宗族	宗族文化特征	移民文化	—	杜康后裔聚族而居	耕读传家	忠孝节义	结草报恩
	习俗	地域习俗	书画励志	仓圣祭祀、仓颉庙会	杜康庙会、祭祀杜康	社火、四月初八古会	社火	社火
	信仰	宗教、人物及民间故事传说	山东移民传说	仓颉故里传说	酒祖杜康酿酒传说	刘秀"寄鞍"传说	"东白池"村名传说	"结草衔环"典故
环境特征	地貌	地势(选址)	黄土塬	黄土塬	黄土塬	黄土塬	黄土塬	黄土塬
	河流	水	浊浴河	杨武河	白水河	长宁河	金水沟	龙泉溪
布局特征	形态	平面	自由点缀	行列状	带形	方形	拟方形	拟方形
	结构	空间(格局)	下沉式地坑窑	沿轴式	沿沟分布	东西两堡相依	棋盘式	村堡分离、多街多巷

聚落名称			笃祜村	周原村	行家庄村	杨家坡村	南社村	黑东村
所属行政区			富平县老庙镇	韩城市新城街道	合阳县新池镇	合阳县路井镇	合阳县黑池镇	合阳县黑池镇
类别	因子	指标						
建筑特征	传统民居特征	屋顶	硬山顶	硬山顶	硬山顶	硬山顶	硬山顶	硬山顶
		山墙	"丛"字厦房式	"人"字形	"丛"字厦房式	"丛"字厦房式	"丛"字厦房式	"丛"字厦房式
		屋脸	砖墙木门窗	走马门楼	墀头式砖墙木门窗	墀头式砖墙木门窗	墀头式砖墙木门窗	墀头式砖墙木门窗
		院落平面	四合院	四合院	四合院	四合院	四合院	四合院
		装饰	砖雕、木雕	砖雕、石雕、木雕	砖雕、木雕	砖雕、木雕	砖雕、木雕	砖雕
		材质	土、木	砖、木	砖、木	砖、木	砖、木	砖、木
	主体性公共建筑	公共空间	杨爵祠、关帝庙、造纸坊	韩城大禹庙、张氏永孝祠、观音庙	关帝庙、大涝池、李静慈故居	修真洞、杨家祠堂、木瓜塔	雷氏宗祠、基督教堂、吕祖庙	黑水池、王氏宗祠、救郎庙
文化特征	曲艺	民歌与戏曲	秦腔	—	合阳跳戏	—	秦腔	—
	非遗技艺	表演与制作技艺	老庙老鼓、捞纸技艺	云集锣鼓、闯神楼	"十碗席"制作技艺	跑竹马、锣鼓	南社秋千、合阳面花	羊肉糊饽制作技艺
	方言	地方性语言	中原官话	中原官话	中原官话	中原官话	中原官话	中原官话
	宗族	宗族文化特征	儒家文化	重农轻商	大槐树移民	杨家将爱国传统	始祖雷德骧忠君爱国精神	文武兼修

续表

聚落名称			笃祐村	周原村	行家庄村	杨家坡村	南社村	黑东村
所属行政区			富平县老庙镇	韩城市新城街道	合阳县新池镇	合阳县路井镇	合阳县黑池镇	合阳县黑池镇
类别	因子	指标						
文化特征	习俗	地域习俗	关帝庙庙会、祭祀杨爵	祠堂文化、庙宇祭祀文化	婚丧习俗	清明杨氏祭祖	乞巧节、祭祀吕祖	黑池社火、黑东古庙会
	信仰	宗教、人物及民间故事传说	杨爵拜水传说	公刘居周原传说	透灵碑故事	杨家将"降龙木"传说	古莘国传说	王羲之题字洗笔传说
环境特征	地貌	地势(选址)	平原	黄土塬	黄土塬	黄土塬	黄土塬	黄土塬
	河流	水	顺阳河	黄河	黄河	—	金水	—
布局特征	形态	平面	自由式	拟方形	带形	自由式	带形	脚掌形
	结构	空间(格局)	多街多巷	多街多巷	三面环沟、一面临黄河	一主七支巷	多街多巷	村堡分离

聚落名称			双泉村	曹家村	陶池村	烽火村
所属行政区			华阴市岳庙街道	蒲城县兴镇	蒲城县尧山镇	礼泉县烽火镇
类别	因子	指标				
建筑特征	传统民居特征	屋顶	硬山顶	硬山顶	硬山顶	坡屋顶
		山墙	"人"字形	"丛"字厦房式	"丛"字厦房式	"人"字形
		屋脸	砖墙木门窗	墀头式砖墙木门窗	砖墙木门窗	上房下窑式砖墙门窗
		院落平面	四合院	四合院	四合院	前房后院
		装饰	木雕	砖雕、石雕	砖雕、石雕	窑洞拱券
		材质	砖、木	砖、石	砖、石	砖、木
	主体性公共建筑	公共空间	城门楼、张氏宗祠、京师仓遗址	太白庙真人洞遗址、紫金城城墙、烽火台遗址	古堡、地道、烧陶遗址	薄太后塔、"五七大学"旧址、义务厅
文化特征	曲艺	民歌与戏曲	华阴老腔	—	秦腔	礼泉皮影
	非遗技艺	表演与制作技艺	华阴素鼓、莲藕种植技艺	传统花炮制作技艺、传统造纸	剪纸、花馍	花馍
	方言	地方性语言	中原官话	中原官话	中原官话	中原官话
	宗族	宗族文化特征	张氏老腔传承	何氏始祖纪念文化	成吉思汗后裔隐姓埋名隐居	—
	习俗	地域习俗	河岳文化	祈雨、焰火之乡	尧山社火、尧山庙会	集体经济典型村
	信仰	宗教、人物及民间故事传说	"野狐泉店"传说	金兀术筑城传说	"三打陶三春"故事	白灵宫传说、王保京创业史
环境特征	地貌	地势(选址)	平原	平原	平原	黄土塬
	河流	水	渭河	—	护城河	泾河

续表

聚落名称			双泉村	曹家村	陶池村	烽火村
所属行政区			华阴市岳庙街道	蒲城县兴镇	蒲城县尧山镇	礼泉县烽火镇
类别	因子	指标				
布局特征	形态	平面	拟方形	方形	长方形	拟方形
	结构	空间（格局）	一主多支巷	多街多巷、仿"孔雀"状	一城两门	三纵八横、沿轴式

陕西传统乡村聚落景观基因识别结果（陕北）　　表 4-5

聚落名称			贺一村	神泉村	杨家沟村	张庄村	张峰村
所属行政区			绥德县白家硷乡	佳县佳芦镇	米脂县杨家沟镇	佳县佳芦镇	黄龙县白马滩镇
类别	因子	指标					
建筑特征	传统民居特征	屋顶	平屋顶	平屋顶	平屋顶	—	厢房坡屋顶
		山墙	"凵"字形	"凵"字形	"凵"字形	—	
		屋脸	嵌入式拱形木门窗	嵌入式拱形木门窗	嵌入式拱形木门窗	嵌入式拱形木门窗	走马门楼
		院落平面	多孔联排式窑洞院落	厢窑式窑洞四合院	厢窑式窑洞四合院	厢窑式窑洞四合院	厢房式窑洞四合院
		装饰	砖雕、石雕	石雕、木牌楼	砖雕、木雕、石雕	石抱厦、石雕	砖雕、木雕
		材质	土、砖、石	土、砖、石	砖、石、木	石	砖、石、木
	主体性公共建筑	公共空间	佛家庙	神泉古堡	扶风寨、毛主席旧居、转战陕北纪念馆	古庙、李有源故居	粮仓驿站、乔家商号
文化特征	曲艺	民歌与戏曲	—	佳县信天游	米脂民歌、米脂小戏	《东方红》	—
	非遗技艺	表演与制作技艺	唢呐、秧歌、石雕	剪纸、刺绣	秧歌、剪纸、唢呐	佳县秧歌、捏面人、打钱垫	黄龙猎鼓
	方言	地方性语言	晋语	晋语	晋语	晋语	中原官话
	宗族	宗族文化特征	地主式血缘传承	地主式血缘传承	堂号文化、耕读传家		
	习俗	地域习俗	婚丧习俗	放赦、祈雨	祈雨、庙会、转九曲	庙会	社火
	信仰	宗教、人物及民间故事传说	佛教	红色革命信仰	红色革命信仰	李有源创作故事	"弼马温"传说
环境特征	地貌	地势（选址）	黄土沟壑	峁梁状土石山区	黄土沟壑	黄河沿岸土石山区	山谷
	河流	水	马家沟	神泉河	崖磕沟、水燕沟、小河沟	佳芦河	濂水
布局特征	形态	平面	两沟相汇	两沟相汇	折形散状	扇形	带形
	结构	空间（格局）	向心阶梯式	向心式	向心式	环山式	两山夹峙

续表

聚落名称			艾家沟村	常家沟村	郭家沟村	沙坪村	峪口村
所属行政区			绥德县 四十里铺镇	绥德县 满堂川乡	绥德县 满堂川乡	佳县 康家港乡	佳县 峪口乡
类别	因子	指标					
建筑 特征	传统 民居 特征	屋顶	平屋顶	平屋顶	平屋顶	平屋顶	平屋顶
		山墙	"口"字形	—	"口"字形	"口"字形	"口"字形
		屋脸	嵌入式拱形 木门窗	嵌入式拱形 木门窗	嵌入式拱形 木门窗	嵌入式拱形 木门窗	嵌入式拱形 木门窗
		院落平面	厢窑式窑洞 四合院	多孔联排式 窑洞院落	厢窑式窑洞 四合院	厢窑式窑洞 四合院	多孔联排式 窑洞院落
		装饰	砖雕、木雕	石头插花墙、百 年枣树、石雕	石头插花 墙、石雕	砖雕、明柱抱厦	石雕、木雕、 明柱抱厦
		材质	砖、石、木	石、木	石、木	砖、石、木	砖、石、木
	主体性 公共建筑	公共 空间	关帝庙、 真武祖师庙、 私塾	关帝庙、 齐天大圣庙、 龙王庙、佛家庙	清凉寺、三官庙、 冯汝冀衣冠冢	水神庙、牌楼、 石中树	南河神庙、 北霸王庙、 中观音庙
文化 特征	曲艺	民歌与戏曲	—	陕北民歌	陕北民歌 《三十里铺》	陕北民歌 《赶牲灵》	造纸民谣 小调
	非遗 技艺	表演与制作 技艺	陕北秧歌 （搬水船）	陕北秧歌、 石雕技艺	陕北秧歌、 说书、剪纸	陕北秧歌 （踢场子）	大秧歌、 手工造纸技艺
	方言	地方性语言	晋语	晋语	晋语	晋语	晋语
	宗族	宗族文化特征	耕读传家	隐逸文化	—	—	造纸技艺传承
	习俗	地域习俗	五魁十三 花（婚俗）	西北风情影 视基地	三官庙庙会	敬山神、婚俗	拜蔡伦、打醮、 祈雨、龙王庙会
	信仰	宗教、人物及 民间故事传说	道教、佛教	常遇春 后裔传说	洪洞大槐树 移民传说	"赶牲灵" 传说	儒道佛
环境 特征	地貌	地势（选址）	东西向沟道	三沟相汇	开阔川道	东西向沟道	黄河沿岸 土石山区
	河流	水	无定河	南沟	满堂川河	曾家河	乌龙河、黄河
布局 特征	形态	平面	带形	"E"字形	带形	带形	主轴形
	结构	空间（格局）	沿沟朝南	环山式	沿川道	依山就势	一街多巷 上寨下村
聚落名称			泥河沟村	张寨村	石村	安定村	虎墕村	梁家甲村
所属行政区			佳县 朱家坬镇	子洲县 双湖峪镇	宝塔区 临镇镇	子长市 安定镇	绥德县 义和镇	绥德县 中角镇
类别	因子	指标						
建筑 特征	传统 民居 特征	屋顶	平屋顶	平屋顶	平屋顶	平坡结合	平屋顶	平屋顶
		山墙	"口"字形	—	"口"字形	"几"字形	"口"字形	—
		屋脸	嵌入式拱形 木门窗	嵌入式拱形 木门窗	嵌入式拱形 木门窗	嵌入式拱形 木门窗	嵌入式拱形 木门窗	嵌入式拱形 木门窗

续表

聚落名称			泥河沟村	张寨村	石村	安定村	虎墕村	梁家甲村
所属行政区			佳县朱家坬镇	子洲县双湖峪镇	宝塔区临镇镇	子长市安定镇	绥德县义和镇	绥德县中角镇
类别	因子	指标						
建筑特征	传统民居特征	院落平面	厢窑式窑洞四合院	多孔联排式窑洞院落	厢窑式窑洞四合院	厢房式窑洞四合院	多孔联排式窑洞院落	厢窑式窑洞四合院
		装饰	明柱抱厦、枣扎中国结、石雕	石雕	石雕	砖雕	石头插花墙	石雕
		材质	砖、石	砖、石	石	砖	石	石、砖
	主体性公共建筑	公共空间	龙王庙、观音庙、河神庙、枣神碑、戏台、千年古枣园	古寨门、古寨墙、烽火台	新石器文化遗址、陕甘红26军军部旧址	城墙、民国县衙、钟山石窟、龙王庙	明清古街、财神庙	祖师庙、龙王庙、祠堂
文化特征	曲艺	民歌与戏曲	信天游	—	—	陕北道情		
	非遗技艺	表演与制作技艺	伞头秧歌、剪纸	陕北秧歌	瓦器制作、农民书法	子长唢呐、说书、剪纸	唢呐、秧歌、剪纸	绥德石雕技艺
	方言	地方性语言	晋语	晋语	中原官话	晋语	晋语	晋语
	宗族	宗族文化特征	武氏家谱	—	牛氏宗族家谱	大儒胡瑗"分斋教学"	—	马氏家族石雕技艺
	习俗	地域习俗	佛堂寺庙会	社火、转九曲	民间口头文学		"店"文化	拜祖师
	信仰	宗教、人物及民间故事传说	佛教	"克戎寨"故事	"秀才村"传说	民族英雄谢子长故事	"李广射虎"传说	
环境特征	地貌	地势(选址)	河谷三角洲	临河山头	川道	川道	黄土沟壑	黄土沟壑
	河流	水	车会河、黄河	大理河	汾川河	秀延河	—	—
布局特征	形态	平面	弓箭形	扇形	带形	拟方形	带形	多沟交汇
	结构	空间(格局)	山水环抱	环山式	背山面川	一主多支巷	沿山脊	向心式
聚落名称			高庙山村	桃镇村	黑圪塔村	寺沟村	岳家岔村	白兴庄村
所属行政区			米脂县银州街办	米脂县桃镇	米脂县桃镇	米脂县杨家沟镇	米脂县杨家沟镇	米脂县郭兴庄镇
类别	因子	指标						
建筑特征	传统民居特征	屋顶	平屋顶	平屋顶	平屋顶	平屋顶	平屋顶	平屋顶
		山墙	"口"字形	—	—	"口"字形	—	—
		屋脸	嵌入式拱形木门窗	嵌入式拱形木门窗	嵌入式拱形木门窗	嵌入式拱形木门窗	嵌入式拱形木门窗	嵌入式拱形木门窗
		院落平面	厢窑式窑洞四合院	多孔联排式窑洞院落	多孔联排式窑洞院落	厢窑式窑洞四合院	多孔联排式窑洞院落	多孔联排式窑洞院落
		装饰	彩绘、砖雕、石雕	屋檐装饰	屋檐装饰	砖雕	石雕	窑内穿斗式隔断
		材质	砖、石、木	砖	砖、木	砖、石、木	砖、石	砖、石、木
	主体性公共建筑	公共空间	佛家庙、老爷庙、戏楼	佛殿庙、关公庙、马王庙	中共米东县委旧址、郭洪涛故居、娘娘庙	龙王庙、佛祖庙	真武大帝庙、马明方故居	马王爷庙、三宫殿、白氏石崖窑

续表

聚落名称			高庙山村	桃镇村	黑圪塔村	寺沟村	岳家岔村	白兴庄村
所属行政区			米脂县银州街办	米脂县桃镇	米脂县桃镇	米脂县杨家沟镇	米脂县杨家沟镇	米脂县郭兴庄镇
类别	因子	指标						
文化特征	曲艺	民歌与戏曲	—	—	陕北民歌	—	—	
	非遗技艺	表演与制作技艺	陕北剪纸、面花	陕北秧歌	陕北秧歌	陕北秧歌	陕北秧歌	砖石箍窑技艺
	方言	地方性语言	晋语	晋语	晋语	晋语	晋语	晋语
	宗族	宗族文化特征	地主式血缘传承	"李氏老六门"血缘关系	郭氏革命传统	杨家沟马氏支系	戍边移民	耕读传家
	习俗	地域习俗	祈雨	佛殿庙向心居住	—	转九曲	—	八月十五庙会
	信仰	宗教、人物及民间故事传说	佛教	李鼎铭"精兵简政"思想	佛教	佛教	洪洞"大槐树"移民传说	风水兴旺说
环境特征	地貌	地势（选址）	黄土沟壑	五山四沟	黄土沟壑	黄土沟壑	黄土沟壑	两山夹一沟
	河流	水	无名小溪	多条小溪	无定河	寺沟河	无名溪	马湖峪河
布局特征	形态	平面	扇形	多沟交汇	排骨状	排骨状	"丁"字形	带形
	结构	空间（格局）	环山式	状如桃花	一主三支沟	一主三支沟	向心式	沿沟发展

聚落名称			刘家峁村	镇子湾村	木头峪村	高杰村	眠虎沟村	刘家山村
所属行政区			米脂县乔河岔乡	米脂县城郊镇	佳县木头峪镇	清涧县高杰村镇	子洲县何家集镇	延川县乾坤湾镇
类别	因子	指标						
建筑特征	传统民居特征	屋顶	平坡结合	平屋顶	平屋顶	平坡结合	平屋顶	平屋顶
		山墙	"几"字形	"囗"字形	"囗"字形	"囗"字形	—	—
		屋脸	嵌入式拱形木门窗	嵌入式拱形木门窗	嵌入式拱形木门窗	嵌入式拱形木门窗	嵌入式拱形木门窗	嵌入式拱形木门窗
		院落平面	厢窑式窑洞四合院	厢窑式窑洞四合院	厢窑式窑洞四合院	厢房式窑洞四合院	多孔联排式窑洞院落	多孔联排式窑洞院落
		装饰	彩绘、砖雕、木雕	砖雕、石雕	砖雕、木雕、明柱抱厦	砖雕	砖雕	砖雕、木雕
		材质	砖、石、木	砖、石	砖、石、木	砖、石、木	砖、石	土、木
	主体性公共建筑	公共空间	马王爷庙	水台庙、龙王庙、关羽庙、二郎庙	文昌庙、观音庙、魁星庙、归云寺	老爷庙、清白社、戏楼	重耳川、老爷庙	刘家山堡、清水关古渡口
文化特征	曲艺	民歌与戏曲	—	—	晋剧	—	陕北道情	陕北民歌
	非遗技艺	表演与制作技艺	陕北秧歌、织毛线	镇子湾大秧歌、剪纸	陕北秧歌、劳动号子	陕北秧歌	绥米唢呐、剪纸	布堆画、剪纸

续表

聚落名称			刘家峁村	镇子湾村	木头峪村	高杰村	眠虎沟村	刘家山村
所属行政区			米脂县乔河岔乡	米脂县城郊镇	佳县木头峪镇	清涧县高杰村镇	子洲县何家集镇	延川县乾坤湾镇
类别	因子	指标						
文化特征	方言	地方性语言	晋语	晋语	晋语	晋语	晋语	晋语
	宗族	宗族文化特征	地主式血缘传承	地主式血缘传承	农商并举	白氏家谱	—	—
	习俗	地域习俗	—	—	婚俗、祈雨	转灯	庙会	转九曲
	信仰	宗教、人物及民间故事传说	姜耀祖发家传说	佛教、道教	佛教、毛主席题字传说	"父子翰林"故事	晋文公重耳隐居传说	红军东征故事
环境特征	地貌	地势（选址）	黄土沟壑	河川缓坡地	黄河沿岸土石山区	半山腰平缓处	两山夹一沟	山梁
	河流	水	—	无定河	黄河	无定河	柳根河	黄河
布局特征	形态	平面	排骨状	"丁"字形	拟方形	近似扇形	鱼刺状	鱼刺状
	结构	空间（格局）	一主多支沟	向心式	两街二十一巷	三山三水	带枝式	带枝式

聚落名称			碾畔村	太相寺村	甄家湾村	梁家河村	赵家河村	上田家川村
所属行政区			延川县乾坤湾镇	延川县关庄镇	延川县关庄镇	延川县文安驿镇	延川县永坪镇	延川县贾家坪镇
类别	因子	指标						
建筑特征	传统民居特征	屋顶	平屋顶	平屋顶	平屋顶	平屋顶	平屋顶	平屋顶
		山墙	—	"凵"字形	—	—	—	"凵"字形
		屋脸	嵌入式拱形木门窗	嵌入式拱形木门窗	嵌入式拱形木门窗	嵌入式拱形木门窗	嵌入式拱形木门窗	嵌入式拱形木门窗
		院落平面	多孔联排式窑洞院落	多孔联排式窑洞院落	多孔联排式窑洞院落	多孔联排式窑洞院落	多孔联排式窑洞院落	厢窑式窑洞四合院
		装饰	木雕	砖雕、木雕	木雕、石头插花墙	木雕	木雕、石头插花墙	木雕
		材质	砖、石	砖、石	石、土	石、土	砖、土	砖、石
	主体性公共建筑	公共空间	碾畔原生态博物馆、黄河乾坤湾	太相寺、毛主席旧居	拔贡家	知青院、知青井、沼气池	知青坝、知青林	—
文化特征	曲艺	民歌与戏曲	陕北道情	陕北道情	陕北民歌	信天游	—	—
	非遗技艺	表演与制作技艺	布堆画、剪纸	陕北秧歌、布堆画	延川大秧歌、剪纸	陕北秧歌	陕北秧歌、剪纸	延川大秧歌、口头文学
	方言	地方性语言	晋语	晋语	晋语	晋语	晋语	晋语
	宗族	宗族文化特征	宗族和睦	—	耕读传家	—	—	耕读传家
	习俗	地域习俗	转九曲	转九曲	转九曲	—	—	祈雨
	信仰	宗教、人物及民间故事传说	三大院落建大碾故事	佛教	史铁生创作故事	梁家河精神、知青文化	知青文化	—

聚落名称			碾畔村	太相寺村	甄家湾村	梁家河村	赵家河村	上田家川村
所属行政区			延川县乾坤湾镇	延川县关庄镇	延川县关庄镇	延川县文安驿镇	延川县永坪镇	延川县贾家坪镇
类别	因子	指标						
环境特征	地貌	地势（选址）	黄土沟壑	缓平沟谷	缓平沟谷	沟壑丘陵	沟壑丘陵	沟间川道
	河流	水	黄河	八河绕村	—	梁家河	赵家河	无名溪
布局特征	形态	平面	带形	带形	扇形	带形	"人"字形	扇形
	结构	空间（格局）	带枝式	沿沟分布	环山式	沿沟分布	带枝式	环山式

聚落名称			马家湾村	凉水岸村	响水村	贾大峁村	五龙山村	王皮庄村
所属行政区			延川县贾家坪镇	延长县雷赤镇	横山区响水镇	横山区横山街道	横山区殿市镇	横山区赵石畔镇
类别	因子	指标						
建筑特征	传统民居特征	屋顶	平屋顶	平屋顶	平屋顶	平屋顶	平屋顶	平屋顶
		山墙	"凸"字形	—	"凸"字形	"凸"字形	"凸"字形	"凸"字形
		屋脸	嵌入式拱形木门窗	嵌入式拱形木门窗	嵌入式拱形木门窗	嵌入式拱形木门窗	嵌入式拱形木门窗	嵌入式拱形木门窗
		院落平面	多孔联排式窑洞院落	多孔联排式窑洞院落	厢窑式窑洞四合院	厢窑式窑洞四合院	厢窑式窑洞四合院	厢窑式窑洞四合院
		装饰	木雕、石头插花墙	木雕	砖雕、木雕	砖雕、木雕	木雕	石雕
		材质	石	石	砖、石	砖、石	砖、石	石
	主体性公共建筑	公共空间	马家湾大坝、三干渠	禹王庙、渡口遗址、河防保卫战遗址	龙泉大寺、天生桥、瓮城	仰韶文化遗址、马王庙（震天公庙）、陈家大院	法云寺、魁星楼、古塔	响铃塔、佛殿庙
文化特征	曲艺	民歌与戏曲	陕北道情	陕北民歌	陕北民歌	陕北民歌	陕北道情	陕北民歌
	非遗技艺	表演与制作技艺	口头文学、刺绣	陕北说书、唢呐	腰鼓、说书	腰鼓	—	横山老腰鼓
	方言	地方性语言	晋语	晋语	晋语	晋语	晋语	晋语
	宗族	宗族文化特征	马氏耕读传家	—	曹氏举义抗回	陈氏榨油技艺传承	—	—
	习俗	地域习俗	祈雨	祭拜大禹	—	顺星	法云寺庙会	转九曲
	信仰	宗教、人物及民间故事传说	马一万养马故事	大禹治水、黄河仙子传说、黄河保卫战故事	明代抗蒙、清末抗回故事	道教	佛教、道教	佛教、西夏王子避难传说
环境特征	地貌	地势（选址）	沟间川道	黄河沿岸土石山地	黄土沟壑与风沙草滩交界区	半山半川	黄土沟壑	沟间川道
	河流	水	三沟环绕	延河、黄河	无定河	芦河	黑木头河	芦河
布局特征	形态	平面	近似扇形	弧线形	拟方形	扇形	带形	带形
	结构	空间（格局）	三十二巷	环山式	自由式	环山式	带枝式	带枝式

续表

聚落名称			镇靖村	中角村	罗硷村	园则坪村	刘家坪村	荷叶坪村
所属行政区			靖边县镇靖镇	绥德县中角镇	榆阳区古塔镇	子洲县裴家湾镇	佳县螅镇	佳县螅镇
类别	因子	指标						
建筑特征	传统民居特征	屋顶	平屋顶	平屋顶	平屋顶	平屋顶	平屋顶	平屋顶
		山墙	"凸"字形	—	—	—	"凸"字形	"凸"字形
		屋脸	嵌入式拱形木门窗	嵌入式拱形木门窗	嵌入式拱形木门窗	嵌入式拱形木门窗	嵌入式拱形木门窗	嵌入式拱形木门窗
		院落平面	多孔联排式窑洞院落	厢窑式窑洞四合院	多孔联排式窑洞院落	多孔联排式窑洞院落	厢窑式窑洞四合院	厢窑式窑洞四合院
		装饰	砖雕、木雕	木雕	砖雕、木雕	木雕	木雕、明柱抱厦	木雕、明柱抱厦
		材质	砖、土	土、木	土、木	砖、土	砖、木	石、木
	主体性公共建筑	公共空间	老爷楼、中山台、北城门	古道遗址	弥陀寺	仁杰山古寨堡	毛泽东旧居、供销社旧址	文昌庙、关帝庙、龙王庙
文化特征	曲艺	民歌与戏曲	信天游	—	—	陕北民歌	民歌《搬船难》	民歌《天下黄河九十九道湾》《黄河船夫曲》
	非遗技艺	表演与制作技艺	靖边大秧歌、剪纸	陕北秧歌、绥米唢呐	陕北秧歌、织布	捏面花、子洲唢呐	手工挂面制作、传统寺庙营建技艺	陕北秧歌、黄河民歌创作
	方言	地方性语言	晋语	晋语	晋语	晋语	晋语	晋语
	宗族	宗族文化特征	—	郝氏耕读传家	—	—	冯氏农商并举	李氏家谱
	习俗	地域习俗	—	拴娃狮	鱼河城隍庙庙会	公祭介子推	赶集	文昌庙抢头香
	信仰	宗教、人物及民间故事传说	白文焕革命故事、道教	—	佛教	晋文公重耳避难传说	走西口第一渡	李思命黄河民歌创作故事
环境特征	地貌	地势(选址)	沟间平川	黄土沟壑	黄土沟壑	沟间川道	黄河沿岸土石山区	黄河沿岸土石山区
	河流	水	芦河	—	南沟	淮宁河	黄河	坑镇河、黄河
布局特征	形态	平面	方形	带形	扇形	梯形	带形	双鱼咬合状
	结构	空间(格局)	三街六巷	沿沟朝南	环山式	环山式	沿河古渡	向心式

4.1.3 景观基因的基本特征

（1）聚落选址和布局的总体空间特征

1）陕南地区

陕南地区，特别是汉中地区，素有"西北小江南"的美誉。汉江谷地被巴山山脉和秦岭山脉南北相夹，形成了"两山夹一川"的总体地势，山川相间，水系发达，自然条件优越。

陕南地区的传统乡村聚落以交通商贸型聚落为主，这些传统聚落多选址于山间沟谷之中的小块带形平地或山坡缓平地带，且多沿江沿河布置，平原型传统聚落较少，仅见如汉中市城固县乐丰村。陕南西部的汉中地区，多在秦巴古道沿线形成交通商贸型聚落（图4-1），如褒斜古道上的明珠——留坝县城关村、庙台子村，傥骆古道上的重镇——洋县华阳古镇、周至县的老县城村（原为汉中佛坪厅城）等，都是秦巴古道上的重要遗存。同时，汉中地区的传统聚落，深受巴蜀文化的影响，如青木川村和乐丰村的临街门面房，屋脸造型跟川东地区的集镇聚落非常相似，都是下木板门、上木窗式的屋脸。陕南东部的安康、商洛地区，水系发达，形成了很多水旱码头商贸重镇，如安康旬阳县的蜀河村（省级传统村落）、紫阳县的营梁村、商洛山阳县的漫川关社区等。这些传统聚落曾经水运发达，商贸业繁荣一时，都是陕南著名的水旱码头。

图 4-1 秦巴古道示意图

附注：作者根据史料整理绘制

移民聚落是陕南另一类重要的传统聚落，这是元明清三朝以来陕南大移民的历史见证。移民为谋生计，多因秦巴山区的土地资源而来，以垦荒为主。因此，此类聚落多依托土地资源沿江沿河选址，或选址于半山腰甚至山顶等处于防御优势的位置。此外，汉江流域沿线及秦巴山区的传统聚落，山水丰富，深受中国古代堪舆思想的影响，在选址上注重风水格局的考虑，在总体布局上注重仿生图案的造型。最为典型的，有汉中宁强县青木川村仿"龙"形图案、安康石泉县长岭村仿"熨斗"形图案、商洛柞水县凤镇街村（省级传统村落）仿"凤凰"图案、商洛镇安县云镇村仿"船"形图案等。

例如，汉中市宁强县青木川镇青木川村，位于川、陕、甘三省交界处，素有"鸡鸣三省"之说法。秦巴文化、陇南文化、汉羌文化在这里碰撞，乡绅文化、耕读文化、宗法文化、商贾文化在这里交融。始建于明代的青木川老街和建于民国时期的魏氏庄园，堪称陕南民居的典型代表，也是中国传统堪舆学的典型实例。青木川古镇背靠龙池山，面对金溪河，是典型的"负阴抱阳，背山面水"格局（图 4-2）。这样的选址形成相对封闭的空间，能形成人与自然的和谐氛围。此外，青木川总体空间形态上，还进行了"龙"形图案的仿生设计，青木川老街形似一条蜿蜒回首的龙，故老街古称回龙观。

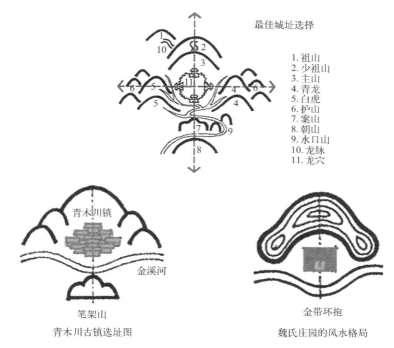

最佳城址选择

1. 祖山
2. 少祖山
3. 主山
4. 青龙
5. 白虎
6. 护山
7. 案山
8. 朝山
9. 水口山
10. 龙脉
11. 龙穴

青木川镇

金溪河

笔架山

青木川古镇选址图

金带环抱

魏氏庄园的风水格局

图 4-2　"理想风水模式"下的村落选址与青木川选址格局示意图

附注：作者根据相关资料[290] 整理绘制

2）关中地区

关中地区历史上曾长期是封建王朝都城所在地和京畿之地，关中广大乡村聚落自然也深受都城营城选址思想的影响；另一方面，关中平原秦川八百里，对历经战乱而又无险可守的关中传统乡村聚落而言，防御成了第一要务。因此，综合诸多因素，关中传统乡村聚落多呈现出防御式古堡的聚落景观特征。关中地区入选的国家级传统村落，绝大部分是防御型古堡。

防御型古堡在选址与布局上，有两种主要类型：第一类，就是充分借助自然地形，在临河临沟的黄土塬边建设古堡，或选址于高阜，形成天然的防御优势。如渭南市的韩城、合阳等地入选的传统村落，大部分选址于东临黄河的黄土台塬边上，借助黄土台塬与黄河滩地的落差形成天然的防御优势，再加筑土城墙，形成防御堡垒。东临黄河的韩城相里堡村、张代村，合阳县灵泉村等，皆是如此。特别是合阳县灵泉村，其里外几道城墙，再加上黄河天险，将关中防御古堡演绎到了极致（图4-3）。此类古堡选址，往往受自然条件的约束，城堡形态不甚规整。

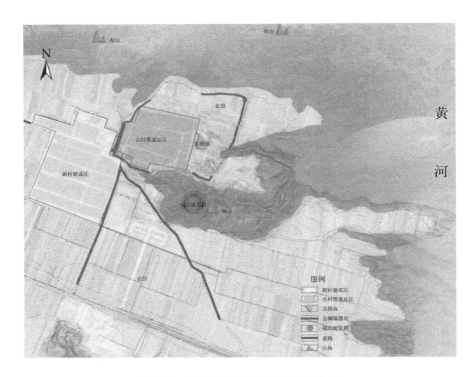

图 4-3　合阳县灵泉村选址格局示意图
附注：图片引自《合阳县坊镇灵泉村保护规划》

　　第二类，就是位于开阔平原上无险可守的聚落，完全采取城市的做法，深挖护城河，高筑城墙。此类古堡选址与格局上，往往受中国古代礼制思想的影响，形成方形或接近方形的城堡平面形态，但乡村古堡作为最小一级的人类聚居单元，一般规格不高，每边开一个门，有的甚至只开东西两门。如完全位于平地上的蒲城县山西村、陶池村、富平县莲湖村等。陶池村为了加强防御，除修筑城墙和护城河外，还在城内挖掘了可供上百人正常生活数月的地下防御工事；富平县明清时期的老县城莲湖村，为了形成有利的防御地势，利用一个凸起的山头筑城墙，将城墙周围的缓坡全部垂直向下削除，形成蔚为壮观的"斩城"格局。

　　此外，关中北部的渭北旱塬地区，20世纪90年代前多分布有地坑院聚落。例如，咸阳的长武、乾县、永寿等地，曾经分布有大量的地坑院窑洞聚落，如今已被大规模填埋复垦，目前保存较好的地坑院窑洞聚落仅如三原县柏社村、铜川耀州区移村等。渭北北部，地形地貌逐渐过渡到黄土高原丘陵沟壑区，聚落形态也逐渐过渡到窑洞聚落，形成房、窑结合的过渡区域。

3）陕北地区

陕北地区的传统乡村聚落，几乎全部为窑洞聚落。窑洞民居是中国典型的民居形式之一，是黄土高原的特殊产物，也是一种古老的民居形式。从河北磁县下七垣商代遗址中发现的最早横向穴居遗址，到最早的窑居文字记载——《前秦录·十六国春秋》中记述的张宗和"凿地为窑"[291]，窑洞民居已经走过几千年历史。以窑洞民居为典型特征的乡村聚落就是窑洞聚落。窑洞聚落在黄土高原的陕西、山西、宁夏等地分布广泛。而陕西渭北及陕北黄土高原丘陵沟壑区，是我国窑洞聚落最为典型的分布区域。

窑洞聚落选址与布局大多遵循"背有靠山，前有案山，玉带环绕""前有照，后有靠"的基本风水理论格局，集中体现了中国古地理风水文化，其总体选址在黄土沟壑区的山头、沟道、川道上都有分布，并以山头、沟道的选址居多。

从窑洞聚落选址与布局的空间位置关系总体特征来看（包括渭北地区的地坑院窑洞聚落），呈现出三种主要的聚落空间布局类型：一是体现"凹居文化"的渭北地坑院窑洞聚落，如渭北地区的柏社村、等驾坡村、移村等都属于"凹居"地坑院聚落的典型代表；二是陕北黄土高原丘陵沟壑区的靠崖窑洞聚落，此类聚落具有类似于山地聚落的空间特征，是陕北窑洞聚落的主要布局类型，如杨家沟、岳家岔村等；三是陕北沿河川道和黄河沿岸冲积滩地体现"平地窑居"文化的独立箍窑聚落，此类聚落与北方普通合院民居聚落具有一定相似性，如位于川道上的石村、安定村以及黄河沿岸滩地上的峪口村、泥河沟村、木头峪村等。三种窑洞聚落布局的空间位置关系详见表 4-6。

窑洞聚落选址与布局的空间位置关系 表 4-6

空间位置关系	地坑院窑洞	靠崖窑洞	独立箍窑
示意			
实景			

（2）陕西传统民居建筑特征

1）陕南传统民居特征

陕南地区的传统民居深受移民文化影响，多呈现出徽派建筑的特征，格外注重山墙和门头的造型。其山墙深受徽派建筑封火山墙（马头墙）的影响，造型精致，多座陕南传统民居院落建有徽派山墙，如安康汉滨区双柏村的李家新屋、高山村的孙家大院等；门头多采用墀头式的做法，大气而有特色，目前保存较好的陕南墀头式门头有安康旬阳县的郭家老院、万福村、汉滨区谭坝镇马河村、前河村的民居院落等，足见伴随移民来到陕南的徽派建筑文化对陕南传统民居的影响之深（表4-7）。

陕南传统民居中的主要徽派民居基因 表 4-7

徽派民居基因类型	院落名称	图示
山墙	安康市汉滨区双柏村李家新屋	
	安康市汉滨区高山村孙家大院	
门头	安康市旬阳县中山村郭家老院	
	安康市汉滨区前河村喻家院子	

陕南地区最典型的传统民居为天井四合院。石砌地基、夯土墙、青瓦大屋顶，是陕南土夯天井院的三大主要构件。陕南秦巴山区的天井院落，由于地形地势的原因，多采用石砌地基。门房、堂屋、厢房的外墙（包括山墙）一般用夯土墙，有的会在夯土墙外表面用青砖装饰，且夯土墙一般做到四五十厘米厚，以达到冬暖夏凉的目的；而它们的内墙一般为木质结构，往往有比较精致的木门窗雕刻；入院门房一般正中开门，其内靠近天井的地方，往往有扇形的荷包梁，上面往往雕刻有各式花纹，如安康石泉县长兴村的朱家大院、旬阳县湛家湾村的天井院等。天井院四面屋顶连在一起，中间形成方形的天井，寓意"四水归堂"；屋顶一般采用青瓦双面坡的造型，其外部一般超出外墙一米多，以防止夯土墙体被雨水冲刷。

天井院落中，堂屋一般居于最高位置，通常通过三组九级石台阶连接，下到天井与门房位置，且多为抬梁式建筑，其屋脊通常为清水屋脊，中间用"倒八字"的瓦片砌出脊花造型[235]，而不像关中窄院那样注重屋脊造型。天井地下一般设有排水系统，排水口一般称为"龙眼"。而陕南本土的土夯天井院，受移民文化影响较小，往往没有马头墙、犀头、照壁等构件，其典型代表为安康汉滨区双桥村的老屋场。而规模最大的陕南天井院为青木川村的魏氏庄园，其双拼的双进双层院落，构成"田"字形的格局，堪称陕南天井院民居的极致精品。

　　除了天井院以外，陕南传统民居还有"L"形和"一"字形的土夯排院和石板房等（图 4-4），这多与当时当地的经济条件有关。石板房以陕南山区特有的石板替代瓦遮盖屋顶，用藤条固定，具有实用、成本低的特点，并且兼具通风、隔热的效果。陕南比较典型的石板房聚落如安康汉滨区的双柏村、王庄村等。

(a) 陕南徽派天井院落(前河村)

(b) 陕南土夯天井院落(双桥村)

(c) 陕南"L"形院落(天宝村)

(d) 陕南"一"字形院落(高山村)

(e) 陕南石板屋(双柏村)

图 4-4　陕南主要传统民居院落类型

2）关中传统民居特征

　　关中地区最典型的传统民居，为窄院式四合院。关中窄院式四合院，一般坐北朝南，以南北向中轴线为基准，依次进行院落的布置，由正房（关中人称"上房"）、门房（关中人称"下房"）、厢房（关中人称"厦房"）组成，中间围合成进深很深的狭长形天井，向纵深方向发展，并有多层多进四合院的做法。关中窄院四合院有两个最突出的特征：一是天井窄而深，有别于陕南天井院接近正方形的布置形式；二是，四面屋顶分离，而不像陕南天井院四面屋顶是一个整体。正房、门房屋顶一般为硬山坡屋顶，厢房屋顶则通常是向内倾斜的单面坡屋顶，也就是人称"关中八大怪"之一的"房子半边盖"。此外，其门房一般为倒座式的三间房屋，关中人喜欢在门房处开侧门，少数人家开中门；门房处正对入院门内，一般会配置有砖雕照墙，正对入院门外或者街巷尽头，一般配有照壁；门脸为"三段式"，即"屋顶—墙身—勒脚"，体现出"穿靴戴帽"的特征，且多采用墀头式砖墙木门带题字门楣的做法；门房和正房的屋脊多置有高大的砖雕吻兽。

　　而关中东部的韩城地区，由于明清两代出了多位在京为官的重臣，其民居院落多受北京四合院的影响，呈现出"仿北京式"的特征，院落平面布局，基本保持了关中窄院的传统做法，上房迎客供祖、两厢居住、门房住客。但很多细节处理上与一般的关中窄院大为不同，如厢房多为双坡屋顶，与关中常见的单坡厦房不同；屋脸处的走马门楼也格外高大精致，其下部有上马石、拴马桩、石狮子和象征着"连升三级"的三级石台阶，上部有砖雕墀头和题字门楣。特别是砖雕题字门楣，是韩城地区的传统做法，翰墨气息浓郁。关中地区保存最好的传统民居院落群，当属韩城市的党家村，其融合了北京四合院和关中窄院的特征，体现出民居院落景观的融合性与典型性（图4-5）。除窄院式四合院外，关中渭北地区西部旱塬上的地坑院窑洞聚落景观以及渭北北部向黄土沟壑区过渡地区的房窑结合景观，体现出明显的地理区域过渡性（在窑洞民居特征部分一并探讨，此处略）。

图 4-5　党家村传统民居聚落群

3）陕北传统民居特征

从景观基因识别结果来看，窑洞民居（含渭北地坑院窑洞民居）具有以下共性特征：①不设梁柱，没有砖瓦，冬暖夏凉，造价低廉，防空、防火、防震，是窑洞聚落的最基本特征。②窑洞民居建筑取自自然，融于自然，是"天人合一"环境观的最佳典范。窑洞民居以靠崖窑居多，无论是靠崖窑还是地坑院，都与山体、大地融为一体，成为大自然的一部分。③"拱形崇拜"。窑洞民居是一种古老的民居形式，它的形成与黄土高原干燥的气候、黄土良好的直立性和结构性等有着很大的关系，而"拱形屋顶"能很好地协调、解决各方面的问题。④窑洞院落布局大多遵循"宽展型"的格局，即院落的宽度大于进深，以获取更好的通风、采光条件，与关中窄院进深长、开间窄的"藏风聚气"布局模式几乎完全相反。⑤窑洞院落内一般有石磨、石碾、马槽、古树等历史文化景观元素。⑥各聚落普遍具有类型多样的非物质文化遗产景观，如陕北秧歌、陕北民歌等。⑦从公共空间布局来看，重要庙宇前必有戏楼，且通常建在山顶，高于民居院落，是陕北地区的老传统。

窑洞聚落中，米脂三大园[288]（高庙山村常氏庄园、刘家峁村姜氏庄园、杨家沟村马氏庄园）和绥德贺一村党氏庄园保存最为完整，共同构成窑洞民居的最高艺术成就。其中，米脂县高庙山村常氏庄园和刘家峁村姜氏庄园，都保留了陕北窑洞最完整、最高等级的院落形制，即上下两进阶梯式院落，上院均为"明五暗四六厢窑"的陕北窑洞最高规制，下院略有不同：常氏庄园下院为"倒座厅房双耳房带偏院"的规制，偏院配有圆月门、石磨等，还有石板铺地、石槽下水道等设施；而姜氏庄园的下院（也为其上、中、下三院的中院）则为东西两侧坡屋顶厢房配卷棚顶耳房结构，入院处还有门楼和照壁等。上下院通过阶梯、卷棚式垂花门楼连接。垂花门楼极为精致，有卷棚屋顶、四字门楣，两侧砖雕影壁为竹鹤图、松鹿图，其下为抱鼓石装饰，门楼两侧各配一孔窑。另外，姜氏庄园还有仓库窑、暗道、管家院、高耸的寨墙、寨门、石梯步道，它注重防御，更加气势磅礴，砖雕、木雕等细节装饰也非常精巧（图 4-6）。

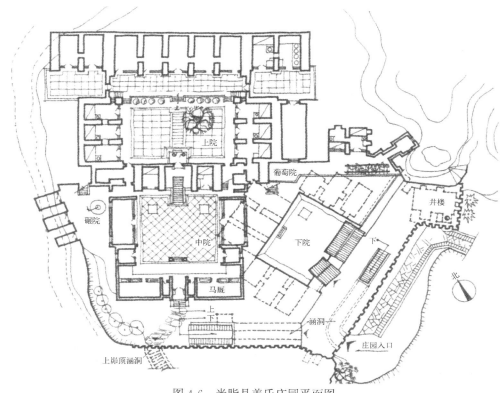

图 4-6　米脂县姜氏庄园平面图

附注：引自《西北民居》[292]

　　杨家沟村则保留了陕北最大规模的窑洞聚落，目前保存有十三组较完整的明清窑洞院落，数量为陕北之最。杨家沟村的"十二月会议旧址"主院也为"明五暗四六厢窑"的最高标准规制，但前院较为简陋，前后院在同一个平面，与常氏庄园、姜氏庄园依山就势的上、下院格局略有不同。此外，绥德党氏庄园是多孔联排式窑洞聚落的典型代表。多孔联排式窑洞院落为陕北数量最多的普通民居院落形制，其由多孔窑洞连成一排形成"排院"的规制，与上述的"合院"迥然不同。

　　（3）主体性公共建筑特征

　　陕西传统乡村聚落的主体性公共建筑，以庙、塔、寺、观、戏楼和家族祠堂为主，包含多个全国重点文物保护单位和陕西省文物保护单位，代表性较高（表 3-6 和表 3-7）。其中，家族祠堂和戏楼，是三秦大地传统乡村聚落中普遍存在的主要公共建筑。一般来说，沿河沿江分布的古聚落，分布有龙王庙、河神庙等公共建筑；平原聚落，多分布马王庙、土地庙、财神庙、娘娘庙、关帝庙、修真洞等公共建筑。对陕北地区来说，比较有特点的是，各类庙、寺、观多分布在传统聚落周围的山头顶部或半山腰等位置。

　　关中地区，比较有特色的公共建筑，主要有以下几类：①照壁和看家楼，是关中四合院聚落的典型产物。照壁多分布在院落门口或街巷尽头，富裕聚落的照壁，规模宏大，做工精致。如清水村的大照壁，砖雕精巧；相里堡村的照壁综合了照壁、神龛、排水沟洞的功能，它位于悬崖边，并向下延伸二三十米，气势雄伟。看家楼（有的聚落称"望风楼""望春楼"）则多分布在聚落的中心位置，用以防盗、防火和观察情况。目前，关中地区保存最好的看家楼为党家村、柳枝村的看家楼。②关中很多聚落配有涝池，有的聚落甚至有两到三个涝池，以滋养空气，储蓄水源。而陕南、陕北的传统聚落则少见涝池的分布。③诞生过历史名人的聚落，往往会建有纪念性的祠、庙、碑、墓等。如孙塬村纪念药王孙思邈的药王祠、药王墓；笃祜村纪念明代名臣杨爵的杨爵祠；党家村旌表为丈夫守节一生的牛孺人而立的节孝碑等。④基督教等外来宗教，在关中乡村聚落多有分布，在陕南、陕北乡村则分布较少。如南社村的基督教堂，建于民国时期，规模较大，历史悠久。

陕南地区传统乡村聚落的主体性公共建筑最具特色。由于陕南水系发达，产生了众多水旱码头，它们多建有充满客商故乡特征的会馆建筑。如汉江边的蜀河古镇（省级传统村落）、紫阳县营梁村等，都具有规模宏大的会馆建筑；商洛漫川关社区的双子楼戏台和武昌会馆、骡帮会馆等，体现出明显的移民和码头文化特征（表4-8）。

陕西传统乡村聚落典型主体性公共建筑比对　　　　　　　　表 4-8

主体性公共建筑类型	典型聚落名称（区域）	特征概述	图示
照壁	清水村（关中）	砖雕照壁,极为精致,下部雕刻"鹿鹤同春"图案,寓意"六合同春"	
看家楼	党家村（关中）	位于村落中心位置,外两层、内四层,可环视全村情况,主要用于防火、防盗等	
涝池	黑东村（关中）	黑水池:位于村落中心,相传为书圣王羲之游历经过该村时洗砚处,现为陕西省文物保护单位	
会馆建筑	营梁村（陕南）	江西会馆:徽派山墙与圆弦状山墙的结合体,与该村的北五省会馆、川主会馆等共同组成国保单位"瓦房店会馆群"	

续表

主体性公共建筑类型	典型聚落名称（区域）	特征概述	图示
戏台	漫川关社区（陕南）	鸳鸯戏楼：全国重点文物保护单位，北侧为关帝庙戏楼，南侧为马王庙戏楼，歇山屋顶，重檐翘角，为当时客商建造	
寺庙	泥河沟村（陕北）	佛堂寺：陕西省文物保护单位，历史悠久，为佳县最大寺庙之一，以石窟最具特色	
陵园	桃镇村（陕北）	李鼎铭陵园：陕甘宁边区政府副主席李鼎铭同志陵园，现为陕西省文物保护单位	

（4）曲艺、非遗技艺特征

陕西非物质文化景观类型多样，且极具代表性。根据中国非物质文化遗产数字博物馆官网显示，陕西省前四批共 79 个项目入选国家级非物质文化遗产名录[293]。

陕南地区，多为山地稻作区，故多呈现稻作梯田景观，比较著名的如安康汉阴县的凤堰古梯田等。因此，陕南传统乡村聚落的非物质文化景观，也对应地呈现出许多山地聚落景观特征，民歌类型丰富，如紫阳民歌、镇巴民歌、秦巴报路歌、留坝民歌等，都是陕南最具代表性的地域性民歌。其中，紫阳民歌为第一批国家级非物质文化遗产；汉调桄桄为汉水上游的代表性传统剧目，有"南路秦腔"之称；汉调二簧为陕西省第二大地方戏剧种，流行于汉中、安康地区的汉江沿线。陕南传统乡村聚落的非遗技艺方面，包括酿酒技艺、采莲船表演等。

关中地区戏曲、非遗技艺类型非常丰富。首先，秦腔是陕西文化景观的重要组成部分，其高亢、嘶吼的特征，表达了陕西独特的地域文化，体现了当地人的性格、思想与地理环境特征[294]。除了蜚声全国的秦腔，关中地区还有同州梆子、道情、老腔、眉户、碗碗腔、弦板腔、阿宫腔、跳戏等地方戏曲，种类丰富多样。非遗技艺方面，关中地区的剪纸、花馍制作、农民画、各类鼓表演等颇具特色。关中多个传统村落传承有本村独有的戏曲或非遗技艺。如双泉村为华阴老腔唯一传承地，西原村为韩城行鼓发源地，等驾坡村有独特的监军战鼓，郭庄砦村有独特的十二连环鼓，行家庄村为合阳跳戏的发源地。

陕北地区，则是鼓文化和唢呐、民歌、秧歌、剪纸的天堂。黄土高原千沟万壑的自然环境，孕育了异彩纷呈的非物质文化景观。从表演、制作技艺的唢呐、秧歌、剪纸、刺绣、造纸、木雕、砖雕技艺等，到民歌戏曲类的陕北民歌、陕北道情、说书、二人台等，陕北地区非物质文化景观形式多样，内容丰富，分布广泛。特别是陕北五鼓[295]（安塞腰鼓、洛川蹩鼓、宜川胸鼓、志丹扇鼓、黄龙猎鼓）和陕北唢呐，闻名全国，如张峰村具有黄龙猎鼓表演协会，安定村的子长唢呐蜚声陕北；以"信天游"为代表的"西北风民歌"曾在全国风靡一时，沙坪村则诞生了众多陕北民歌；陕北秧歌主要特征是"扭"，故又称"扭秧歌"，主要分布在米脂、绥德等地，以米脂秧歌最具代表性；剪纸、刺绣等是陕北地区非常流行的手工艺，往往还和当地的婚丧嫁娶、节日喜庆等活动联系在一起，成为生命崇拜和生殖崇拜的重要内容[296]。

总体来看，陕南、陕北民歌较多，关中、陕北鼓文化发达，陕北秧歌独具特色，而关中地区，戏曲种类多，戏曲景观较盛。

（5）方言和宗族特征

陕南东部的移民聚落，往往是举族迁移而来，多聚族而居，且多呈现防御特征。它们自明清时期迁徙至陕南定居发展至今，大多已繁衍十几代人，形成了独特的移民氏族景观，在方言上也呈现出陕南本土方言与江淮官话等移民方言交融的特征，如安康中山村郭家老院、湛家湾村等。而陕南西部的汉中地区，传统聚落多为交通商贸型聚落，聚族型的移民聚落较少，故多受四川方言影响，体现出西南官话的特征。关中地区崇尚耕读文化，产生了以韩城地区多个进士家族为代表的许多耕读世家和以咸阳地区多个陕商望族为代表的商人大户。关中方言总体上为中原官话，但西府和东府的方言存在一定差异，且关中亦受移民文化影响，个别区域呈现出移民方言的特征，如铜川市玉华宫一带的乡村聚落，多为河南移民，至今仍讲河南方言。而陕北地区在明清时期形成了一定数量的地主大户，它们世袭传承发展数代，往往有其自身的一套体制，如杨家沟马氏家族的"堂号文化"等。陕北方言主体为晋语，体现出秦晋文化交融的特征。

（6）习俗和信仰特征

陕南地区的习俗主要有祭祖、庙会、吃庖汤、唱孝歌等，婚丧习俗往往体现出山区的特有性；在信仰上，根据调研情况，由于历史上作为外来移民的特殊性，陕南传统乡村聚落比较注重祭祖、家谱编纂和宗族祠堂建设，各类庙宇则相对较少。

关中地区作为陕西最早开放和最发达的地区，受外来宗教文化的影响极为深刻，西安就有兴善寺、香积寺、草堂寺等古长安八大佛教祖庭遗址及以化觉巷清真大寺为代表的多个伊斯兰教寺院。自汉唐以来，关中地区佛教、道教非常发达，现遗存有道教圣地周至县楼观台、佛教圣地扶风县法门寺等。关中传统乡村聚落中的各类庙、塔、寺、观遗存亦非常丰富。近现代以来，基督教在关中乡村有一定的传播度，不少关中聚落建有基督教堂。除了宗教信仰以外，关中地区的人物崇拜亦非常鲜明，如对孙思邈、关羽等的纪念，故关中村落常见药王庙、关帝庙。关中地区主要民俗活动为社火与庙会。社火一般在农历春节、元宵期间进行演出，主要类型包括高跷、舞狮、秧歌、锣鼓等，如火如荼、常年不衰，尤其以关中东部的合阳、大荔等地最为热闹。关中庙会则更为丰富，各类人文始祖庙、先贤神话人物庙、道教宫观、佛教寺院庙会等形式多样[297]，如岐山周公庙会、铜川药王山庙会等。

陕北地区缺水少雨的自然环境，使其有了祈雨、转九曲等民俗活动。例如，杨家沟村的祈雨仪式隆重而有特色；高杰村的转灯习俗已经传承数百年，为该村独有的民俗活动。而社火、庙会亦是陕北重要的民俗活动，如榆林佳县的白云观，有西北地区最大的道教圣地之称。除了儒释道等常见的宗教信仰外，陕北人民的红色信仰尤其浓厚，产生了多个红色革命聚落，为中国革命贡献了不少领导力量。陕北地区历史上曾长期是边塞之地，留下不少悲壮的边塞故事，陕北人民亦不乏对抗击外辱英雄的崇拜，如绥德县有纪念抗金名将韩世忠的蕲王庙等。此外，陕北人民的白色羊角帽、红白色节日服饰等也不同于其他汉族地区，极具黄土高原特色。

4.1.4　陕西传统乡村聚落景观基因表达与控制机制

（1）传统乡村聚落景观基因表达的类生命机制

胡最、刘沛林等对聚落景观基因的表达机制进行了探讨，他们依据景观基因的构成将其分为主体基因、附着基因、混合基因、变异基因，认为不同类型的基因在表达过程中起到不同作用，并希望借助信息化工具，进行景观基因的自动识别[165]；杨力则借助生物学的基因概念，类比了生物基因与传统村落基因的相似性，并对传统村落基因的表达进行了深入研究[298]；翟洲燕等则认为聚落景观基因能够表达地域文化特质[153]。综上，既有研究并没有系统提出传统聚落景观基因的表达机制。本研究在此基础上，综合既有研究的结论和方法，进一步深化，提出传统乡村聚落景观基因表达的类生命机制（图 4-7）。

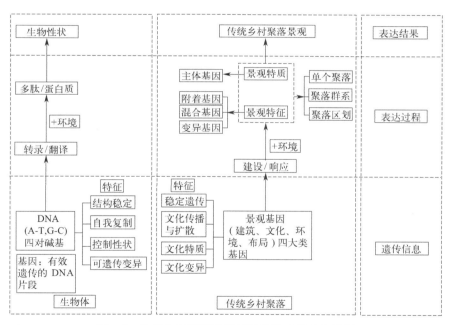

图 4-7　传统乡村聚落景观基因表达的类生命机制

附注：生物体基因表达机制融合了杨力[298] 部分观点

传统乡村聚落景观基因表达与生物基因表达，存在许多共性，具有类生命的特征。它们最基本的逻辑机制都是：基因加环境最终得到相应性状。生物基因通过四对碱基的不同排列组合，加上不同环境的控制，最终得到不同性状。而生物性状的体现者，就是蛋白质。对应的，为了表达传统乡村聚落景观的性状特征，本研究提出景观特质与景观特征的概念：景观特质，指传统乡村聚落景观空间意象区别于其他聚落的主体内涵，具有唯一性，由其主体基因控制；景观特征，指传统乡村聚落景观空间意象的综合特征，具有多样性，由附着基因、混合基因、变异基因共同控制。

景观特质和景观特征，是传统乡村聚落景观性状的直接体现者。类似于生物 DNA 四对碱基的不同排列组合控制不同的生物性状，建筑、文化、环境、布局四大类聚落景观基因，在不同环境控制下，也呈现不同的排列组合方式，最终呈现出不同的传统乡村聚落景观。它们的具体性状，就由景观特质和景观特征来表征，并且可以有单体聚落、聚落群系、聚落区划三大尺度。具有相同景观特质的聚落，成为聚落群系；而某一聚落文化生态区内，可以由不同景观特质的聚落组成。生物基因的变异是生物进化的基础，而聚落景观基因的变异，也是形成不同景观特质与景观特征的基础。由此可见，景观特质和景观特征概念的提出，不仅明确了传统乡村聚落景观基因的表达机制，而且为后续区域聚落景观区划、景观基因变异性研究奠定了坚实基础。

（2）陕西传统乡村聚落景观特质、景观特征识别结果及其空间特征

本研究在对陕西 113 个国家级传统村落景观基因识别、提取的基础上，进一步提取、识别各村落景观特质与景观特征，识别结果见以下三个表。从识别结果来看，陕西传统乡村聚落地域文化景观特质类型共有七种，即：地主庄园氏族型聚落、防御式古堡、交通商贸型聚落、移民型聚落、非遗技艺型聚落、桃源农耕型聚落、红色革命遗存型聚落。

1）按地区来分析各景观特质乡村聚落分布情况

①陕南地区

陕南 22 个传统乡村聚落，仅体现出三种陕西传统乡村聚落景观特质类型。其中，交通商贸型与移民型聚落景观特质各 9 个，为陕南传统乡村聚落主要景观特质类型；桃源农耕型聚落景观特质仅 4 个，是陕南较少的传统乡村聚落景观特质类型，具体见表 4-9。

陕南传统乡村聚落景观特质与景观特征识别结果 表 4-9

景观特质	聚落名称	景观特征（多样性）
交通商贸型	青木川村	"鸡鸣三省"的交通要地，秦蜀陇文化、汉羌文化、乡绅文化在这里交融，魏氏庄园为陕南规格最高的民居院落，聚落整体格局呈仿"龙"造型
	营梁村	汉江中上游的重要水运码头和贸易地，会馆建筑众多，移民特征显著
	乐丰村	陕南唯一保存较好的平原型古聚落，城墙格局清晰，商贸业发达
	马河村	陕南通往关中的交通要道聚落，民居建筑多体现出过渡性
	云镇村	绵延千年、以寺著称，通衢南北的古驿站，聚落整体格局呈仿"船"造型
	长岭村	以陕南独特的吊脚楼景观著称，川楚古道上商贾云集、繁荣一时的古驿站，聚落整体格局呈仿"熨斗"造型
	庙台子村	两汉三国历史文化积淀丰厚，连云古栈道上的明珠，有张良庙、留侯古镇等
	城关村	留坝厅故城下的历史遗存、褒斜古栈道上的重要交通驿站
	漫川关社区	秦头楚尾"北通秦晋、南连吴楚"，遗存有"一街二楼三馆四庙"的陕南著名"水旱码头"
移民型	中山村	秦巴山区移民聚落的典型代表、郭氏家族世居地，郭家老院极具代表性
	长兴村	选址山顶平缓处的移民聚落，其徽派民居院落群体现出移民聚落的典型特征
	庙湾村	整体背山面河利于防御、地势开阔利于耕作、风水形胜绝佳的陈氏世居地
	万福村	在半山腰旱莲状风水宝地遗世而居的石氏家族，集中体现移民聚落防御特征

续表

景观特质	聚落名称	景观特征（多样性）
移民型	湛家湾村	农商并举、重视防御和风水形胜、典型的单姓血缘式家族聚居聚落，产业发展、民居建设、聚落选址均较独特
	双柏村	多家族共同协调发展的移民聚落，家族祠堂、徽派民居、石板屋等景观遗存丰富，李家新屋为陕南徽派民居遗存的典型代表之一
	天宝村	梯田景观显著、土夯民居众多的杂居移民聚落，现存余家院子、陶家院子等
	牛家阴坡村	坐落于半山腰阶梯台地，注重耕读传家、非遗技艺丰富的牛氏世居地，族谱、家族祠堂、书院、民居等遗存丰富
	前河村	明末清初湖广移民聚落，喻家院子为陕南徽派民居遗存的典型代表之一
桃源农耕型	双桥村	双桥老屋场为陕南本土土夯天井院的典型代表，规模大，受移民文化影响小
	王庄村	选址于山顶平缓处，石板屋与天井院结合的家族隐居地，防御性极强，晃家院子亦是陕南本土民居院落的典型代表之一
	高山村	极端防御型的山顶聚落，主体的高家院子建于山顶，为陕南本土土夯天井院落群；沟底的孙家院子则受到徽派建筑影响
	磨坪村	褒斜古道上为躲避战乱而与世隔绝、旧貌依然的传统农耕聚落，呈现出世外桃源般恬静、怡然的特征

②关中地区

关中地区 45 个传统乡村聚落中，呈现出五类陕西传统乡村聚落景观特质类型。其中，防御式古堡 27 个，占据了关中传统乡村聚落的绝大多数，是关中地区最主要的聚落景观特质类型。除程家川村、石船沟村这类位于山区腹地、本身就具备一定防御优势的聚落外，其余的关中传统乡村聚落，几乎都有防御型土城墙的痕迹。其中，莲湖村（明清富平县城）、万家城村（隋普润县城）、老县城村（清佛坪厅城）、东宫城村（北魏宫城县城）等，为古代县城演变而来，具有城市的规制。

关中的防御型古堡，往往借鉴城镇聚落的做法，修筑高大的土城墙。从空间结构特征来看，它们主要分为两类：一是村堡一体式，即村子位于城堡内，完全依靠城堡进行防御，如孙塬村、莲湖村、灵泉村、陶池村、山西村等；二是村堡分离式，村庄位于地势平坦的地方，便于耕作生活，而在周围地势险要的地方，构筑城堡，用于临时避难，如西原村、薛村、清水村等。从作用来看，防御型古堡主要有两大类型，一类是古时屯兵的军事型古堡，另一类是土财主或乡民集资修建的民用防御古堡。防御的对象，亦有两类：一是防兵燹，二是御匪患。防御性，始终是关中古堡的主题，它们往往形成"城墙—望楼—街道—民居"的防御体系，关中窄院民居成为最小的防御单元，这也是它内向封闭的主要原因。众多的防御型古堡，体现出关中地区独特的寨堡文化，更反映出明清以来关中地区历经战乱与匪患、无险可守而不得不修筑城堡进行防御的历史实际。

此外，关中地区非遗技艺型、移民型、交通商贸型聚落亦具有一定数量，桃源农耕型聚落仅 1 个，为关中数量最少的聚落景观特质类型。关中地区的移民型聚落，与陕南大规模的湖广、安徽、江西移民且深受徽派建筑影响的特征不同，其移民主要来自山西、河南等地。特别是明朝的山西大槐树移民，对关中地区影响深远。关中地区传统乡村聚落景观特质与特征具体识别结果见表4-10。

关中传统乡村聚落景观特质与景观特征识别结果 表 4-10

景观特质	聚落名称	景观特征（多样性）
交通商贸型	党家村	农商并重、村寨结合、民居四合院典型的古聚落,是陕西保存最为完整的元明清古民居聚落之一
	柏社村	秦腔标准音校音地、"天下地窑第一村",商贸业繁荣一时的地坑院窑洞聚落
	袁家村	历史悠久、汇集各类关中民俗、极具活力的乡村旅游目的地,有"传统村落保护典范"之称
	辛村	明清时期渭河流域的商贸重镇,胡家大院是较为少见的双层三联排式厦房三合院
	烽火村	历史悠久、新中国成立初期与"大寨"齐名的陕西典型乡村聚落,时代痕迹深刻,上房下窑式民居独特
防御古堡型	孙塬村	药王孙思邈故里,药王文化遗存丰富、格局清晰的关中防御式古堡
	等驾坡村	"秦陇咽喉"、丝路驿站,汉为防御前线,唐为肃宗避难地,地坑窑保存较好
	莲湖村	原明清富平老县城,全国唯一保存完整的"斩城",城墙、街巷格局完整,城村关系独特,古代遗存较多
	灵泉村	福禄寿三山环抱、三面临沟、多重防御的关中典型军事古堡
	万家城村	隋代置普润县,后历代为军事重镇,今发展为村堡分离式传统聚落
	南长益村	三面临沟、一面城墙,农商并举,推崇药王的典型黄土塬边古堡
	老县城村	原清佛坪厅故城,存在仅百年,经历了由城到村的历史巨变,是秦岭傥骆古道上的典型代表聚落
	东里村	多个朝代为商贸发达的历史古镇,有唐李靖故居,近现代为于右任、杨虎城驻扎之地,是"西安事变"的一部分
	大寨村	清末粮仓丰图义仓被誉为"天下第一仓",唐代金龙塔、宋代岑楼矗立近千年,总体格局为三寨并列,似凤凰展翅
	东高垣村	魏长城遗址是战国时期秦魏河西之争的历史见证,清代古堡与之交相辉映,是关中同时拥有古长城与古城堡的典型防御聚落
	东宫城村	北魏在此设宫城县,方形城墙、城门楼基本完整,位居交通要道,融合了黄河金三角交通驿站与防御古堡多重景观
	山西村	三兄弟自山西大槐树迁居唐泰陵脚下繁衍百年,"三槐并茂",古堡完整,融合了古堡、移民、宗族景观,为关中平地古堡的典型代表之一
	相里堡村	选址于黄河岸边,古堡、古寨、古民居保存较好,庙宇众多,祠堂林立,聚落景观丰厚,防御特征突出,为关中临河古堡的典型代表之一
	西原村	三寨多街巷,祠堂、庙宇、古照壁众多,为韩城行鼓发源地,非遗有特色
	王峰村	选址高阜、土石筑墙、暗道、望风楼等防御系统完备,民居整体格局清晰,古风悠然
	柳枝村	以沟、河为屏障,孙氏家族在此繁衍数百年,保存有元、明、清历代民居院落多处,存量丰富,形制典型
	郭庄砦村	城墙内有东西主巷,沿主巷有南北二十四支巷,并按"千字文"命名,且修筑对应地下二十四巷和地下迷宫,形成"城墙、断崖、地道、地下迷宫"的多重防御体系
	柳村	柳村古砦现存12个走马门楼四合院,延续着浓郁的"仿北京式"四合院院落形制,选址三面临沟,防御亦很有特点
	薛村	黄河岸边的薛村三寨鼎足而立,形成村堡分离的防御体系,"仿北京式"四合院、祠堂较多,古时有码头,商贸发达
	张代村	单姓聚居的内向封闭聚落,选址紧邻黄河,以沟、水为屏障,突出防御和宗祠中心地位

续表

景观特质	聚落名称	景观特征（多样性）
防御古堡型	吉安城村	东西两城相依,城墙完整,是关中独具特色的"双子城堡"聚落,城堡内保存有独特的上下房式青砖箍窑窑群,无厢房和厢窑
	结草村	春秋战国时期晋国的戍边军屯聚落,历史超过两千年,"结草衔环"典故发生地
	周原村	周祖起源地之一,明清时为韩城望族张氏世居地,保存有极为精致的张氏九进四合院,民居、祠堂、碑刻等遗存较多,为关中最古老古堡之一,亦是关中临河古堡的典型代表之一
	黑东村	相传为书圣王羲之涮笔洗砚处,经历了抗元、抗回惨烈战争的古堡,商贾云集,人才辈出
	曹家村	宋金相争的历史遗存、金兀术在蒲城修筑的三处"陪都"紫金城之一,焰火文化有特色
	陶池村	成吉思汗后裔改校姓后(已认证)为躲避战乱而建的古堡,历代为战略要地和交通要道,有地道和烧陶遗址,为关中平地古堡的典型代表之一
	清水村	理想山水格局、极富关中特色,融合冶铸技艺、宗族、民俗于一体的古聚落
非遗技艺型	尧头村	炉火千年的黑瓷窑村,居住窑与烧瓷窑浑然一体,青砖箍窑亦很典型
	立地坡村	绵延千年的陶瓷、琉璃生产地,为耀州窑中心窑场,曾寺庙林立,陶瓷景观突出
	杨武村	仓颉故里和上古阳武国所在地,下沉式、靠崖式、独立式窑洞俱全的古聚落
	康家卫村	酒祖杜康故里,延续千年的杜康后裔聚落,保存有七孔渭北最古老的青砖箍窑
	笃祜村	明御史杨爵故里,融合了非遗技艺、名人宗族、移民等景观,造纸技艺超过五百年历史
	行家庄村	春秋战国秦魏河西之争的行军驿站,合阳跳戏在此传承近千年,明代有山西大槐树移民到此,抗日时期为黄河战略要地
	南社村	千年秋千文化传承发展的代表村落,宋代名臣雷德骧故里,非遗景观丰厚
	双泉村	遗迹众多,古韵深厚,民乐经典孤本华阴老腔唯一发祥地和传承地,老腔和素鼓闻名全国
桃源农耕型	程家川村	山水形胜极其典型,庙观遗存丰富,程、田、巩三大家族共同发展之地,厢房式窑洞合院和关中窄院四合院在此同时大规模存在,体现出典型的过渡性
移民型	石船沟村	体现出明显南北过渡性、有"小四川"之称的客家移民聚落
	移村	仍保持山东口音和习俗的移民聚落,地坑窑规模大且有特色
	东白池村	明代山西大槐树移民的典型聚落,村寨分离,注重防御和耕读,庙宇景观突出,曾达二十多座,具有代表性
	杨家坡村	明代由晋迁陕,相传为杨家将后裔,保持村落四角城墙种植木瓜树的杨氏后裔建村传统

③陕北地区

陕北地区 46 个传统乡村聚落中,包含了陕西传统乡村聚落的全部七种景观特质类型。其中,桃源农耕型聚落 11 个,交通商贸型聚落 10 个,它们是陕北主要的两种聚落景观特质类型。防御古堡型、非遗技艺型聚落亦具有一定数量,移民型聚落为陕北地区数量最少的传统乡村聚落景观特质类型。而陕北地区的防御型古堡,与关中地区的防御型古堡主要防御匪患的功能不同,它们更多的是宋元明时期的边城军事寨堡遗存,见证了宋夏、金夏、元明相争的历史烽烟。此外,地主庄园氏族型聚落和红色革命遗存型聚落,是陕北地区特有的聚落景观特质类型,且具备一定数量。

千年古村安定村，自北宋康定元年范仲淹始设安定堡发展至今[269]，保存完好，浓缩了陕北千年历史，成为陕北军事寨堡的典范；张寨村古军事寨堡保留了城墙、寨门等历史要素，诉说着宋夏相争、金戈铁马的岁月；以沙坪村为代表的古驿站，随着晋商兴衰而盛衰，表征着陕北曾经的商旅传奇；木头峪民俗文化村落，体现了陕北丰富的非物质文化遗产及秦、晋文化互相交融、互相影响的千年积淀；桃镇村、黑圪塔村、岳家岔村则是典型的红色革命窑洞聚落，分别拥有李鼎铭、郭洪涛、马明方等革命先辈故居，具体见表4-11。

陕北传统乡村聚落景观特质与景观特征识别结果　　　　　　　表 4-11

景观特质	聚落名称	景观特征（多样性）
地主庄园氏族型	贺一村	山环水绕,林草肥美,伴山而居,党氏庄园建筑群错落有致,各类院落保存完整,是陕北窑洞民居院落典型代表之一
	神泉村	四周环山,沟壑纵横,宋代为军事寨堡神泉堡,清末建成高氏地主庄园,后为中共中央机关转战陕北驻地之一
	杨家沟村	三山拱卫,三沟环绕,马氏庄园是陕北最大的地主庄园,后经留学归来的族人优化改建,又融入西式、日式建筑基因和红色革命基因
	艾家沟村	典型的东西走向沟道型窑洞聚落,历史悠久,民国时地主刘步云使其达到最大规模,建有多座窑洞院落
	高庙山村	常氏庄园被认为具有陕北窑洞聚落的最完整形制,其"明五暗四六厢窑"上、下两进式的布局堪称陕北窑洞四合院的经典
	寺沟村	杨家沟马氏地主集团扩张繁衍而产生的地主窑洞聚落,与杨家沟一山之隔,两者聚落特征上具有一定的相似性
	刘家峁村	上、中、下三级阶梯式院落构成的姜氏庄园,寨墙高筑,大气磅礴,对内互联,对外防患,是全国最大的城堡式窑洞庄园,为窑洞聚落最典型形制之一
	镇子湾村	以杜氏庄园三大院落为核心,在无定河西岸繁衍发展,是较为少见的接近县城的地主庄园聚落
防御古堡型	张庄村	历史悠久的军事防御寨堡,后为《东方红》诞生地,有其作者李有源故居
	张寨村	宋夏、金夏相争的历史遗存寨堡,明代曾设巡检司,靠山面水,居高临下,地势险要,城墙、寨门犹在,防御格局突出
	安定村	宋代设安定堡,后历代均为军事要塞,城墙、城门保存完整,有钟山石窟,为佛教圣地、红色热土,是浓缩了陕北历史的千年古堡
	白兴庄村	明代因"风水兴旺说"聚族迁徙至此,清末因避"同治回乱"而在悬崖绝壁上建石崖窑,将防御模式演绎到极致
	响水村	响水堡为明长城沿线延绥镇三十六堡、横山五堡之一,位于黄土沟壑与风沙草滩交界地带,屹立于此已五百余年,历经抗蒙、抗回等数次战役
	镇靖村	镇靖堡为明长城沿线延绥镇重要关堡,清以来曾长期为靖边县城所在地,古堡、长城、燧台等三边文化浓厚,亦是重要革命遗址地
交通商贸型	张峰村	位于渭北通往陕北的过渡地带,优越的地理位置使其成为繁荣一时的商旅驿站
	沙坪村	与晋商同兴衰的明清古驿站,历史上曾异常繁荣,诞生了不少民歌及民歌艺人
	虎墕村	汉"李广射虎"地,明李自成副将挂帅地,"秦晋通道"上骡马店商旅驿站,为典型的石箍窑聚落
	木头峪村	保存有陕北最大规模明柱抱厦独立砖石箍窑院落群的黄河峡谷聚落,融合商贸文化、耕读文化、杂居文化、码头文化、革命文化、民俗文化于一体,是晋陕文化交融的代表聚落

续表

景观特质	聚落名称	景观特征（多样性）
交通商贸型	刘家山村	位于黄河晋陕峡谷"S"形大转弯的古聚落，有古渡口、古聚落、古栈道等遗存，清水湾古渡口自古航运商贸繁荣，已历千年
	凉水岸村	位于延河与黄河交汇处，自古为重要渡口，商贾云集，也是抗日时黄河保卫战的军事要塞，兼具黄土民俗、黄河风情、红色革命文化
	五龙山村	因建于唐代的法云寺而逐渐形成卖香纸、卖茶饭的古街，与古寺相映成辉
	中角村	绥德通往佳县、吴堡的必经之地，历史上逐渐形成商贸古道，后融入革命文化
	刘家坪村	自古为商贾云集、贸易集散的水旱码头，有走西口第一渡口之称，保存有规模较大的明清窑洞民居群
	荷叶坪村	秦汉至唐宋为屯军之地，明清至民国为黄河重要渡口，是古葭州九大渡口之一，历史上忠臣、武将、名商、士大夫、民歌创作者辈出，地主院落、庙宇、牌匾、黄河壁画、碑刻、商号、民歌等遗存丰富
移民型	常家沟村	相传为明朝大将常遇春后裔隐居处，伞状环山发展，寺、庙众多，为"接口窑"典范聚落
	郭家沟村	相传为山西洪洞大槐树移民至此，川舒山幽，古窑众多，已发展为著名的影视拍摄、美术写生基地
	马家湾村	明代山西洪洞大槐树移民到此垦荒，是较为典型的石箍窑洞聚落，后被废弃，现在此基础上进行修缮，建设田园综合体
非遗技艺型	峪口村	素有"红枣之乡、造纸名村"的美称，历史上曾为黄河古码头，手工造纸延续数百年，曾为陕甘苏区作出重要贡献
	石村	耕读传家，以文兴村，兴办书院；拥有"秀才村"传说，农民书法、瓦器制作、牛氏宗族世系家谱四项非遗，亦有地主院落、革命旧址
	梁家甲村	国家非物质文化遗产绥德石雕技艺主要传承地，亦体现出自然农耕聚落的特征
	贾大峁村	陈氏榨油技艺传承数百年，且有规模较大的仰韶、龙山文化遗址和当地有名的马王庙庙会
桃源农耕型	泥河沟村	河滩、石崖等自然景观壮观，枣粮间作系统闻名世界，古枣园被列入全球重要农业文化遗产，砖石箍窑保存较多，亦有黄河古码头
	高杰村	白氏家族繁衍地，注重耕读，历代人才辈出，后又注入红色革命文化
	眠虎沟村	有晋文公重耳隐逸传说，注重耕读，明清曾繁荣一时，陕北道情独具特色
	碾畔村	建村时三大姓各住一个大院，并在每个大院门口各建一口大碾，形成和睦相处的农耕聚落，后被废弃，现建有原生态博物馆，是传统聚落活态展示的典范
	甄家湾村	保存有陕北地区规模最大、结构最完整的古窑洞建筑群，北京知青史铁生在此创作了小说《我那遥远的清平湾》
	梁家河村	习近平同志当知青时插队村落，有知青院、知青井、铁业社、沼气池、淤地坝等知青文化遗存，形成了著名的梁家河精神
	赵家河村	习近平同志插队时开展社教工作的村落，知青文化浓厚，清代有进士，是陕北较为典型的耕读型聚落
	上田家川村	位于川道上背山面川的典型陕北农耕聚落，窑洞民居呈现出朝南的阶梯退台式环山布局，占据一个山头，耕地在下部川道上，格局蔚为壮观
	王皮庄村	保存有陕北地区较为完整的石箍窑四合院，古院、古庙、古塔错落有致
	罗硷村	典型的多孔联排式古窑群，呈环山式布置，历史悠久，新、旧村相得益彰
	园则坪村	春秋战国时为晋文公重耳避难的古寨堡，明清时设有集市，清末水毁后演变为普通农耕聚落，历史形态演变丰富

景观特质	聚落名称	景观特征（多样性）
红色革命遗存型	桃镇村	为原陕甘宁边区政府副主席李鼎铭故居和陵园所在村,五山四沟相汇,状如桃花,血缘式向心而居,具有悠久历史
	黑圪塔村	米脂红色革命第一村,有中共米东县委旧址、郭洪涛故居、烈士陵园等红色遗存,亦有新石器及宋元文化遗址
	岳家岔村	为陕北革命根据地创始人之一马明方故居所在村,聚落历史悠久,明朝马氏先祖就在此守边关,后有大槐树移民到此定居
	太相寺村	总结东征、部署西征的太相寺会议地,中共中央在此发布《西征战役计划》,有毛主席旧居等遗存

综上所述,防御型古堡（33个）、交通商贸型聚落（24个）是陕西最主要的传统乡村聚落景观特质类型；桃源农耕型（16个）、移民型（16个）聚落,是陕西较多的传统乡村聚落景观特质类型；非遗技艺型（12个）、地主庄园氏族型（8个）、红色革命遗存型（4个）聚落是陕西较少的传统乡村聚落景观特质类型。

2）按七类聚落景观特质分析分布特征

结合陕西七类聚落景观特质类型的数量特征,按照防御型古堡、交通商贸型聚落、桃源农耕和移民型聚落、其他类型聚落（非遗技艺型、地主庄园氏族型、红色革命遗存型聚落数量过少,不适合单独分析,故归于"其他类型聚落"一并分析）四大类,在前述研究基础上（数据来源与处理见本书3.2.2）,采用核密度估计法,对其空间分布特征进行进一步研究,其结果如下：

①防御型古堡。防御型古堡是陕西最主要的传统乡村聚落景观特质类型。由图4-8(a)可以看出,防御型古堡主要分布在关中地区,并且在关中东北部的韩城黄河沿岸形成高度密集区。关中地区秦川八百里,唐以后的长期战乱、明清时期的猖獗匪患以及清末的西北同治回乱,让关中人民饱受苦难,而辽阔的平原无险可守,再加之关中长期作为封建都城京畿之地,深受都城营城思想影响,修筑城墙防御就成为他们的必然选择。例如,"寨堡"文化极其浓厚的韩城地区,在其东临黄河的塬边上,形成了大大小小上百个古寨,它们大多建在黄河西岸垂直断崖的韩塬之上,并且修筑土城墙,易守难攻,这也为后来抗日、守卫黄河天险提供了工事基础。此外,陕北地区的长城沿线也分布有数个防御型古堡,这些古堡大多是宋金、宋夏相争以及明代长城沿线戍边古堡的遗存。

②交通商贸型传统乡村聚落。交通商贸型传统乡村聚落,是陕西第二大类传统乡村聚落景观特质类型。由图4-8(b)可以看出,此类传统聚落,在陕西省分布较为均衡,并表现出三大分布规律：第一,陕南西部主要分布在秦巴古道沿线,如褒斜古道上的汉中留坝县城关村、庙台子村等；陕南东部主要分布在汉江沿线,且多为水旱码头,如安康紫阳县营梁村等。秦巴古道和汉江水运,是催生陕南交通商贸型传统乡村聚落的主要动因。第二,关中地区,主要分布在渭北向陕北过渡的交通要塞区域,如咸阳三原县柏社村等。第三,陕北地区,主要分布在靠近山西的黄河沿岸地区,这一方面是由于黄河水运在此区域形成了众多水旱码头,另一方面,明清时期晋商向大西北输送商品,在此形成了不少商旅驿站。

③桃源农耕和移民型传统乡村聚落。由图4-8(c)可以看出,农耕和移民型传统乡村

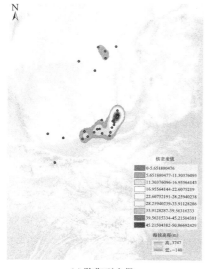

(a) 防御型古堡

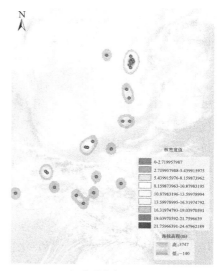

(b) 交通商贸型

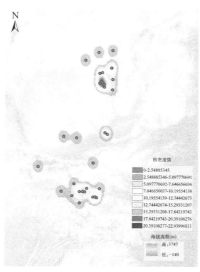

(c) 桃源农耕和移民型

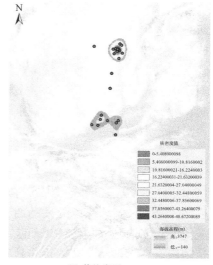

(d) 其他类型

图 4-8　不同类型的陕西传统乡村聚落空间分布核密度图

聚落，主要集中分布在陕北和陕南地区，关中地区分布较少。陕南地区的农耕和移民型传统乡村聚落，主要分布在陕南东部安康各县市，并在安康市汉滨区、旬阳县形成高度密集区，这是明清两朝陕南湖、广移民的历史见证。陕北地区的农耕和移民型传统乡村聚落，主要分布在榆林东南部和延安东部，并在延安市延川县形成高度密集区，这是黄土高原农耕文明的集中体现。

④其他类型传统乡村聚落。陕西其他类型传统乡村聚落主要包括地主庄园氏族型、红色革命遗存型、非遗技艺型传统乡村聚落。地主庄园氏族型和红色革命遗存型传统乡村聚落为陕北地区所特有的景观特质类型，在榆林的米脂、绥德区域形成高度密集区，并形成了绥德县贺一村党氏庄园、米脂县杨家沟村马氏庄园、刘家峁村姜氏庄园、高庙山村常氏

庄园——"陕北四大园"（图 4-8d）。红色革命遗存型传统乡村聚落，是记录中国革命历史的传统乡村聚落景观特质类型，集中体现了陕北人民为中国革命胜利作出的巨大贡献和牺牲。非遗技艺型传统乡村聚落在关中和陕北地区有少量分布，在陕南地区则没有分布。

（3）陕西传统乡村聚落景观特质形成与表达的总体机制

无论是传统乡村聚落景观基因的表达，还是生物基因的性状表达，都有一个共同特征：环境和遗传信息共同决定了基因最终性状的表达。有所不同的是，除了具有稳定遗传性的景观基因和客观环境，人的观念心理，特别是我国自古以来的风水观及堪舆思想，在传统乡村聚落景观基因表达过程中，起到重要作用。

在逐个识别陕西传统乡村聚落景观基因所表达出的景观特质与景观特征并分析其景观特质空间分布特点的基础上，结合各聚落相关资料和实地调研情况，本研究进一步提出了陕西传统乡村聚落景观特质形成与表达的总体控制机制（图 4-9）。总体控制机制分别从分类控制要素、分区控制要素、总体控制要素三级，阐释了陕西七类传统乡村聚落景观特质形成与表达的详细控制规律。而文化生态学将地理环境划分为自然环境、经济环境、社会制度环境三个层次[299]。因此，结合文化生态学对环境的三层次划分及分类、分区控制要素，提取出陕西传统乡村聚落景观特质形成与表达的四大总体控制要素：

1）地形地貌：主要自然要素控制机制

陕西总体地貌类型，从山地、平原、高原到风沙滩地都有，类型丰富。丰富的地形地貌，形成了包括坡度、坡向、风向、降水量、河流等在内的不同自然要素组合，进而对聚落的选址、格局形成重要影响，最终表达出不同的聚落景观特质类型，形成不同的地域文化。陕南多山地，故山地聚落成为陕南传统乡村聚落的主体；关中主体为平原，平地地形对关中防御型城堡的形成、发展起到重要影响，但渭北黄土塬的破碎形成了众多沟壑，因而沿沟、沿河、沿塬边也成为关中传统乡村聚落的重要选址；陕北黄土高原丘陵沟壑区的沟、塬、梁、峁等特殊地形地貌，则对窑洞聚落的形成、发展、演化产生深远影响。

2）经济水平：决定与延续的经济控制机制

经济水平，往往是传统乡村聚落选材用料、规模大小的最终决定控制因素。如陕北地主窑洞庄园，基于明清以来陕北发达的地主经济，它们大多规模宏大，用料考究，结构复杂，形成内向封闭的独立经济体。而陕南的普通移民聚落，初代移民大多是逃荒的难民，他们到达陕南时，大多不富裕，逐步垦荒种地，积累财富。因此，实用和功能成为陕南移民对传统民居的首要考虑，逐步形成天井院组合群，里面住有同一个家族甚至不同家族的数代人，且规模普遍不大。关中地区经济发达，特别是陕商兴起以来，在关中地区形成了多个世家大户和多个经济繁荣的村落。如韩城党家村，农商并举，将家族式商业经营做到较大规模。另一方面，经济水平亦成为传统乡村聚落景观延续或者毁灭的重要因素。例如，关中地区的多个传统乡村聚落曾建有精致的戏楼、牌楼、庙宇等，但在发展过程中，由于某一历史时期经济困难，村民便把祖辈遗留下来的这些东西拆卸出售，以维持生计，给传统聚落带来毁灭性打击。

3）交通区位：排斥、促进与文化传播的社会控制机制

交通条件，对传统乡村聚落来说亦是一把双刃剑。古道、驿站上往往形成交通商贸型聚落，并随着人口流动，对地域文化的传播起到积极作用。良好的交通区位，对交通商贸型传统聚落形成起到促进作用。如有"鸡鸣三省"之称的青木川村、"秦头楚尾"的漫川

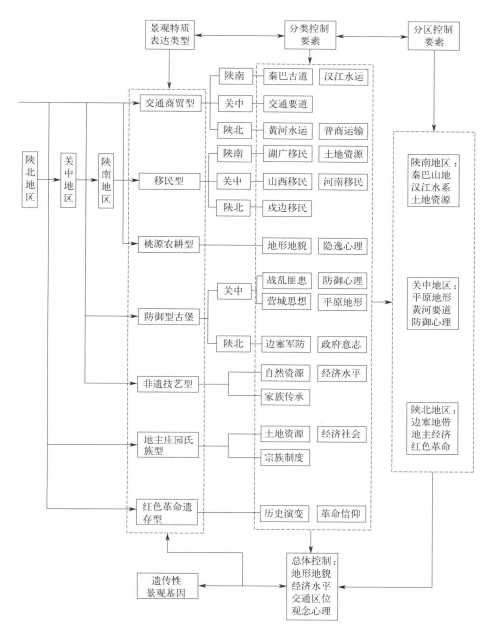

图 4-9　陕西传统乡村聚落景观特质形成与表达的总体控制机制

关社区等，皆是占据了有利的交通区位，最终形成有名的商贸通衢。而家族型的地主聚落、移民聚落，则通常对交通条件呈现排斥现象，往往将聚落选址在交通条件极为不便的深山沟壑、山头顶部等。陕北、陕南的多个传统乡村聚落，均表现出排斥交通便捷性的特征，选址在了极难到达的位置，呈现封闭发展的特征，如陕南的王庄村、高山村、磨坪村等，建于山顶，到达极不便利；陕北的贺一村党氏庄园、杨家沟马氏庄园等，皆建在深山沟壑之中，不易被外界发现。

4）观念心理：适应与整合的人为控制机制

人具有主观能动性，对自然环境等诸要素能作出适应性的反应，形成对应的思想、理念，进而产生不同的行为方式。风水观及堪舆思想，对传统乡村聚落景观基因的形成起到重要影响作用，我国古聚落普遍受到堪舆思想的影响。而对陕南移民而言，它们离乡背井来到异地谋求发展，往往形成两大心理：一是防御心理，二是同乡和乡愁心理。基于防御心理，陕南移民聚落多选址于高阜，以取得居高临下的防御优势，如湛家湾、长兴村、牛家阴坡村等，大多位于山顶或半山腰。此外，他们大多聚族而居，以形成防御的人数心理优势。而在同乡这一感情纽带作用下，移民们往往在异乡建设具有家乡特征的会馆等建筑，以便交流、聚会，里面同时还供奉家乡信仰的神话人物。因此，陕南有大量的湖广会馆、江西会馆，湖广会馆一般供奉大禹，江西会馆一般供奉许真君[300]，皆是移民文化的产物。同时，关中防御式古堡是基于关中人民对平原地形的防御心理和对古代营城思想的响应心理而形成；陕北地主庄园高筑寨墙，亦是地主守卫私有财产的防御心理所致。总体来看，不论是陕南的移民聚落、关中的古堡聚落，还是陕北的地主聚落，都具有较强的防御心理特征。

综上，景观基因与各级控制要素相互适应、相互协调，最终形成了七大类型、不同特征的陕西传统乡村聚落景观特质。同时，景观特质类型由陕南到关中再到陕北，呈现出由南到北逐渐增多的特征。

4.2 陕西传统乡村聚落景观基因组图谱构建

4.2.1 景观基因组图谱构建流程

（1）陕西传统乡村聚落景观基因组图谱构建的基础与必要性

刘沛林等的传统聚落景观基因组图谱研究涉及单个传统聚落和特定研究区两个层次，分别构建了单个传统聚落景观基因组的空间序列图谱、特定研究区内聚落的排列模式图谱和空间格局图谱三类图谱，并未构建传统聚落内的典型民居院落图谱。王兴中等则深入到地域文化景观各类型，将文化生态学的"斑点—廊道—基质"三个层次结构拓展到地域文化遗产景观基因图谱上，构建了地理风水文化和聚落文化遗产两大类景观基因图谱[152]，而其构建的聚落文化遗产图谱，主要用于单体传统聚落内地域文化遗产景观的复原再现及遗产性景观信息链的修复，但其并未探讨多个传统聚落和特定研究区层次的图谱构建；此外，其提出的"屋顶与吻兽"立体图谱中，"吻兽"一般位于"屋顶"，二者存在包含关系，显得重复。翟洲燕等则结合上述研究，以陕西传统村落为例，通过识别与提取传统村落文化遗产景观基因[153]，构建了遗传信息图谱、空间序列图谱、分布模式图谱和地理格局图谱四类传统村落文化遗产景观基因组图谱，用于单体传统聚落文化遗产景观的保护与再现及研究区域传统村落地域文化景观类型划分，其研究偏向于遗产性景观，虽构建了单个传统聚落的民居院落图谱，但并未对多聚落的民居院落模式进行提取[163]；同时，景观基因及其图谱，本身就是聚落景观稳定遗传的基因信息，无须再单独构建遗传信息图谱，且翟洲燕等构建的遗传信息图谱只进行了文字描述，并未进行图示表达[163]，不符合图谱"图示表达"的基本特征。总体来看，既有研究主要构建了传统聚落平面图谱，而立体图谱、院落模式图谱是学者们尚未涉及的部分。因此，既有研究所提出的传统聚落景观基因组图谱体系并不完整。

综上，开展陕西传统乡村聚落景观基因组图谱构建研究具有必要性和迫切性。首先，从既有研究来看，传统聚落景观基因研究还主要集中在全国层面，结合区域聚落景观特征开展的研究较少，并且尚无针对"窑洞聚落"这一特定景观的图谱构建研究。其次，从上述分析可以看出，既有研究所构建的图谱体系是存在一定缺陷的，它们对陕西传统乡村聚落景观，特别是窑洞聚落景观这一特定对象并不完全适用，尤其是对高度体现地域文化特征的民居"院落模式"图谱及其立体图谱，尚无相关研究。再次，窑洞聚落是陕西传统乡村聚落景观的重要组成部分，是当地地域文化的重要载体，它承载着陕西独特的民风、民俗等聚落景观基因信息。然而，随着城镇化的快速推进和经济社会的急速发展，窑洞聚落整体正在走向衰败，它们中的相当一部分面临废弃甚至消失的危机。例如，渭北地坑院几乎被全面填埋复垦，形势岌岌可危。因此，尽快研究提取其景观基因图谱信息，是对其进行抢救性保护研究的重要内容，也是后续进行传统乡村聚落景观基因变异性研究的重要基础。

（2）图谱构建的流程

陕西传统乡村聚落景观基因组图谱构建主要分为以下步骤。①图谱体系的建立。结合陕西传统乡村聚落景观基因组具体特征，建立相应完善的图谱体系。②在实地调研及获取资料基础上，识别提取各聚落景观基因，然后分别构建其平面图谱和立体图谱。③平面图谱的构建：首先构建单聚落的典型院落图谱和空间序列图谱，然后分析比对各聚落的典型院落图谱、空间序列图谱，进行模式提取，并划分类别，得出聚落景观基因组院落模式、排列模式图谱；最后基于研究对象的宏观地理空间分布，得出聚落景观基因组空间格局图谱。④立体图谱的构建：首先构建单聚落的典型院落立体图谱和山墙屋顶屋脸图谱，然后进行抽象、分类，构建多聚落的合院模式立体图谱和山墙屋顶屋脸模式图谱。⑤分析各景观基因组图谱的空间特征，并对图谱构建进行理论升华探讨，作为后续景观基因变异性等相关研究的基础。图谱构建均通过 ArcGIS、AutoCAD 与 Photoshop 等软件协同操作实现。

（3）适于陕西传统乡村聚落景观基因组的图谱体系建立

基于既有研究，结合陕西传统乡村聚落景观特征，本研究按照"单个传统乡村聚落＋多个传统乡村聚落＋特定研究区"三个层次，构建其"典型院落图谱、空间序列图谱、院落模式图谱、排列模式图谱和空间格局图谱"五种类型的平面图谱；按照"单个传统乡村聚落＋多个传统乡村聚落"两个层次，构建其"典型院落立体图谱、山墙屋顶屋脸图谱、合院模式立体图谱、关键立面模式图谱"四种类型的立体图谱（表 4-12 和表 4-13）。传统民居建筑是最具地域文化代表性的乡村聚落景观之一[243]，它具有独特的建筑风格、空间布局和院落模式特征，是构成乡村聚落景观基因组的物质主体。故本研究在平面图谱中增加单聚落的典型院落图谱和多聚落的院落模式图谱，与空间序列图谱、排列模式图谱和空间格局图谱形成良好互补。此外，立体图谱亦为本研究所提出的以传统民居院落为核心的新增图谱类型。平面图谱与立体图谱形成完整的图谱体系，更准确地表达陕西传统乡村聚落景观基因组从平面到立体、从微观到宏观的整体聚落景观意象。

首先，从平面图谱体系来看（表 4-12），本研究针对陕西传统乡村聚落景观构建了"三层次五类型"的较完整平面图谱体系。其中，单个传统乡村聚落图谱层次包括典型院落图谱和空间序列图谱，这两者是针对单个具体聚落而言的，"具象性"是其基本特征，图谱平面特征也更有细节且不甚规整，表达单体聚落景观特征。多个传统乡村聚落图谱层次包括院落模式图谱和排列模式图谱，这两者是抽象的，"抽象性"是其基本特征，图谱平面特征也更标准化、规整化，且能够准确表达聚落群系景观基因组空间组合的主要特征。对多个传统乡村聚落的典型院落图谱、空间序列图谱进行抽象、分类，并提取出具有稳定遗传特征的基本景观基因信息，分别得到院落模式图谱和排列模式图谱，前两者与后两者是具体与抽象、下层次与上层次图谱的关系，当然也存在一定的包含关系。而特定研究区层次则构建空间格局图谱，表达研究区内不同传统乡村聚落景观基因组的总体地理空间格局。

陕西传统乡村聚落景观基因组平面图谱体系构建　　　　　　表 4-12

图谱层次	图谱类型	表达(抽象)内容
单个传统乡村聚落	①典型院落图谱	单个聚落典型民居院落平面组合结构的图示表达
	②空间序列图谱	单个聚落历史文化景观空间布局结构的图示表达
多个传统乡村聚落	③院落模式图谱	对多个聚落民居院落平面组合模式提取的抽象图示表达
	④排列模式图谱	对多个聚落历史文化景观空间布局规律提取的抽象图示表达
特定研究区	⑤空间格局图谱	研究区内多个聚落历史文化景观基因组地理分布格局的图示表达

其次，从立体图谱体系来看（表 4-13），本研究针对陕西传统乡村聚落景观构建了"两层次四类型"的较完整立体图谱体系。立体图谱以传统民居院落为核心，故只构建单个传统乡村聚落和多个传统乡村聚落两个层次的图谱。其中，单个传统乡村聚落图谱层次，针对具体聚落的典型院落，构建典型院落立体图谱和屋顶山墙屋脸图谱；多个传统乡村聚落图谱层次，也是在前两者基础上进行抽象、分类，构建合院模式立体图谱与关键立面模式图谱，前两者与后两者也是具体与抽象、下层次图谱与上层次图谱的关系。

陕西传统乡村聚落景观基因组立体图谱体系构建　　　　　　表 4-13

图谱层次	图谱类型	表达(抽象)内容
单个传统乡村聚落	①典型院落立体图谱	单个聚落典型民居院落立体组合结构的图示表达
	②屋顶山墙屋脸图谱	单个聚落典型民居院落的山墙、屋顶(屋脊、吻兽、屋檐)、屋脸等关键立体信息的图示表达
多个传统乡村聚落	③合院模式立体图谱	对多个聚落民居院落立体组合模式提取的抽象图示表达
	④关键立面模式图谱	对多个聚落民居院落的山墙、屋顶、屋脸等关键立面信息组合模式提取的抽象图示表达

4.2.2　景观基因组图谱构建结果及特征解析

由于各种因素，陕南、陕北、关中传统乡村聚落呈现迥然不同的聚落景观特征。为了保持同一聚落景观类型的完整性，本研究将窑洞聚落单独列为一类聚落景观类型进行图谱构建。因此，基于上述景观基因组图谱体系及传统乡村聚落的不同景观特质，本研究按照陕南、关中（不含窑洞聚落）、窑洞聚落三大板块，构建陕西传统乡村聚落景观基因组图谱。

（1）陕南地区

1）陕南单聚落图谱的构建——以青木川村为例

青木川村基本情况及其景观基因识别结果见本书 4.1 节，此处不再赘述。按照上述图谱体系，首先构建青木川村平面图谱，包括典型院落图谱和空间序列图谱。综合分析青木川村景观基因识别结果，根据其民居院落的总体特征，确定魏氏宅院为其典型院落，构建其典型院落图谱（图 4-10）。

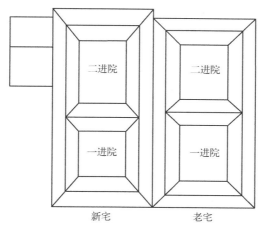

图 4-10　青木川村典型院落（魏氏宅院）图谱

青木川村典型院落图谱特征：魏氏宅院为民国时期名震陕南的青木川地方首领魏辅唐居住和办公的场所，始建于 1927 年，为多层双进双联排天井四合院。新、老宅院左右联排，都为前廊后厦式两进院落，四个天井组合形成"田"字格局，体现了陕南传统民居主要以天井为基本空间组成单位的特征。其中，老宅总体为中式格局，呈现外砖墙、内木质门窗的特征，第一进院落三层，第二进比第一进地势高出两米，因而只建一层；新宅第一进院落二层，采用外砖墙、内木质楼阁的中西结合形式，第二进院落三层，内外皆为砖墙，并呈现西式建筑特征；院内放置有防火的"太平池"，为陕南天井院民居的传统做法。魏氏宅院四院相依、院墙高筑、规模宏大、气势雄伟，具有较强的防御性，既体现出陕南、巴蜀传统民居的特征，又融合了中西民居建筑景观特征，是陕南规模最大、保存最完整的传统民居院落之一。

青木川村空间序列图谱特征：根据图谱（图 4-11）可知，青木川选址于山间河谷较为开阔的平地之上，背山面水，注重中国传统的风水形胜。聚落位于川陕甘三省交界地带，地理位置独特，自古商贸发达，巴蜀文化、秦陇文化、汉羌文化等在此交融。聚落总体格局上，呈"依山傍水、带形发展"的特征，并体现出"山地—耕地—聚落"的典型陕南河谷型传统聚落空间特征。

青木川新、老街隔金溪河相望。老街位于金溪河南侧，沿河布置，呈曲线型，仿"龙"造型，因曾建有回龙寺，故又称回龙场老街。老街始建于明成化年间，在民国魏辅唐把持青木川地方政权时期达到最大规模。乱世出枭雄，魏辅唐虽为土匪出身的草莽英雄，但较为开明，不仅在老街上兴建荣盛魁（旱船屋）、唐世盛（洋房子）、荣盛昌等民宅、商业建筑，使青木川商贾云集、店铺林立，还兴办辅仁中学等西式学堂，资助孩童去外地求学，并把电话、钢琴等当时西方文明带入山中，促进中西文化融合[301]。魏辅唐还制定了多项宽松的地方政策，建立武装，统治一方，使青木川俨然为"独立王国""世外

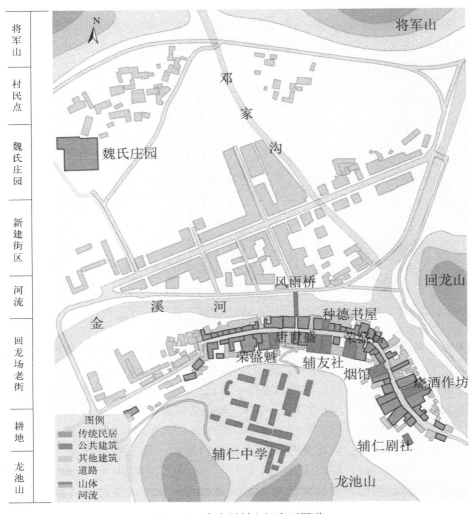

图 4-11　青木川村空间序列图谱

桃源"，地方经济得以发展，繁荣一时，成就了一段传奇。

　　本研究在构建平面图谱基础上，进一步构建青木川村立体图谱（表 4-14），包括典型院落立体图谱及屋顶山墙屋脸图谱。前述研究已确定魏氏宅院为青木川村典型院落，并构建了其平面图谱，因而继续构建魏氏宅院立体图谱，作为青木川村典型院落立体图谱。

青木川村典型院落立体图谱　　　　　　　　　　　　　　　　　　　　表 4-14

图谱名称	图谱图解
典型院落立体图谱	魏氏宅院

图谱名称	图谱图解
屋顶山墙屋脸图谱	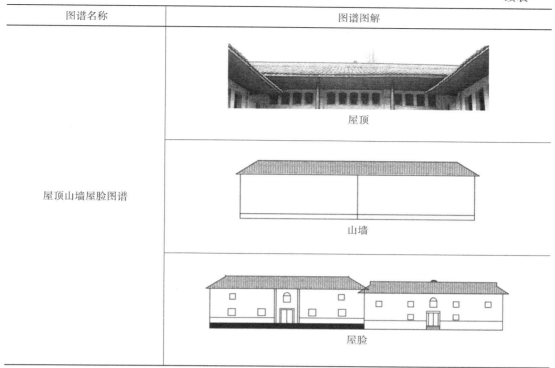 屋顶 山墙 屋脸

青木川村典型院落立体图谱特征：魏氏宅院四个天井院组合形成"田"字形的空间格局，既强调了陕南传统民居主要以天井为基本构成单位的特征，又突出防御特征，院内有饮水、消防设施，院外有壕沟，院落组团整体高大威严，易守难攻。院落山墙呈"口"字形，天井四边屋顶每边都为双面坡屋顶，外侧屋顶呈梯形，内侧屋顶呈倒梯形，四边屋顶连接，形成"四水归堂"的格局；屋脸也呈方形，为陕南典型民运型传统民居屋脸，新、旧院各仅开一道大门，同时设置多个瞭望窗，进一步凸显防御特征。

2）陕南多聚落图谱的构建

上述研究以陕南典型的传统乡村聚落——青木川村为例，探讨了陕南单聚落景观基因组图谱的构建。按照同样的方法，对陕南 22 个国家级传统村落进行图谱构建研究，并按照类型学的基本原理，对它们进行抽象、分类提取，进而构建陕南多聚落景观基因组图谱。首先构建陕南多聚落的平面图谱，构建结果及具体特征解析如表 4-15 所示。

陕南传统乡村聚落景观基因组院落模式图谱特征：从院落模式图谱构建结果来看（表 4-15），陕南传统乡村聚落主要有天井四合院、"L"形院、"一"字排院三种院落模式。其中，天井四合院是陕南形制等级较高的民居院落模式，也是陕南传统乡村聚落景观基因稳定遗传的基本院落组成单位，多为封建时代的地主、商人等富户采用。形态上，天井四合院有的为正方形，有的趋近长方形，有的大，有的小，由主人不同的经济实力而呈现出不同的形态；功能上，天井四合院又可分为普通住宅、店居式[218]（前店后院）住宅等。"一"字排院则是陕南数量最多的普通传统民居院落模式，多为农民等穷苦人家采用。

从空间组合特征看来，陕南传统乡村聚落中往往多种院落模式共存，几乎没有一个聚落由单一院落模式构成。从空间分异特征来看，天井四合院存在一定的地域分异规律，即：陕南西部汉中地区传统聚落多为巴蜀穿斗式天井四合院，而陕南东部的安康、商洛地区传统聚落多为徽派封火墙式天井院，从西到东体现出巴蜀文化和移民文化对陕南地区的影响。而"L"形院、"一"字排院没有明显的空间分异特征。

陕南传统乡村聚落景观基因组院落模式图谱　　　　　　　表 4-15

院落模式	模式图解	典型案例	模式特征解析
天井四合院		双桥村老屋场、前河村喻家院子、高山村高家院子、中山村郭家老院等	天井院落是陕南传统民居的主要模式，其四面屋顶相连形成"四水归堂"的格局，有的单个天井独立成院，也有的多个天井连排或叠拼形成院落组团，形式多样，为陕南形制等级较高的民居院落模式
"L"形院		长兴村、天宝村、万福村等村的部分院落	"L"形院为半围合的院落形态，是"合院"向"排院"过渡的形式，多为泥黄色土夯外墙、黑瓦屋顶或石板屋顶，往往为单户人家选址坡地平缓处修筑而成，在秦巴山区分布广泛
"一"字排院		王庄村、高山村、磨坪村等村的部分院落	"一"字排院是完全开敞的院落形态，既无内部庭院，也无外部院墙，为简单的房间并排式院落，也多为泥黄色土夯外墙、黑瓦屋顶或石板屋顶，为陕南数量最多的普通传统民居院落模式

附注：陕南传统乡村聚落景观基因组院落模式图谱构建时参考并融入了王军著《西北民居》[292] 及闫杰等[217-219,302] 关于陕南民居研究的部分观点。

陕南传统乡村聚落景观基因组排列模式图谱特征：从排列模式图谱构建结果（表 4-16）来看，陕南传统乡村聚落主要有带枝式、院落组团式、棋盘街坊式、自由式四种排列模式，且无特殊空间分异规律。其中，带枝式是最主要的排列模式。陕南地区多为山地、谷地，平地有限，传统聚落往往选址于河谷、沟谷等谷地小平地及山体的坡脚缓平地带，多沿河流或沟谷呈带形发展，并随着山体走势枝状延伸，形成"带形为主、枝状延伸"的带枝式排列模式。此类聚落往往为沿江沿河发展的商贸型聚落，规模一般较大，交通区位、商贸地位重要。此外，陕南有的带枝式传统聚落甚至融入了"仿生"的造型设计，如长岭村仿"熨斗"型、凤镇村仿"凤凰"型等。在陕南山地多、平地少的地形地貌条件限制下，部分聚落往半山腰甚至山顶发展，以获取更有利的防御优势，形成紧凑而规模较小的院落组团聚落。此类聚落多是家族式聚居的移民聚落。如，湛家湾村，湛氏子孙在一处山体的半山腰建成了上湾、中湾、下湾三个组团阶梯发展的格局；磨坪村则在半山腰的缓坡地带呈一小组团遗世而居，自给自足，旧貌依然。而棋盘街坊式是陕南数量最少的传统聚落排列模式，仅见汉中城固县乐丰村。自由式排列则无特殊规律，陕南有一定数量的传统聚落为自由式排列。

陕南传统乡村聚落景观基因组排列模式图谱　　　　　表 4-16

排列模式	模式图解	典型案例	案例特征解析
带枝式			安康市石泉县熨斗镇长岭村,在富水河南岸呈带形发展,形似"曲尺",状似"月牙",又名"熨斗古镇",以陕南独有的"吊脚楼"民居著称,是清代秦巴山区重要的商贸集镇和水运码头
院落组团式			汉中市留坝县江口镇磨坪村,在半山腰一块缓平地带呈组团式发展,村后山体围合,房前耕地阵列,位居群山沟谷之中,俨然一幅世外桃源景象,是褒斜古栈道上的典型聚落遗存
棋盘街坊式			汉中市城固县上元观镇乐丰村,始建于明天启年间,位居汉中平原腹地,为棋盘式"古堡"格局,东西南北四条大街布局整齐,城外有护城河,是陕南保存最好的平原型古堡聚落
自由式			安康市汉滨区双龙镇天宝村,坐落在群山沟谷之间,沿着山势呈散状自由式发展,无特殊规律

　　在构建陕南多聚落平面图谱基础上,进一步构建陕南多聚落的立体图谱,构建结果(表 4-17)及具体特征解析如下。

陕南传统乡村聚落景观基因组立体图谱　　　　　　　　　　　表 4-17

名称	模式图解	基本特征解析
合院模式立体图谱	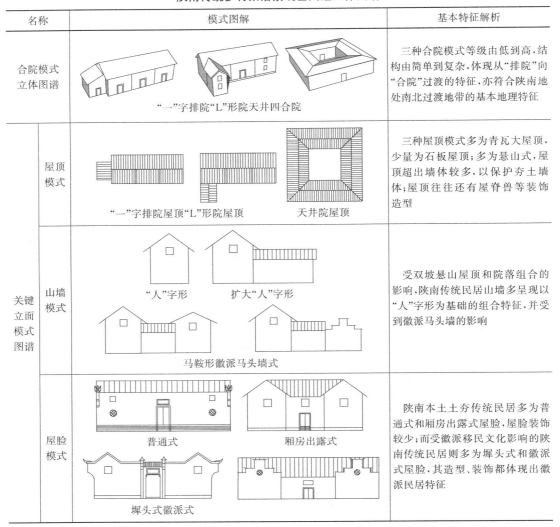 "一"字排院 "L"形院 天井四合院	三种合院模式等级由低到高,结构由简单到复杂,体现从"排院"向"合院"过渡的特征,亦符合陕南地处南北过渡地带的基本地理特征
关键立面模式图谱 屋顶模式	"一"字排院屋顶 "L"形院屋顶　　天井院屋顶	三种屋顶模式多为青瓦大屋顶,少量为石板屋顶;多为悬山式,屋顶超出墙体较多,以保护夯土墙体;屋顶往往还有屋脊兽等装饰造型
山墙模式	"人"字形　　扩大"人"字形 马鞍形徽派马头墙式	受双坡悬山屋顶和院落组合的影响,陕南传统民居山墙多呈现以"人"字形为基础的组合特征,并受到徽派马头墙的影响
屋脸模式	普通式　　厢房出露式 墀头式徽派式	陕南本土土夯传统民居多为普通式和厢房出露式屋脸,屋脸装饰较少;而受徽派移民文化影响的陕南传统民居则多为墀头式和徽派式屋脸,其造型、装饰都体现出徽派民居特征

　　陕南传统乡村聚落景观基因组立体图谱特征:三种基本的合院模式,对应三种基本的屋顶模式及四种主要的山墙模式、屋脸模式。天井四合院,是陕南传统民居中最重要的合院类型,它既包含陕南西部融合巴蜀文化特征的天井四合院,又包含陕南东部融合移民文化特征的徽派天井四合院,合院模式图谱体现出一定的空间分异性。从关键立面模式图谱来讲,陕南传统民居在屋顶造型上较为一般,仅有少量天井四合院的正屋有较为精致的屋脊造型。而山墙造型上,则以"人"字形为基础组合变换,逐步体现徽派移民文化的影响。屋脸造型主要分为普通式、厢房出露式和受徽派民居文化影响的墀头式、徽派式四种。普通式陕南传统民居屋脸,多为黄土或青砖饰面,没有特殊造型或装饰;而没有门房的四合院或三合院,厢房的山墙出露为屋脸的正面,成为一种较为典型的屋脸模式。而墀头式屋脸正中大门处往往有非常精致的墀头造型,其上常雕刻有飞檐走兽等饰物,下部有的有砖雕影壁等装饰,有的则配有彩画;徽派式则包含了马头墙等徽派民居元素。关键立面模式图谱没有特殊空间分异规律。

（2）关中地区（不含窑洞聚落）

按照前述研究，继续构建关中传统乡村聚落（不含窑洞聚落）景观基因组图谱。本研究将关中地区 45 个国家级传统村落中具有窑洞民居特征的白社村等 9 个村落纳入窑洞聚落构建图谱，此部分研究只针对除开窑洞聚落的 36 个关中传统乡村聚落构建相应图谱。首先，以关中较为典型的传统聚落——孙塬村为例，构建单个聚落的平面图谱和立体图谱。

1）关中单聚落图谱的构建——以孙塬村为例

孙塬村位于陕西省铜川市耀州区东北部的旱塬上，是我国唐代的伟大医药学家、养生学家、药王孙思邈的故里，是陕西渭北地区的经济、旅游、文化重镇。孙塬村历史悠久、名胜古迹众多，有药王山石刻、药王墓、药王祠、药王幼读遗址、孙塬戏楼、明清古民居等多处文化遗存。其中，药王山石刻为全国重点文物保护单位、药王墓、药王祠为陕西省重点文物保护单位。此外，非物质文化遗产方面，药王山庙会为国家级非物质文化遗产，有"关中第一庙会"之称，孙塬秧歌《十对花》为铜川市级非物质文化遗产。孙塬村是陕西省为数不多的同时拥有"国保单位"和国家级非物质文化遗产的传统乡村聚落，文化底蕴深厚，药王养生文化景观特色突出，在关中地区特别是渭北地区较为典型。孙塬村景观基因识别结果详见本书 4.1 节。在此基础上，本研究首先构建其平面图谱，包括典型院落图谱（图 4-12）和空间序列图谱（图 4-13）。

图 4-12　孙塬村典型院落（李日红宅院）图谱

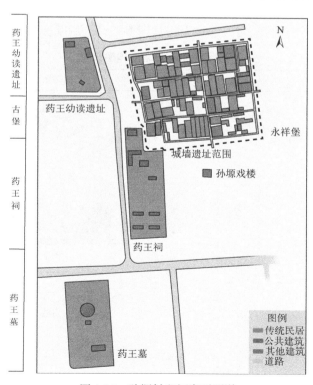

图 4-13　孙塬村空间序列图谱

　　孙塬村典型院落图谱特征：孙塬村李日红宅院为铜川市耀州区区级文物保护单位，大约建于清代中后期，位于村古堡的中心位置。院落采用"三进三开门"的形式，由门房、上房、后院及沿着天井对称分布的东西厢房构成；上房为两层阁楼式，较门房高出半层；东西厢房为向天井内倾斜的单向坡屋顶，为关中"房子半边盖"的传统做法。整个院落呈狭长封闭的四合院格局，是典型的关中窄院式布局模式，体现出浓郁的关中传统民居风情。

　　孙塬村空间序列图谱特征：孙思邈及其代表作《急备千金要方》是中国传统医学发展史上的一座丰碑，具有世界影响力。孙塬村作为药王孙思邈的故里，历时千余年的发展演变，其空间序列体现出厚重的历史发展轨迹：既有建于隋唐时期的药王墓、药王幼读遗址、药王出生地老堡子，又有始建于宋代的药王祠，也有建于明清时期的永祥古堡。永祥古堡外，是绵延千年的药王文化遗存，蕴含着深厚的药王养生文化，体现出时空交错的独特文化景观特征；永祥古堡内，"一纵五横"的关中明清古民居群格局依然清晰，48个传统院落、24个现代院落矗立其中，体现出独特的关中风情。可见，孙塬村是历史名人文化遗存景观与传统村落景观相结合的传统乡村聚落，总体空间格局上呈现出"一堡多遗迹"的特征，并体现出关中传统乡村聚落大多建有防御式古堡的基本特征。

　　孙塬村典型院落立体图谱特征：李日红宅院作为耀州区级文物保护单位，是孙塬村具有代表性的明清古民居，保存也较好。该院落保持了关中传统民居由上、下房加厢房围合而成的四合院的基本格局。从其立体图谱特征来看，屋顶传承了关中传统民居门房、上房为双坡屋顶、厢房一般为单坡屋顶的做法；山墙体现出马鞍造型；屋脸也是关中传统的倒座门房屋脸（表4-18）。但与典型的关中传统民居院落相比，该院落在屋脸两侧没有精致的墀头造型，上房高出门房较多，并在上房北侧多了一进后院。

孙塬村典型院落立体图谱 表4-18

图谱名称	图谱图解
典型院落立体图谱	 李日红宅院
屋顶山墙屋脸图谱	 屋顶 山墙 屋脸

2）关中多聚落图谱的构建

对不包含窑洞聚落在内的 36 个关中传统乡村聚落进行上述相应研究，提取构建关中多聚落的平面图谱及立体图谱，构建结果及解析具体如表 4-19 所示。

关中传统乡村聚落（不含窑洞聚落）景观基因组院落模式图谱　　　　　表 4-19

院落模式	模式图解	典型案例	模式特征解析
窄院式四合院	上房 厢房　天井　厢房 门房	孙塬村、南长益村、清水村等村落的主要院落	院落狭长封闭，防御性显著；外墙坚固，多为砖墙或夯土墙，内墙多为木质门窗；上下房一般为双坡屋顶，厢房一般为单坡屋顶；上房一般迎客供祖，厢房、门房（下房）多为居住、储存功能

关中传统乡村聚落（不含窑洞聚落）景观基因组院落模式图谱特征：对关中多个传统聚落的典型院落进行分析研究，提取出关中传统乡村聚落具有典型性和稳定基因遗传性的基本院落模式为：窄院式四合院。窄院式四合院狭长封闭，突出防御，其最独特之处在于厢房的内倾斜单面坡屋顶的做法，关中素有“房子半边盖”之说，指的就是这一典型特征。单坡厢房，是晋陕窄院区别于我国北方其他地区四合院的独特标志，也成为研究窑洞聚落和关中窄院的重要景观基因要素。关中地区大部分传统民居采用单坡厢房式的窄院模式，而韩城地区受北京四合院文化的影响，当地不少院落采用双坡厢房的做法，称为“仿北京式”四合院，如韩城的党家村、柳村等聚落的部分院落。

关中传统乡村聚落（不含窑洞聚落）景观基因组排列模式图谱特征：从排列模式图谱来看（表 4-20），关中传统乡村聚落主要分为四种排列模式：村堡一体式、村堡分离式、带枝式、自由式。其中，村堡一体式，是关中传统乡村聚落最主要的排列模式。出于防治匪患等综合原因，位于平原上、无险可守的关中传统乡村聚落大多建有土城墙，形成防御式古堡，且其平面形态一般都比较规整。特别是关中东部的韩城地区，明清时期经济文化发达，大家世族较多，至今仍保存有大大小小上百个古堡。比较典型、保存比较完整的关中古堡，如渭南蒲城县的陶池村、山西村等，它们的城墙依然完整，平面形态也呈现出比较规整的方形形制。此外，大荔县大寨村三堡鼎立，凸显出关中防御式古堡的规模和气势。村堡分离式则是村堡一体式的演化形式，渭北靠近山区或有高塬、山体、沟壑、河流等有利防御的地形可用的传统村落，往往形成村堡分离的形态，即村民平时主要在平地上的村落耕种、居住，避难时才逃往位居防御要地的古堡之内。此类防御型古堡具有临时使用的性质，往往距村落有一定距离，平面形态也不甚规整，并且多呈现一村多堡的格局。关中地区比较典型的村堡分离传统聚落有韩城的薛村、清水村、大荔县东高垣村等。

关中传统乡村聚落（不含窑洞聚落）景观基因组排列模式图谱　　　表 4-20

排列模式	模式图解	典型案例	案例特征解析
村堡一体式 （类似陕南的棋盘街坊式）			渭南市蒲城县陶池村，始建于明代的方形城墙依然完整，其外有护城河遗址，内有关中传统民居，地下还有复杂的地道等防御工事
村堡分离式			渭南市韩城市薛村，建于元末明初，临黄河滩的平地之上为老村，其西南角的塬上建有东、中、西三个寨子，即当地有名的"薛村三砦"，呈现村寨分离、一村多寨的防御型村落格局
带枝式			渭南市韩城市党家村，位于泌水河沟道北侧，主体呈带形主街、枝状延伸的发展格局，是关中地区保存最好的古村落之一，有"民居瑰宝"之称
自由式			渭南市合阳县杨家坡村，相传为杨家将后裔聚落，聚落依坡建村，形态上无特殊规律

　　其次，带枝式排列模式在关中地区也有一定数量的传统聚落采用，比较典型的有党家村、立地坡村、王峰村等。关中平原上的带枝式聚落往往沿着交通干线、交通要道呈现带状发展、枝状延伸的特征，而秦岭北麓山区或渭北黄土沟壑地带的带枝式聚落，仍多沿沟谷、河谷发展，与陕南、陕北的带枝式聚落类似。自由式则是关中地区数量最少的排列模式，仅见杨家坡村、笃祜村等少数村落。

　　关中传统乡村聚落（不含窑洞聚落）景观基因组立体图谱特征（表 4-21）：本研究给出的关中窄院式四合院立体图谱是其标准模式。横贯关中东西，关中传统民居在细节上有多种变化，但窄院式四合院始终是关中地区传统民居的最经典、最基本模式。狭长封闭，是其基本特征，与陕北窑洞院落宽展型的做法，完全不同。究其原因，一方面是为了适应北方干燥的气候，藏风聚气；另一方面是出于防卫的考虑。从关键立面图谱特征来看，虽同为四合院，关中窄院四合院屋顶与陕南天井院屋顶做法略有不同，其四面屋顶没有连成一个整体，而是各自独立。厢房单坡屋顶，也就是俗称的"房子半边盖"，是关中窄院四合院的经典标志。这一方面能够让雨水回流入院中天井，有"肥水不流外人田"之寓意，另一方面，增加了外墙高度，更有利于防盗。关中传统民居注重屋脊装饰，屋脊上往往有高大的吻兽、花鸟等造型，比较著名的有关中东部的莲花屋脊，象征花开富贵。窄院山墙为"丛"字式造型，富有韵律感。窄院屋脸的墀头、入户门楼等比较有讲究：墀头做法考究，上面一般雕刻有各种祥瑞动物；门楼一般在最右侧，也有大户人家中间开门。关中比较典型的入院门楼如韩城地区的走马门楼，由上马石、拴马桩、题字门楣等构成，高大威武，书香气息浓厚。

关中传统乡村聚落（不含窑洞聚落）景观基因组立体图谱　　　表 4-21

名称		模式图解	基本特征解析
合院模式 立体图谱		 窄院式四合院	狭长封闭是其最基本特征；门房两侧的墀头凸显地域特色，门房、上房高大威武，厢房向内倾斜增加了外墙高度，突出防御
关键 立面 模式 图谱	屋顶 模式		上下房双坡、厢房单坡屋顶，单双坡屋顶结合独具特色；上下房屋脊格外讲究，其上往往有高大的屋脊兽、花鸟等造型；单坡厢房是其典型标志
	山墙 模式	 "丛"字式山墙	单坡厢房使得院落的山墙呈现高低起伏的韵律节奏，院落狭长的纵深又使其横向无限延伸
	屋脸 模式	 墀头式砖墙木门屋脸	墀头—砖墙—大屋顶，是窄院屋脸的基本构成；屋脸两侧的墀头造型，一般非常精致；一般为右侧开门入院，出了官员或大人物的人家居中开门

（3）窑洞聚落（陕北地区）

窑洞聚落无疑是陕西传统聚落中最具地域特色的聚落类型。陕北地区共计入选 46 个国家级传统村落，全部为窑洞聚落，加上关中渭北地区的 9 个窑洞聚落，共计 55 个窑洞聚落。本研究针对这 55 个窑洞聚落，构建这一独特聚落类型的景观基因组图谱。

1）单聚落图谱的构建——以杨家沟窑洞聚落为例

从分布在陕西渭北至陕北广阔区域里的 55 个窑洞聚落中，本研究选取陕北地区最为典型、最具地域特色的窑洞聚落——陕西省榆林市米脂县杨家沟村为例，构建单个窑洞聚落包括典型院落图谱、空间序列图谱在内的平面图谱及其立体图谱。

从实地调研及相关资料可以看出，杨家沟窑洞民居院落形式较为丰富，多孔联排式院落、窑洞式四合院、薄壳式[303] 窑洞都有。通过综合分析杨家沟窑洞传统民居特征，按照传统聚落图谱构建的"总体优势性"原则[243]，厢窑式四合院占杨家沟窑洞民居数量的最大比例，故选其典型代表——"十二月会议"旧址，构建杨家沟窑洞聚落典型院落图谱（图 4-14）。"十二月会议"旧址为马氏正院（旧院），建于晚清时期，至今保存完整，为靠崖式砖石箍窑。1947 年 12 月 25 日至 28 日，中共中央在这里召开了著名的"十二月会议"。

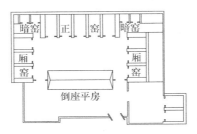

图 4-14　杨家沟窑洞聚落典型院落图谱

杨家沟窑洞聚落典型院落图谱特征：该院落为杨家沟最典型的"明五暗四六厢窑，倒座厦房垂花门"[234] 两进式四合院。院落整体大致坐北朝南，五孔正窑面南而居，东西两侧各三孔厢窑相向布置；院落中间一排三间硬山坡屋顶青瓦平房朝北倒座，与五孔正窑相向而立，平房两侧各一个圆形过门（称为"垂花门"或"圆月门"），与外面院墙构成两进院落；五孔正窑两侧各两孔暗窑，暗窑、正窑、厢窑结合处围合成两个对称"耳形"暗院。该院落融合了四合院、窑洞、平房等多种民居景观基因，是陕北最为典型的窑洞民居院落之一。

杨家沟窑洞聚落空间序列图谱特征：杨家沟窑洞聚落传承了陕北窑洞民居聚落靠山而居、沿山而布的基本特征，与黄土沟壑融为一体，成为山体的延续，其选址、理水、削崖都呈现出独特性[291]。杨家沟窑洞聚落景观基因组总体空间布局特征为：扶风寨山体走势为西北至东南向，山体外围修筑了防御的寨墙、炮台等设施；马氏地主庄园院落总体位于扶风寨山体东南的阳面上，依山就势，建于半山腰至山顶，普通村民院落则位于沟底位置；黑虎灵官庙、娘娘庙等主体性公共建筑位于周围山头的半山腰或者山顶，戏台、牌楼、古井、古桥等历史文化元素则位于沟底的路边，为陕北黄土沟壑区聚落的典型布局模式；周围三条沟（崖碯沟、水燕沟、小河沟）、三座山（寨子圪垯、观山梁、阳圳山）对扶风寨呈拱卫之势，洞水环绕，呈现出"上寨下村、村寨结合、三沟环绕"的总体空间序列特征（图 4-15）。

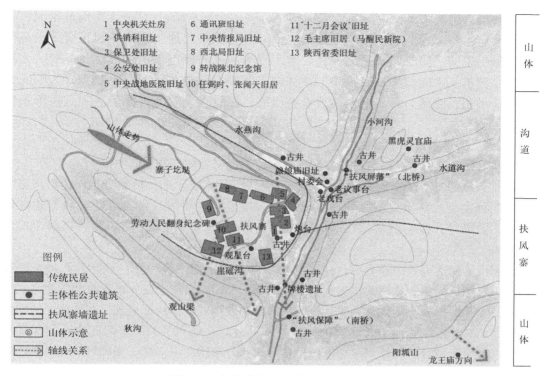

图 4-15　杨家沟窑洞聚落空间序列图谱

杨家沟窑洞聚落典型院落立体图谱　　　　　　　　　　表 4-22

图谱名称	图谱图解
典型院落立体图谱	
	"十二月会议"旧址
屋顶山墙屋脸图谱	屋顶 （无山墙） 山墙
	屋脸

杨家沟窑洞聚落典型院落立体图谱特征（表 4-22）："十二月会议"旧址窑洞、房屋均为一层建筑，且几乎在同一个平面之上，与其他陕北地主窑洞庄园正窑一般高于厢窑的做法不同。同时，该院第一进院落主要为围墙与倒座平房构成，与一般陕北地主窑洞庄园第一进院落为精致平房的模式略有不同。该院落屋顶为平屋顶，为陕北窑洞的传统做法；院落为靠山窑洞，故没有山墙；屋脸也为陕北传统的嵌入式拱形木门窗窑洞屋脸。

2）窑洞聚落多聚落图谱的构建

按照前述研究方法，继续构建窑洞聚落多聚落的平面图谱和立体图谱。

在所选取的每一个窑洞聚落构建的典型院落图谱基础上进行抽象分类，提取出窑洞聚落的四种主要院落模式图谱：地坑院式窑洞四合院，厢房式窑洞合院，厢窑式窑洞合院，多孔联排式窑洞院落，然后对每一种院落模式进行相应的图解和特征解析，详见表 4-23。

窑洞聚落院落模式图谱具有区别于其他聚落类型图谱的典型性、独特性和特定性特征，其主要特征为：①从渭北地坑院到渭北北部的厢房式窑洞合院，再到陕北的厢窑式窑洞合院及多孔联排式窑洞院落，院落模式从南到北的地域分异特征显著。在陕西，地坑院多见于渭北黄土塬区；而渭北北部的厢房式窑洞合院，受到了关中窄院四合院的深度影响，呈现出房窑结合的特征，这一区域呈东西线状分布的程家川村、张峰村、尧头村，为典型的厢房式窑洞聚落，并且这些聚落内同时分布着关中窄院和厢房式窑洞合院，呈现出明显的过渡性和分异性；随着渭北向陕北过渡，纬度、海拔逐渐升高，黄土层变厚，地貌变得沟壑纵横，窑洞聚落的院落形态也从地坑院、厢房式窑洞合院过渡到厢窑式窑洞合院。②厢房式和厢窑式窑洞合院的共同特征在于两者正房都是窑洞，但前者正房一般为一孔或三孔窑，而后者的正房一般为五孔窑；两者区别在于"厢房"，前者"厢房"为平房，后者"厢房"也为窑洞。陕北米脂马氏、姜氏、常氏三大地主庄园[288] 主要院落的正院都不约而同地采用厢窑式窑洞四合院，足见其为陕北窑洞民居院落的最典型模式。③多孔联排式窑洞院落为数量最多的陕北传统窑洞民居院落模式，也有少量地主庄园采用此种院落模式，如绥德县贺一村党氏庄园。④地坑院、厢房式窑洞合院，一般为单进院落，而厢窑式窑洞合院常为多进院落；地坑院一般为四合院，而厢房式和厢窑式窑洞合院多为四合院，也有少量三合院；多孔联排式窑洞院落一般为单排或者多排院落。⑤窑洞的造型、装饰也呈现出一定的分异特征。譬如，同样是独立箍窑，渭北的青砖箍窑窑脸较矮，通常用砖墙门窗填充拱形窑脸，顶部覆土也较薄，一般没有挑檐等装饰（如尧头村）；过渡到陕北的砖石箍窑，窑脸变得高大起来，通常用嵌入式木门窗填充拱形窑脸，顶部覆土也变厚，一般有比较精致的挑檐，甚至有明柱抱厦等装饰构件（如泥河沟村、峪口村等）。但也有例外，如位于陕北腹地的子长市安定村，经过千年演变，其民居院落不是陕北典型的砖石箍窑，而是接近渭北地区的青砖箍窑，作为其典型院落的史家楼院，为厢房式窑洞合院，并非陕北典型的厢窑式窑洞合院。⑥窑洞院落注重主体院落建设，不注重院内外造园造景。除了渭北地坑院偏好在院落中间种一棵高大的灌木外，北方园林中常见的楼阁、馆、斋、舫、亭等要素[304] 和花木造景等在窑洞院落中鲜见，这与陕北地区干燥的自然环境、经济水平等诸多因素有关。

窑洞聚落景观基因组院落模式图谱及解析　　　　表 4-23

院落模式	模式图解	典型案例	模式特征解析
地坑院式窑洞四合院		咸阳市三原县柏社村、永寿县等驾坡村	院落平面低于地平面,为下沉式院落,四面皆由窑洞围合而成,一般为单进院落,常见于渭北黄土塬区
厢房式窑洞合院		咸阳市彬州市程家川村、延安市黄龙县张峰村、渭南市澄县尧头村等	院落正房为窑洞,厢房一般为内倾斜式单面坡平房,一般无倒座房屋,有门楼,多为单进院落及四合院,少量为三合院,常见于渭北向陕北黄土沟壑区过渡的区域
厢窑式窑洞合院		榆林市米脂县马氏庄园、姜氏庄园、常氏庄园等	院落正房、厢房皆为窑洞,单边厢窑或双边厢窑,正对正房一般有倒座平房或倒座窑,一般有暗窑,多为四合院,少量为三合院,为陕北窑洞民居的典型院落模式,常见于该区域的地主庄园
多孔联排式窑洞院落		榆林市米脂县岳家岔村、绥德县贺一村等	通常 3 至 10 孔(或更多)窑洞联排形成一个单排院落,还可以顺山势退台形成多排院落,为数量最多的陕北传统窑洞民居院落模式

窑洞聚落景观基因组排列模式图谱及解析　　　　表 4-24

排列模式	模式图解	典型案例	案例特征解析
带枝式			佳县沙坪村沿东西走向沟道呈带形布置,民居建筑多在沟道北侧朝南布置

续表

排列模式	模式图解	典型案例	案例特征解析
向心式			米脂县岳家岔村窑洞民居建筑沿相交汇的几个山头向心布置,负阴抱阳,多位于朝南向的优势位置
环山式			彬州市程家川村的窑洞民居沿独堆山在朝南的面上呈环山布置,而相近的山头却几乎没有民居院落分布
沿轴排列式			黄河西岸的佳县木头峪村,窑洞民居传承北方民居院落的典型布置形式,呈轴线排列
自由点缀式			三原县柏社村的地坑院,各院毫无联系,呈自由点缀式布置

附注:圆环状线条为山体抽象,山顶的方形为寺、庙等公共建筑的位置示意。

对所选取的每一个窑洞聚落构建空间序列图谱,并在此基础上进行抽象分类,提取出窑洞聚落的主要排列模式图谱。按照文化生态学的普遍观点,自然环境诸要素对文化景观的形成起到了重要作用[248]。窑洞聚落的排列模式,从本质上讲,就是窑洞民居、主体性公共建筑等景观基因组与沟、塬、梁、峁等地形地貌的组合模式。因此,本研究在窑洞聚落排列模式中融入了地形地貌因素，主要因为：黄土沟壑区的沟、塬、梁、峁等地形地貌是窑洞聚落的依附对象和产生的环境基础，二者是相伴相生的，不能剥离；地形地貌因素对窑洞聚落排列模式的形成起到重要作用，并成为窑洞聚落景观基因组的一部分，特别是对靠崖窑和地坑院而言，"窑洞就是山体的一部分"。基于上述考虑，窑洞聚落主要分为五种排列模式：带枝式、向心式、环山式、沿轴排列式、自由点缀式。表 4-24 对窑洞聚落五种排列模式进行了详细图解和特征解析。

从窑洞聚落排列模式图谱来看，主要有以下特征：①由于窑洞聚落的特殊性和典型性，在排列模式中融入了地形地貌因素，有别于其他聚落类型的景观基因组排列模式。②五种排列模式的地域分异特征并不明显，但由于窑洞聚落主要分布于沟、塬、梁、峁等特殊地形地貌环境中，故以带枝式、向心式、环山式为主要排列模式。带枝式窑洞聚落多分布于黄土梁与梁、梁与沟之间的东西走向沟道中，也有少量分布在南北走向或斜向沟道中，以带形发展为主，并多伴随树枝式枝状延伸；向心式较为常见，窑洞民居建筑沿相交汇的几条沟壑向心布置，交汇点往往成为布置中心，与其他类型聚落多以宗族祠堂、戏台等为中心布置不同；环山式则是向心式的演化形式，由于多种原因，窑洞民居在一个山头朝南的面上聚集，周围的山头则几乎没有民居分布。③沿轴排列式为黄河或其他水系冲击川道或塬上的砖石箍窑聚落以及个别地坑院落的排列模式，类似于北方平原地区的四合院组合，一般具有悠久历史发展轨迹的窑洞聚落采用此种排列模式。但由于窑洞聚落主要位于黄土沟壑区，故沿轴排列模式较少。④自由点缀式为部分地坑院和部分黄土沟壑区窑洞聚落的排列模式，在传统聚落中较少，无特殊规律。⑤地形地貌难以人工改变的区域，通常为前三种排列模式；地形地貌容易改造的区域，如平地、塬上的窑洞聚落，多为沿轴式排列。

窑洞聚落景观基因组立体图谱特征（表 4-25）：合院与排院，是窑洞聚落的基本院落模式，也是陕西传统乡村聚落主要的院落模式。从经济性与复杂程度上讲，排院较为简单，合院更为精致。因此，多孔联排式窑洞院落数量最多，而厢窑式窑洞合院规格最高，是陕北地主庄园热衷的院落模式。从关键立面特征来看，窑洞院落山墙、屋顶都不具备典型民居景观特征，靠崖窑等甚至没有屋顶、山墙。而窑洞院落最具地域文化特征的关键立面为窑脸，它具备一定的地理分异规律：从渭北东部澄城、蒲城、白水一带偏好的青砖箍窑小拱窑脸，到渭北西部的咸阳北部各县地坑院砖墙门窗圆拱窑脸，到渭北北部房窑结合

<table>
<tr><td colspan="3" align="center">窑洞聚落景观基因组立体图谱　　　　　　　　　　表 4-25</td></tr>
<tr><td>名称</td><td>模式图解</td><td>基本特征解析</td></tr>
<tr><td>合院模式
立体图谱</td><td>地坑院式窑洞四合院　　厢房式窑洞合院

厢窑式窑洞合院　　多孔联排式窑洞院落</td><td>窑洞院落对黄土依赖性较高，地坑院为向下挖筑，其他合院、排院为靠崖挖筑或独立箍筑；窑洞院落一般为一层或退台式多层，垂直多层少见；窑洞院落开阔而进深短，以获取更好的通风、采光条件</td></tr>
</table>

名称		模式图解	基本特征解析
关键立面模式图谱	屋顶模式	平屋顶(或无)	窑洞院落屋顶多为平屋顶或山体(即没有屋顶);其上一般长满草,具有一定的隐蔽性与隔热性
	山墙模式	方形山墙(或无)	窑洞院落山墙一般为方形山墙或山体(即没有山墙),山墙特征不具备典型性
	屋脸模式	陕北圆拱窑脸(带明柱抱厦) 渭北北部尖拱窑脸 渭北西部地坑院窑脸　　渭北东部小拱窑脸	窑洞院落屋脸具备一定分异性:渭北东部的青砖箍窑小拱窑脸—渭北西部的地坑院砖墙门窗圆拱窑脸—渭北北部的砖墙门窗尖拱窑脸—陕北的木门窗圆拱窑脸

地带的砖墙门窗尖拱窑脸,再到陕北腹地的木门窗圆拱窑脸,随着纬度、海拔的升高,窑脸变得更高大、更精致,顶部覆土也变得更厚,装饰材料也从小块青砖变为更大的砖石材料。当然,这种分异特征是从数量和主要特征上来讲的,具有相对性。各类合院模式、各类窑脸在陕西渭北及其以北的地区都有交叉分布,只是分布的数量上有一定差异。

(4)总体空间格局图谱

本书3.2节已经对陕西传统乡村聚落的基本空间分布特征作了详细探讨。本部分则是基于景观基因图谱探讨陕西传统乡村聚落景观基因组的总体空间格局。前述研究分别构建了陕南、关中及窑洞聚落景观基因组单聚落、多聚落层次的图谱,在此基础上,本研究分别基于院落模式和排列模式,进一步构建陕西传统乡村聚落景观基因组的总体空间格局图谱。

从总体空间格局(图4-16和图4-17)来看,陕西传统乡村聚落景观基因组呈现以下基本特征:①在总体分布上,具有"点—线—面"的区域分布特征。陕南地区,其在秦巴山区东部,多呈散"点"状分布;关中地区,则呈现东西走向的"线"状分布特征;陕北地区,其主要分布于榆林东南部的米脂、绥德、佳县等县,在无定河以东、黄河以西、长城以南的区域呈"面"状分布。②从空间聚集性来看,呈现明显的"向东聚拢"特征。陕北及关中地区，传统乡村聚落主要向黄河沿线聚集；陕南地区，则主要在陕南东南部的安康各县市聚集。③从数量特征上来看，如前所述，其具有"东多西少、北多南少"的基本特征。④从民居景观的基本特征来看，都体现出生土建筑景观的特征，夯土墙及夯土建筑在陕南、关中、陕北的传统聚落中广泛存在，并且普遍墙体较厚，以达到冬暖夏凉的目的。

具体来看，院落模式具备一定的地域分异特征及规律。各传统聚落院落模式并非唯一，这就导致无法在总体空间格局图谱上体现每一聚落的院落模式。但从区域传统聚落院落模式的数量和典型性上来看，在省域尺度下，陕西传统乡村聚落景观基因组院落模式的空间分异特征较为明显（图4-16）。首先，从总体空间分异及数量特征上来看，陕西传统乡村聚落共七类院落模式，合院典型，排院居多，且无其他异形院落模式。其中，陕南主要为天井四合院、"L"形院、"一"字排院三种院落模式，体现出合院与排院结合并以排院为主的特征；关中地区主要为窄院四合院院落模式，以合院为主；窑洞聚落则主要为地坑院窑洞四合院、厢房式窑洞合院、厢窑式窑洞合院、多孔联排式窑洞院落四种院落模式，排院数量居多。陕西三大自然经济区的主要院落模式各不相同，互不交叉，体现出

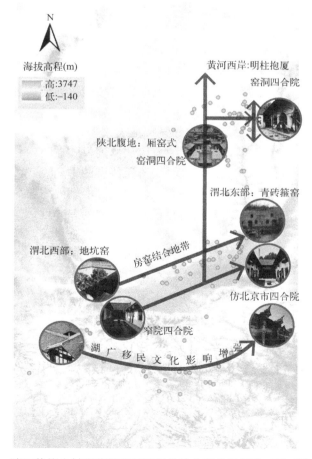

图4-16　陕西传统乡村聚落景观基因组总体空间格局图谱（基于院落模式）

明显的南北分异性。其次，从具体分异特征上来看，基于院落模式，陕西传统乡村聚落景观呈现"三横一纵"的分异规律。"三横"：第一，陕南地区，从西到东，徽派移民文化景观影响增强。汉中地区的天井院，多受巴蜀文化影响，呈现出许多川东民居的特征。而过渡到安康地区的土夯天井院，移民们结合徽派建筑与陕南地区自然环境创造出独特的人文景观，既有徽派建筑的典型特征，又具有陕南本地特色，移民文化影响增强。第二，关中地区，从西到东，窄院四合院逐渐在韩城地区演变为仿北京式四合院，院落更加宽敞高大，单坡厢房变为双坡屋顶。第三，关中渭北地区，从渭北西部的地坑窑逐渐过渡到渭北东部的独立青砖箍窑，聚落景观从地下演变到地上，极为壮观。"一纵"：从渭北北部地区开始，从南到北呈现出"地坑院—房窑结合院落（厢房式窑洞合院）—纯窑洞院落（厢窑式及多孔联排式窑洞院落）"的分异规律。并且，在陕北黄河西岸的佳县等区域，窑洞聚落景观在装饰、体量等各方面达到极致，呈现出明柱抱厦式窑洞四合院景观。

此外，从院落模式细节来看，从南到北，随着降雨量的减少，院落屋顶也从陕南地区的青瓦双坡悬山大屋顶（保护夯土墙体），逐渐过渡到关中地区的硬山屋顶和单坡屋顶，再到陕北窑洞的平屋顶，屋顶逐渐变小、变缓平；厢房，成为研究陕西传统民居院落模式的重点，陕南天井院厢房与正房连为一体，关中窄院厢房呈现单坡屋顶的独特特征，窑洞聚落的厢房则存在从厢房到厢窑的变化。

对每个聚落而言，排列模式具有唯一性，因而可以在总体空间格局图谱上体现每个聚落的具体排列模式，形成排列模式总体空间格局图谱（图 4-17）。首先，从数量特征来看，陕西传统乡村聚落共有八类排列模式。其中，带枝式排列模式数量最多，达到 37 个，陕南、关中、陕北传统聚落都有采用。村堡一体式、环山式、院落组团式排列模式也较多，均在 10 个聚落以上。其次，从空间分异特征上来看，各类排列模式的空间分异特征并不明显。从陕西省域尺度来看，带枝式、自由式排列模式在陕南、关中、陕北地区都有聚落采用；院落组团式为陕南地区传统乡村聚落所特有的排列模式，村堡分离式为关中地区传统乡村聚落所特有的排列模式，向心式、环山式、沿轴式为窑洞聚落所特有的排列模式。再次，排列模式相似的聚落景观具体特征具有一定的差异性，景观特质相似的聚落排列模式也不尽相同。如陕南、关中、陕北都有带枝式的排列模式，但是陕南的带枝式聚落多沿谷地分布（沟谷、河谷），而关中的带枝式聚落多沿着交通线分布，陕北的带枝式聚落则多沿着黄土沟壑分布。又如，关中、陕北都有防御式古堡，景观特质相似，但关中古堡多位于平原上，堡内也多为整齐的街坊，多用于防治匪患，为村堡一体或村堡分离排列模式；而陕北防御型古堡则多位于明长城沿线，堡内地形不甚规整，多为非整齐排列的窑洞民居，一般为自由式排列，多为军事型堡垒。

4.2.3 陕西传统乡村聚落景观基因遗传机制与总体变异趋势综合分析

（1）传统乡村聚落景观基因遗传的类生命机制

和生物基因遗传类似，传统乡村聚落景观基因也具有类生命的遗传机制（图 4-18）。生物通过 DNA 携带的遗传信息，经过生殖和发育等过程，产生基因分离和基因的自由组合，将亲代的性状特征传递给子代。传统乡村聚落也具有类似的生命过程，其景观基因信息通过复制与自由组合，在后建聚落中得到传承，表现出与先前聚落相似的景观特质与景

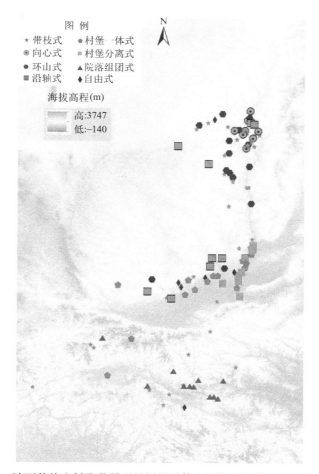

图 4-17　陕西传统乡村聚落景观基因组总体空间格局图谱（基于排列模式）

观特征，实现景观基因的代际遗传，并具有一定的稳定性。当然，和生物基因遗传类似，这种稳定性具有相对性，在一定条件下，都会产生变异基因。并且，传统乡村聚落景观基因没有控制稳定遗传的内在结构，而更多受人为观念、环境变化、政策制度等影响，遗传过程中产生变异的可能性更大。可见，传统乡村聚落景观基因的遗传包括稳定遗传、不稳定遗传和变异景观等几种情况。

（2）基于图谱分析的陕西传统乡村聚落景观基因遗传与变异总体趋势分析

传统乡村聚落，是地域文化景观的主要载体，而传统民居是传统乡村聚落景观基因中最具稳定性的部分。景观基因组图谱，就是针对传统乡村聚落景观中包括传统民居在内的稳定遗传信息的图示表达。特别是区域多聚落的院落模式和排列模式图谱，高度概括地表达了区域内传统乡村聚落景观基因稳定遗传的基因信息，如果院落模式和排列模式都已发生改变，则可准确分析得出该区域传统乡村聚落景观存在明显的变异趋势。因此，在构建陕西传统乡村聚落景观基因组图谱基础上，本研究以传统民居院落模式等主体景观基因组为主，利用图谱分析方法进行景观基因遗传和变异分析，厘清陕西传统乡村聚落景观基因遗传和变异的总体趋势。

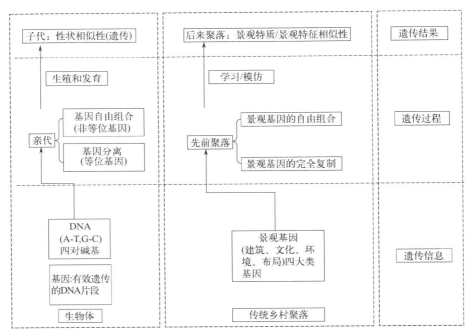

图 4-18　传统乡村聚落景观基因类生命遗传机制

1）陕南地区

天井院，是陕南传统乡村聚落景观基因稳定遗传的基本组成单位，它经过各种排列组合，呈现出不同的院落特征。本研究通过对陕南地区 22 个国家级传统村落的详细调研，对其中最为典型的几组院落模式进行了梳理。研究发现，陕南地区的传统乡村聚落（图 4-19）大多以天井院为基本单位，组合形成不同规模特征的天井院落群，有的为两个天井院组合，有的为五个天井院组合，最为经典的是安康市旬阳县中山村的郭家老院，它达到九个天井院的组合，是目前陕南地区已知的规模最大的天井院落群。在陕南地区，村民们多以天井院的个数来表达院落规模大小，借此区分经济水平的差异。当然，也有天井院和"L"形院、"一"字排院等其他类型院落组合形成较大规模院落群的案例，如双桥村老屋场等。可见，天井院院落模式在陕南传统乡村聚落中具有稳定遗传性，并演变出多种形态。

然而，进入近现代以来，特别是进入新世纪以来，随着汽车、火车甚至高铁时代的到来，陕南古道型、水旱码头型交通商贸聚落整体走向没落，昔日辉煌已经不在，而位居深山的陕南移民型聚落也整体走向衰落，导致天井院落模式走向衰落甚至废弃。

根据实际调研情况，近现代以来，陕南传统乡村聚落景观的传承与更新，主要分为三种类型：第一类，继续居住型。村民在原来的传统民居中继续居住，政府对传统民居采取一定的修缮措施。第二类，个体新建型。村民个体自发修缮、改建传统民居，或另选址建新居。20 世纪六七十年代，陕南地区村民多建设单排的土夯民房。改革开放以来，随着经济条件的好转，当地村民一般选择新建居住条件更好的现代化小洋楼，新建民居建筑中已很难见到天井院的影子。第三类，政府集中安置式。21 世纪以来，由于地质灾害等多种原因，陕西省政府在全省范围内实行了规模浩大的移民搬迁安置工程。随着陕南移民搬

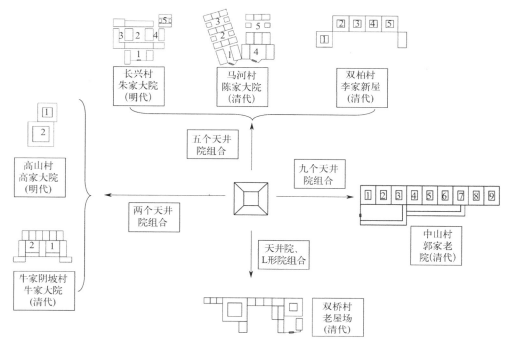

图 4-19　陕南传统乡村聚落景观基因组院落模式遗传特征

迁安置工程的持续深入进行，政府将原来位于秦巴山区深处交通不便、存在地质安全威胁的居民点统一新建社区集中安置。新建的安置社区大多采用了一定的徽派建筑元素，对徽派移民文化景观的传承起到一定作用。但这种作用非常有限，政府一般采取的是多层建筑、社区式的安置方式，传统的陕南天井院大院文化景观难以重现。

可见，在新的陕南民居当中，四水归堂的天井院落几乎已经消失了踪影，取而代之的是两层小洋楼，或者集中安置的多层住宅（图 4-20）。随着时间的推移，明清时期遗留下来的陕南天井院乡村聚落景观逐渐走向废弃甚至消失。因此，综合来看，陕南地区传统的

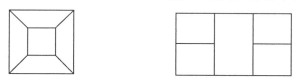

(a) 从传统的天井院大院文化景观向独立的两层小洋楼现代民居景观演变

(b) 从传统的天井院大院文化景观向集中安置的新型乡村社区景观演变

图 4-20　陕南传统乡村聚落景观的总体变异趋势

天井院落模式没有得到有效传承，并呈现全面消失的趋势，仅排列模式得到有限传承，故陕南地区传统乡村聚落景观的传承有限，其景观特征已经发生了根本性改变，正在从传统的移民景观，走向新的社区式移民景观，区域景观基因变异性大于传承性，出现了明显的传统乡村聚落景观基因变异趋势。

2）关中地区

关中地区的传统乡村聚落景观，院落模式上以合院模式为主。从目前的研究来看，已知最早的四合院原型，就在关中地区，可认为它是陕西甚至中国四合院民居景观基因的原型（图4-21）。它就是陕西岐山凤雏村的早周四合院建筑遗址，是迄今发现的最早的四合院和最早的两进式建筑遗址，它表明四合院在中国至少存在了三千年[275]。凤雏四合院为前堂后室的规制，拥有照壁、东西厢房等，和后世典型的四合院非常相似。

在历朝历代的发展建设中，关中传统乡村聚落景观不停地经历着演变。而我们现在看到的关中传统乡村聚落景观，以元明清时期这几个历史断面为主体。以窄院四合院为基本遗传基因的院落模式，在关中地区得到稳定遗传。在窄院四合院基础上，既有从四合院演变为三合院甚至二合院的简化式院落，也有由一进院落演变为多进、由一院演变为多院并排的复杂化院落，但几乎都

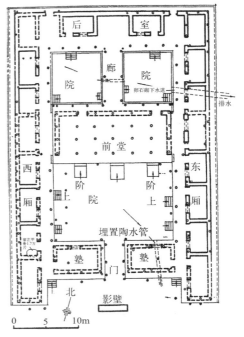

图4-21　岐山凤雏村四合院——
中国四合院的基因原型

附注：图片引自《陕西省志·建设志》[274]

保持了四合院的基本形态。其中最为典型的关中院落，如关中东部韩城的党家村，它是成片保存的元明清三代民居群，有"民居瑰宝"之称；韩城周原村的张氏三排三进式四合院（九合院），堪称关中地区规模最大的单体院落；渭南市华州区辛村的胡家大院，其单进双层三联排的结构，在关中极为罕见（图4-22）。而步入近现代以来，虽然建筑材料大多变为钢筋混凝土等现代材料，民居立面细节装饰上，也多变为瓷砖等现代装饰材料，但在关中地区的广大农村中，村民新建民居依然保持了窄院四合院的基本形制和主要特征，甚至连屋脊装饰、抱鼓石、照壁等传统做法依然能在关中新建民居中得到传承（图4-23 b）。可见，关中传统院落模式得到了有效传承。

而从关中传统乡村聚落景观的总体特征和排列模式上来看，存在一定的变异趋势。首先，从关中传统聚落景观的总体特征上来看，传承良好，但局部有景观变异的趋势。如，地坑窑被认为是贫困的象征，由于其占地面积大等综合原因，它几乎已从曾经中国地坑窑的最大分布区——渭北地区消失，这种独特的、延续几百年的地下生土乡村聚落景观近乎消亡，聚落景观结构发生明显变异。

其次，从排列模式上看，关中古堡的普遍"去城墙化"是一大变异趋势。"去城墙化"主要是指向城墙外发展，既包括了拆除城墙的聚落，也包括了保留城墙的聚落（图4-23 a）。随着新中国的建立、和平年代的到来，城墙失去了防御作用，为了获取更多的用地和更大

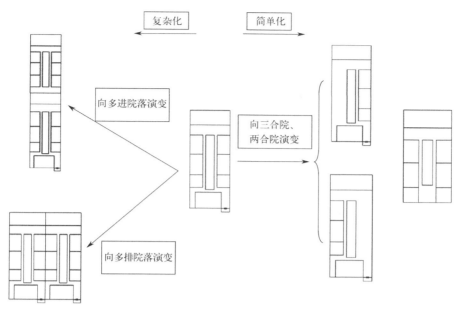

图 4-22　关中传统乡村聚落景观基因组院落模式遗传特征

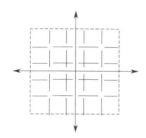

(a)"去城墙化"向外发展的关中古堡

(b)关中传统聚落景观基因在新民居中的传承

图 4-23　关中传统乡村聚落景观的总体变异趋势

的发展空间，随着人口的增长，古堡内聚落逐渐向外发展。从对关中地区的 45 个国家级传统村落详细调研情况来看，关中传统乡村聚落景观排列模式传承与更新主要有三种形式：一是拆除城墙、原址更新，即保留原来的街坊式格局和传统民居院落，并逐步更新民居院落，如孙塬村、莲湖村、东里村、东宫城村等，都是采取的这种模式；二是，保留土城墙和内部传统民居，在其旁边择址另建新村，采取新村旧堡结合的模式，这样既延续了文脉传统，又能满足村民对更好居住条件的需求，如灵泉村、万家城村、南长益村、东高垣村、柳村等，都是采取的这种模式，前两类都是由原来的村堡一体排列模式演变而来；第三类，就是原来的村堡分离式聚落，古堡在村落外围，此类古堡基本走向废弃，而原来的村落，则逐渐更新。

综上，关中地区传统乡村聚落景观基因总体传承良好，特别是院落模式得到了很好的传承，但局部景观产生了一定的变异趋势，渭北地坑院景观走向消亡，关中古堡走向"去城墙化"的发展趋势。

3）陕北地区

陕北地区是陕西乃至我国窑洞聚落的主要分布区。这里有以杨家沟窑洞聚落为代表的明清地主窑洞庄园，又有以延安窑洞为代表的红色革命圣地窑洞聚落群，这些聚落不仅历史悠久，而且具有独特的聚落景观特征。窑洞聚落是黄土高原地域文化的主要载体，也是研究黄土文化的重要文化空间。从目前的研究来看，陕北榆林市米脂县、延安市延川县等均有发现历史超过千年的古窑洞群。这些古窑洞与后世经典的窑洞没有本质性的区别，只是细节装饰等精致程度有一定差别。

明清时期，地主经济在陕北地区的兴盛，将窑洞民居建设推上了一个高潮，形成了陕北窑洞"明五暗四六厢窑"的四合院标准规制。在此基础上，演化形成单边厢窑合院、单排或多排窑洞院落等简化式院落，或两进式厢窑四合院等复杂式窑洞院落。受限于黄土山体的挖掘难度和承重限度等原因，靠崖式窑洞院落一般最多为两进式厢窑四合院，如刘家峁村姜氏庄园、高庙山村常氏庄园等皆是如此，很难像关中窄院那样形成多进多排的大型院落。窑洞聚落发展到今天，已经不再是穴居式的土窑洞，而是形成了其内在的独特形制与特征（图4-24）。

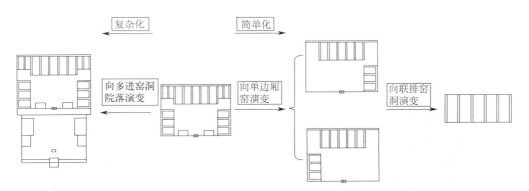

图4-24　陕北传统乡村聚落景观基因组院落模式遗传特征

我国开启现代化建设以来，窑洞冬暖夏凉的基本特征，使陕北人民仍然对其偏爱有加。陕北乡村新建的民居、村委会、商店甚至酒店等诸多设施，大多保持了窑洞的基本特征，一般采用砖石箍窑等新型窑洞，采光、通风等卫生条件大为改善，窑洞聚落景观无论院落模式还是排列模式，都得到有效传承（图4-25 a）。

通过对陕北46个国家级传统村落的详细调研，可知，窑洞聚落景观基因的变异趋势，主要有两个方面：第一，陕北城乡景观的差异持续扩大。在古代，陕北黄土沟壑区的各级城镇当中，多有窑洞分布。例如，延安市区、子长安定古城以及榆林的米脂古城等都有大量的窑洞遗存。而进入近现代以来，特别是改革开放以来，随着我国经济的飞速发展，陕北城镇景观发生了根本性改变，现代化的高楼大厦已经成为陕北城镇型聚落景观的主体，与其他地区城镇景观没有太大区别（图 4-25 b）。而在陕北乡村，窑洞聚落依然是绝对主体，城乡景观的差异在持续扩大。第二，窑洞聚落景观的消亡趋势是陕北乡村聚落景观的主要变异趋势。随着我国城镇化的持续深入进行和经济社会的深度变革，窑洞聚落面临与其他类型传统乡村聚落类似的问题，就是空心化、废弃化。并且，由于陕北地区较为艰苦的人居环境和窑洞民居通风、采光条件差等综合原因，陕北乡村出现了大面积、大规模的窑洞民居空废现象（图 4-25 c），其程度较其他类型传统乡村聚落更为突出，导致窑洞聚落景观走向消亡，产生结构性变异趋势。

　　综上，窑洞聚落景观基因在陕北传统聚落中总体遗传稳定，但从宏观层面来看，陕北地区城乡景观差异持续扩大，窑洞聚落大面积空废，其景观产生了结构性变异趋势。

(a) 从传统抱厦窑到新建抱厦窑(佳县木头峪村)

(b) 米脂古城与米脂县城新区

(c) 走向废弃的窑洞民居

图 4-25　陕北传统乡村聚落景观的总体变异趋势

（3）陕西传统乡村聚落景观基因遗传的总体机制

　　基于上述分析，本研究提出陕西传统乡村聚落景观基因遗传的总体机制（图 4-26）。

　　类似于生物基因遗传，传统乡村聚落景观基因在遗传过程中也会有变异发生的可能，且这种可能性更大。从总体机制来看，陕南地区传统聚落景观基因传承有限，对明清时期

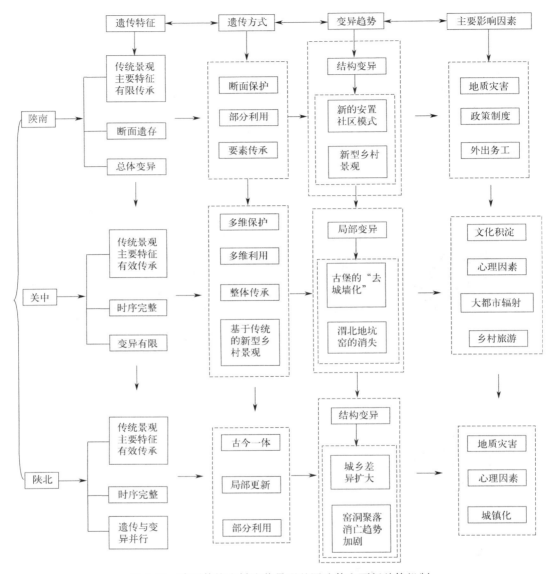

图 4-26　陕西传统乡村聚落景观基因遗传和更新总体机制

遗存的传统聚落景观断面进行了一定的保护与利用，但并没有在近现代得到有效传承，其变异性大于遗传性。而关中地区则恰好相反，在其厚重的历史文化积淀和综合要素作用下，传统聚落景观主要特征得到有效传承，景观历史序列完整，在近现代传承良好，仅仅发生有限变异，其景观基因遗传性大于变异性。陕北地区则处于中等水平，传统聚落景观基因得到有效传承的同时，伴随着几乎等量的变异产生，景观基因有效遗传与局部变异同时发生，其遗传性与变异性几乎相当。总体来看，陕西传统乡村聚落景观基因遗传与变异共存，且变异性呈现逐渐增大趋势。

第5章

陕西传统乡村聚落景观基因变异机制

5.1 陕西传统乡村聚落景观意象提取

5.1.1 景观意象提取的作用与意义

"意象"这一概念，最早被美国学者凯文·林奇用于对城市街区的研究。针对中国古村落同样具备"可识别性"和"可印象性"的特征，刘沛林等将"意象"这一概念引入到对中国古村落的研究中，提出了"景观的空间意象"，即"景观意象"的概念，指传统聚落中具有标志性特征的空间形象[13]，并探讨了其构成标志[68]。景观意象是比景观基因、景观基因组图谱更高一层次、更为抽象的传统聚落景观形态研究层次，它可以作为传统乡村聚落景观区划的一种独特方法[162]。因此，本研究在提取、识别陕西传统乡村聚落景观基因、构建其景观基因组图谱基础上，进一步提取其景观意象，为陕西传统乡村聚落景观基因信息链构建、景观文化生态区划及区域景观基因识别系统建立、变异机制及变异特征等研究奠定基础。

5.1.2 景观意象的构成要件

传统乡村聚落景观意象的构成要件，可以理解为传统乡村聚落最为典型的历史文化景观要素，即：人们看到或提及该区域传统聚落，印象当中首先浮现的景观元素。一般来说，传统乡村聚落景观意象的构成要件包括祠堂、高塔、大树、广场、水塘、流水与桥等[68]。针对陕西三大自然经济区的不同聚落景观特征，本研究分别提取其传统乡村聚落景观意象的构成要件。

（1）陕南地区

陕南地区自然环境优美，秦巴文化、湖广移民文化在这里交融生辉。体现在传统乡村聚落景观中，马头墙、墀头门楼、青瓦大屋顶是其景观意象的三大主要构件（图5-1）。马头墙和墀头门楼，是徽派移民文化在陕南扎根的象征，融合了江南聚落景观特色，具有典型性，在陕南传统乡村聚落中数量也较多。而青瓦大屋顶则是陕南本土及移民聚落等各类聚落普遍采用的屋顶形式，具有浓郁的陕南乡土景观特征。

马头墙　　　　　　　　墀头门楼　　　　　　　　青瓦大屋顶

图 5-1　陕南传统乡村聚落景观意象构成要件

（2）关中地区

关中地区历史文化底蕴深厚，当地传统乡村聚落给人厚重、庄严、大气的整体意象。"楼塔庙树，涝池拴马桩"，是对关中传统乡村聚落景观意象主要构件的形象概括（图 5-2）。几乎每一个关中古村都有戏楼，它是承载秦腔等陕西地方戏曲的舞台。而古树往往和戏楼配套存在，戏楼旁边一般都会有一棵高大的古树，成为村民活动和议事的中心。古塔和古庙在关中传统聚落中也几乎是配套存在的。关中尚塔，西安附近就有许多古塔遗存，大多数关中县城都有塔的存在，村庄也不例外，效仿城镇。以关帝庙、大禹庙为代表的各类庙宇在关中传统乡村聚落中普遍存在，是村民信仰的依托之处。拴马桩则是关中四合院前拴马的常用物件，亦大量存在。为了缓解干燥的气候，达到藏风聚气的效果，绝大部分关中传统聚落都配有涝池，有的聚落甚至配有两至三个涝池。

戏楼　　　　　　　古塔　　　　　　　古庙　　　　　　　古树

涝池　　　　　　　　　　　　　　拴马桩

图 5-2　关中传统乡村聚落景观意象构成要件

（3）陕北地区

陕北地区，千沟万壑，雄浑壮阔。石磨、古枣树、窑洞院落，是陕北传统乡村聚落景观意象的主要构件（图 5-3）。陕北地区每家每户都拥有至少一台石磨，"驴拉磨"的场景自古以来就是陕北农村日常生活的写照。陕北地区盛产多种枣，在院子中间或院墙周围种上一些枣树，是陕北农村的重要传统，古枣树亦成为陕北乡村聚落的重要元素，很多聚落甚至建有枣神庙，祭拜枣神祈佑丰收。窑洞院落融入陕北千沟万壑之中，成为中国生土建筑的重要代表，也是陕北传统乡村聚落景观形象的重要标志，被誉为"依恋大地"的聚落类型[15]。

石磨　　　　　　　　　　古枣树　　　　　　　　　　窑洞院落

图 5-3　陕北传统乡村聚落景观意象构成要件

5.1.3　景观意象提取

在提取陕西传统乡村聚落景观意象构成要件基础上，本研究按照陕西三大自然经济区和陕西总体景观意象两个层次，继续对陕西传统乡村聚落景观的宏观意象进行凝练，作为后续相关研究的基础。

（1）陕南传统乡村聚落景观意象：山水如画，西北小江南

陕南地区"两山夹一川"的总体地形地貌格局，造就了陕南传统乡村聚落依山傍水、遗世而居的总体特征。生态、防御、宗族，是陕南传统乡村聚落景观意象的主要内涵。明清以来大规模移民涌入陕南山区，将移民文化与陕南山地文化融合，结合陕南优美的山水环境，逐步形成桃源仙居的隐逸文化景观。外来移民的不安心理和山区复杂的经济社会关系，进一步促使移民聚落选址在深山区的山顶或半山腰等高阜地带生息繁衍，他们多聚族而居，突出防御。

（2）关中传统乡村聚落景观意象：窄院景观横贯东西，乡村古堡遍布关中

关中地区长期作为都城京畿之地，既经历了繁华、荣耀，也经历了无数的战乱。防御和耕读，是关中传统乡村聚落景观意象的主要内涵。唐以前的乡村景象在关中大地已经鲜见。现今保留的关中古村落，多形成于元明清时期。而这一时期，关中地区战乱不断、土匪横行，因而无论是关中聚落还是院落，防御性都较强，关中窄院和无数的古堡应运而生。而古堡之下，耕读传家彰显出关中地区深厚的文化底蕴。关中西府在宋代诞生了关学大师张载；中部长安长期为帝王之都，人才荟萃；东府在汉代诞生了史学大家司马迁。韩城地区更是在明清两代将关中耕读传家之风演绎到了极致，诞生了多位名臣大儒。

（3）陕北传统乡村聚落景观意象：千沟万壑的地貌，融入大地的窑洞聚落

陕西渭北以北黄土沟壑区的乡村地区，几乎全部为窑洞聚落。边塞风情、地主经济、红色圣地，是陕北传统乡村聚落景观意象的主要内涵。明代以前，陕北曾长期是各种势力争夺的要塞，历代遗存的边塞古堡较多。而进入明清以来，陕北黄土沟壑区较为封闭的社会经济环境，产生了多个独霸一方的地主集团，其中以纵跨明清两代、延续四百余年的米脂杨家沟马氏地主集团最为突出。历史的车辙进入近现代，陕北窑洞聚落成为中国革命的圣地，为中国革命胜利立下不朽功勋。

127

（4）陕西传统乡村聚落景观总体意象：中华之根，包容南北

从自然环境特征上来看，陕西拥有高原、盆地、平原、沙漠等多种地貌类型，自然环境多样；从人文环境上来看，从陕南的西北小江南到关中地区的文化隆昌之地，再到陕北高原苍茫的窑洞聚落，都体现出陕西包容南北的传统乡村聚落景观意象。而无论是蓝田猿人遗址、黄帝陵、汉唐帝陵等，都昭示出一个基本点：陕西是中华文明特别是中国农耕文明的重要发祥地之一。

5.2 景观基因信息链及其对景观基因变异性研究的基础作用

5.2.1 景观基因信息链的作用与意义

结合文献综述可知，学者们尚未涉足聚落景观基因变异性及其修复研究。而事实上，聚落景观基因发生变异时，必然影响甚至破坏其景观基因结构。那么它是如何影响和破坏景观基因结构，又如何对其进行修复，以恢复传统聚落历史文化景观的全面结构及景观特质？景观基因信息链为传统乡村聚落景观基因变异性及其修复研究提供了很好的理论基础。

"修复"最早是一个生物医学名词，在口腔医学等领域有较多研究和应用[305]。结合陕西区域传统聚落景观特征，按照景观基因理论类比生物学、医学的一贯研究方法，本研究将"修复"的概念引入传统聚落景观基因研究中，并借助生物基因和文化生态学研究的基本理论，通过比对、类比、归纳与总结等方法，厘清陕西传统乡村聚落景观基因的变异机制与特征，并提出修复的框架体系，将景观基因研究推向变异性与修复研究的全新领域，推动景观基因理论向区域聚落景观基因研究层面发展，逐步形成区域聚落景观基因研究特色，为新时期传统乡村聚落景观的保护与振兴提供全新的理论与方法。

5.2.2 景观基因信息链的定义与层次结构

传统乡村聚落景观基因及其图谱，表达的是传统乡村聚落景观稳定遗传的基因信息。本研究在景观基因及图谱相关研究基础上，明确景观基因信息链的基本概念，进一步深化解构，精准编码对应，梳理出其具体层次结构及对应内涵，并在此基础上构建陕西传统乡村聚落景观基因信息链。对于景观基因信息链，目前并没有学者提出明确定义。刘沛林针对中国古城镇景观基因的层次结构，借鉴生物学的表达方式，提出了"胞—链—形"的三层次结构[143]，但其仅能表达聚落景观基因的基本单位、联系通道、总体形态，并不能包含聚落景观基因的全部信息；王兴中等则基于文化生态学"斑点—廊道—基质"三层次，提出了地域文化遗产景观基因的"元—链—形"[152]三层次结构，但其偏重于遗产性景观，且"点—线—面"的结构层次也不能完整表达聚落景观基因的全部信息。可以看出，两者基于的基本理念不一致，对景观基因信息链初级层次称谓不一样，对三个层次的具体定义也不尽相同，且两者都只能体现聚落景观稳定遗传的基因信息，没有包含不稳定遗传及变异信息，故不能体现聚落景观基因的全面结构和全部信息，缺乏景观基因的完整性。最为关键的是，既有研究都未明确提出"景观基因信息链"的具体概念及其对应的具体层

次结构。因此，本研究综合两者的优缺点，提出"景观基因信息链"的概念，即传统乡村聚落历史文化景观的全面结构、总体形态和全部景观基因信息，其包括"元—链—形"三级层次结构的景观基因信息（表5-1），将各层次结构的景观基因信息内涵充实，并完全区别于刘沛林等针对旅游地景观廊道构建而提出的"景观信息链"的概念[176]。用景观基因信息链来表征传统乡村聚落景观基因的具体结构，为研究其变异性及修复，奠定坚实基础。

"景观基因信息链"的层次与定义　　　　　　表 5-1

刘沛林等 （借鉴生物学概念）		王兴中等 （基于文化生态学）		本研究 （综合）	
结构层次	定义	结构层次	定义	结构层次	定义
基因胞	景观基因基本单元	基因元	景观基因的最小单位	基因元	传统聚落历史文化景观的基本信息单元(不可再分的信息单元)
基因链	景观连接通道（交通）	基因链	若干基因元的排列组合模式（线性）	基因链	传统聚落历史文化景观的主要信息单元,包括景观的链接通道、主要景观节点等(基因元经二次及以上排列组合形成的景观信息)
基因形	景观整体形态（城墙）	基因形	若干基因链的排列组合模式（面状）	基因形	传统聚落历史文化景观的总体形态和整体格局等抽象信息

5.2.3　陕西传统乡村聚落景观基因信息链构建

杨晓俊等对陕西传统村落景观基因信息链进行了初步梳理[154]，但其提出的景观基因信息链只从景观基因层面进行了梳理，未能体现出陕西传统村落景观基因信息链的具体结构层次及全部信息。本研究在此基础上对陕西传统乡村聚落景观基因信息链进行进一步系统全面的构建（图5-4）。

应用景观基因识别指标体系识别和提取的景观基因，仅能对聚落景观基因信息进行文本描述性表达，而景观基因组图谱则是对聚落景观基因信息的图示表达，弥补了文本表达不形象、不具体的缺陷，但这两者仅能表达聚落景观稳定遗传的景观基因信息。本研究优化了传统聚落景观基因的相关识别指标体系[145] 及图谱体系[1]，使其更契合陕西传统乡村聚落景观的具体特征。在此基础上，本研究构建了"三层级三大类三结构"的景观基因信息链，用以描述陕西传统乡村聚落的全部景观基因信息。

首先，本研究构建的景观基因信息链中，包括陕西省域、文化生态区、具体聚落三层级的景观基因信息，并在具体聚落的图谱中增加了总体形态、重要公共建筑、主要景观节点等非稳定遗传的景观基因信息图谱，体现出全面性。其次，本景观基因信息链中包含了"景观基因＋景观基因组图谱＋动态补充景观基因信息"三大类景观基因信息，将景观基因与图谱有机结合，包括了聚落稳定遗传、非稳定遗传及动态更新的景观基因信息，并明确了三大类景观基因信息与"基因元—基因链—基因形"三级结构层次的对应关系，进而明确了陕西传统乡村聚落景观基因信息链的具体结构层次及内涵，使其景观基因信息链内

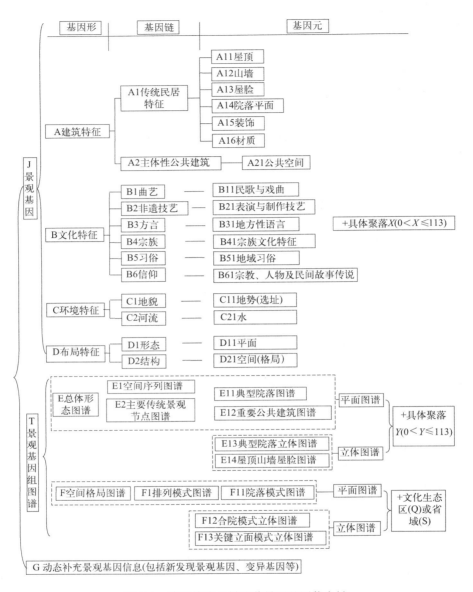

图 5-4　陕西传统乡村聚落景观基因信息链

容完整、结构清晰，并成为一个能够添加和修正景观基因信息的动态开放系统。第三，借鉴杨晓俊等引入的 N 级编码制[154]，本研究对陕西传统乡村聚落景观基因信息链进行了系统编码，对各类景观基因信息进行五级编码，对应元、链、形三级结构。编码规则为"景观基因类别＋基因形＋基因链＋基因元＋具体聚落（或文化生态区、省域）"。具体聚落编号见附录 1，文化生态区编号见表 5-2。例如 JA111，则表示编号为 1 的陕西传统乡村聚落的景观基因信息，包括建筑特征、传统民居特征、屋顶特征等"基因形—基因链—基因元"三级景观基因信息。第四，景观基因信息链具体结构层次、内涵的明确及相应编码的确定，为陕西传统乡村聚落景观基因变异性的判定、变异结构的精准查找及其修复奠定了坚实基础，更为后续结合计算机编程及大数据建立景观基因信息数据库奠定了基础。

当然，此处仅是提出了陕西传统乡村聚落景观基因信息链的总体框架体系，里面包含的景观基因、图谱等的具体内容和具体指代，请见前述研究的对应部分。此外，需要特别说明一点，动态补充景观基因信息是指各传统乡村聚落在保护发展实践中，新发现的景观基因信息（包括变异信息等），可以将其定期更新、补充到景观基因信息链数据库中。它可以是文本表达的景观基因类信息，也可以是图示表达的景观基因组图谱类信息，甚至可以是尚未被提出的其他表达方式的景观基因信息。动态补充景观基因信息，使景观基因信息链成为一个开放的、动态的系统，对完善传统乡村聚落景观基因信息具有重要意义。

5.2.4　传统乡村聚落景观基因的变异性及其修复

传统乡村聚落在历史进程中不断演化，具有类生命的变异机制（图 5-5）。有的因为战乱等原因，走向消亡；有的因为区位、交通的优势，突然变得兴盛；有的则因为改革开放以来的快速城镇化，沦为空心村。不论何种原因，最终结果，就是传统乡村聚落所承载的景观基因信息产生了根本变化，本研究称之为传统乡村聚落景观基因变异性，它包括景观基因重组、景观基因突变、景观结构变异三种类型，景观结构变异是其核心；从变异对景观基因信息链破坏程度来说，又可分为深度变异、中度变异、轻度变异等。传统乡村聚落景观基因变异最终导致聚落走向两个方向：消亡和更兴盛，并使其景观基因信息链层次结构发生相应变化，最终改变聚落景观特质。借鉴生物基因研究成果，融合文化生态学的基本理念，本研究首先提出传统乡村聚落景观基因类生命总体变异机制，为陕西传统乡村聚落景观基因的总体变异机制、变异特征研究奠定基础。

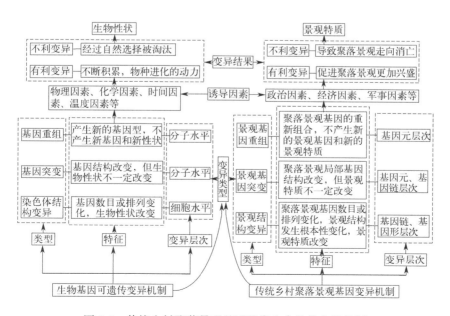

图 5-5　传统乡村聚落景观基因的类生命总体变异机制

　　刘沛林等在开展聚落景观基因研究的最初阶段，就提出了聚落景观"复原"的设想[67]，而"景观基因信息链"为这种"复原"提供了非常好的基础。"景观连续断面复原"理论、景观基因完整性理念等，为景观基因信息链修复做了前期研究探索。通过对传统乡村聚落基于变异机制的综合分析，可以综合判定其景观基因的变异性及其景观基因信息链的破损情况，进而进行修复，三者之间的基本逻辑关系如图5-6所示。

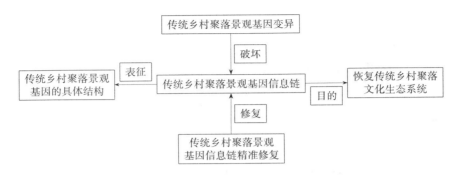

图5-6　传统乡村聚落景观基因变异与景观基因信息链修复的基本逻辑关系

　　综上，类似于生物基因DNA具有双螺旋的具体结构，传统乡村聚落景观基因也具有"元—链—形"的具体结构，本研究用景观基因信息链来表征这种结构，并使其成为传统乡村聚落景观基因变异性及其修复研究的核心和中间结构，具有基础性作用。当然，随着区域的变化，聚落景观基因"元—链—形"结构的具体内涵随之变化，表现出地域性，而不像生物DNA始终为双螺旋的稳定结构。景观基因信息链表征的是传统乡村聚落景观基因的具体结构，发生景观基因变异的聚落这种具体结构被破坏，而修复就是对这个被破坏的具体结构进行修复，以恢复传统乡村聚落景观的文化生态系统。

5.3　文化生态区划及各区景观基因变异特征分析

　　区域性和地方性，是文化地理学的重要研究内容。文化区划往往是文化地理学研究的最终归属[162]，亦是研究区域差异和区域地方性的重要方面。长期以来，人文地理学者们开展了各类单要素、多要素、综合要素的区划研究。例如，方创琳提出的中国人文地理综合区划[306]，潘竟虎对中国旅游区的三级划分[307]等。文化区划方面，周尚意等对中国文化区划作了较早的探索[12]，叶岱夫梳理了广东东江流域的地域文化结构及其主要文化区[308]，肖龙[309]、孟召宜[310]、张晓虹[311]则分别探讨了吉林、江苏、陕西省界尺度下的综合文化区划，角媛梅探讨了哈尼小区域文化景观的区划[312]。陕西传统乡村聚落景观层面，翟洲燕[163]、杨晓俊[154]等对陕西主要传统聚落景观进行了群系划分和分类，但未进行详细区划研究；祁剑青则针对陕西传统民居，进行了民居单要素的区划研究[122]。景观基因理论提出以来，刘沛林、申秀英等提出了利用景观基因图谱和景观意象对传统聚落景观进行区划的经典方法[159-160]，并进行了相关区划实践[161-162]，给基于景观基因的传统乡村聚落景观区划提供了新的独特方法与视角。综上，目前尚无针对陕西传统乡村聚落景观单要素的区划方案，也没有基于景观基因方法的陕西传统乡村聚落景观区划方案。

5.3.1　文化生态区划的方法、原则与作用

（1）区划的方法

本研究采用景观基因综合法进行陕西传统乡村聚落景观文化生态区划。景观基因综合法融合了景观基因、景观基因组图谱及景观意象，以景观基因识别指标体系为基础，按照景观基因组图谱和景观意象的内部相似性等原则，得出陕西传统乡村聚落景观的文化生态区划方案。

（2）区划的原则

①内部相似性和相对一致性原则[162]。这是刘沛林等提出的景观意象区划方法的首要原则，也是本研究提出的景观基因综合区划法的首要原则。②主体指标原则。传统民居建筑具有稳定性和较强的可识别性，是地域文化特征的主要表征指标，因此，它被视作本方法的主体指标，其重要性大于文化、环境、布局等其他指标。例如，商洛的商州、丹凤地区，方言上接近关中地区，但传统民居建筑更接近安康地区，则以传统民居建筑为主要分区标准；陕北延安的黄陵、洛川等地也存在类似现象，方言上接近关中地区，但传统民居景观已与陕北腹地无异。③区域完整性原则。本研究将陕西当作一个独立完整的行政区域进行文化生态区划，在其内部划分的各级文化生态区，必须保证各区域的完整性，以研究其差异性和联系性。④单一景观区划和排他原则。本方案只进行传统乡村聚落景观单一景观的文化生态区划，为了保证区域的连续性与完整性，忽略交通景观、工业景观等其他类型景观的影响，城镇景观只标明位置。⑤非均匀性与边界模糊性[162]。根据前述研究，陕西省国家级传统村落在省域范围内，是非均匀分布的，这就意味着，以其为主要参考划分出来的文化生态区，也是非均匀的，是根据景观的相似性和相对一致性，进行了合理的推测，以得出完整的文化生态区。同理，文化区之间的边界，也未必完全清晰，对其进行合理的技术处理，以保证文化生态区的完整性。

（3）区划的作用与意义

于本研究而言，对陕西基于传统乡村聚落景观进行文化生态区划，明确其区域差异和地域文化结构，是探讨其景观基因变异性并对其进行修复的基础。只有厘清了陕西传统乡村聚落景观的地域文化结构及各文化生态区的基本特征、区域差异，才能进一步构建区域文化景观基因识别系统，判定其景观基因的变异性，研究其变异特征与变异机制，进而进行相关的景观修复研究。

5.3.2　文化生态区划方案

基于上述文化景观生态区划原则，本研究采用景观基因综合法，按照文化生态大区—文化生态区—文化生态亚区三级，对陕西传统乡村聚落景观进行了初步区划。其中，文化生态大区分为三个：陕南秦巴传统乡村聚落文化生态大区，关中平原传统乡村聚落文化生态大区，陕北黄土高原传统乡村聚落文化生态大区。陕南秦巴传统乡村聚落文化生态大区分为三个文化生态区和六个文化生态亚区；关中平原传统乡村聚落文化

生态大区分为三个文化生态区和六个文化生态亚区；陕北黄土高原传统乡村聚落文化
生态大区分为两个文化生态区和五个文化生态亚区（图 5-7）。此外，本方案还划分出
西安咸阳渭南大都市景观区及风沙滩地传统乡村聚落景观缺失区两个传统乡村聚落景
观几乎完全消退的区域。

    为了与前述景观基因信息链编码保持一致，此处文化生态区编码仍然使用字母 Q 系
列，编码规则为 Q＋文化生态大区＋文化生态区＋文化生态亚区，例如 Q111，表示编号
为 1 的文化生态大区的第一个文化生态区中的第一个文化生态亚区，即米仓山山地传统乡
村聚落文化生态亚区。

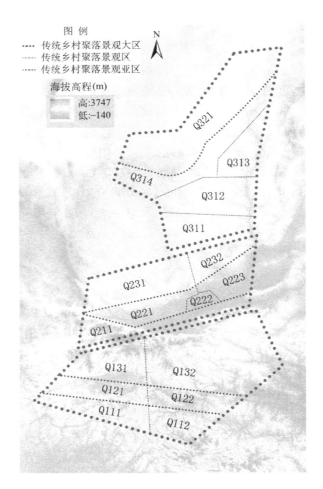

图 5-7　陕西传统乡村聚落景观文化生态区划方案

5.3.3　各文化生态区传统乡村聚落景观基因变异特征

    在上述文化生态区划方案基础上，本研究继续对各文化生态区的自然环境、传统民居
特征及各区总体特征、景观基因变异特征进行深入研究，具体见表 5-2。

陕西传统乡村聚落景观文化生态区及其特征分析 表 5-2

聚落景观文化生态大区	聚落景观文化生态区	聚落景观文化生态亚区	自然环境特征	传统民居特征	聚落景观总体特征（景观意象）	景观基因变异特征
陕南秦巴传统乡村聚落文化生态大区（Q1）	米仓—大巴山山地传统乡村聚落文化生态区（Q11）	米仓山山地传统乡村聚落文化生态亚区（Q111）	嘉陵江谷地以东，汉江谷地以南的米仓山区，属北亚热带气候，气候非常湿润，南部为亚高山中山，北部以低山丘陵为主，河网密布	以山地河谷、沟谷聚落为主，传统民居深受巴蜀文化影响，多为穿斗式结构，体现出"白墙、木骨、青瓦"的基本特征	依谷栖坝，逐水而居，巴蜀文化的向北延伸区	经济社会文化发展缓慢，传统乡村聚落景观相对稳定
		大巴山山地传统乡村聚落文化生态亚区（Q112）	镇巴、西乡以东，汉江谷地以南的大巴山山区，主要属北亚热带气候，南部为亚高山中山，北部以低山丘陵为主，河网众多，水系发达	以山地河谷、沟谷聚落为主，传统民居受移民文化影响较深，以天井四合院为主，多呈现徽派民居建筑特征，也有大量土夯排院和石板房民居	移民文化，依山傍水，桃源仙居，秦、巴、渝、楚文化交汇，多元交融	经济社会文化发展相对缓慢，传统乡村聚落景观相对稳定
	汉江谷地传统乡村聚落文化生态区（Q12）	汉中盆地传统乡村聚落文化生态亚区（Q121）	秦巴山系之间，汉江谷地西段，属北亚热带气候，气候湿润，以平原地形为主，地势平坦，自然条件优越	以平原聚落为主，处于巴蜀文化、关中文化的过渡地带，传统民居体现出巴蜀文化、关中文化融合的特征	汉文化发祥地，西北小江南，为秦巴文化过渡区	经济社会文化发展较快，传统乡村聚落景观衰退，变异趋势明显
		石泉—安康盆地传统乡村聚落文化生态亚区（Q122）	秦巴山系之间，汉江谷地东段，属北亚热带气候，气候湿润，汉江谷地开口逐渐缩小，由平原逐步过渡到河谷山区，水系发达	平原、山地聚落兼有，受荆楚文化和移民文化影响较大，对汉江水运依赖程度高，在汉江沿线产生多个水运码头聚落	汉水东流出秦巴，码头商贾渔人家。水旱码头，商贾渔猎，受荆楚文化影响较大	经济社会文化发展较快，传统乡村聚落景观衰退，新移民聚落兴起，变异趋势较大
	秦岭南麓传统乡村聚落文化生态区（Q13）	秦岭南麓西部传统乡村聚落文化生态亚区（Q131）	佛坪以西，汉江谷地北侧的秦岭南麓，属南暖温带气候，南部以低山丘陵为主，北部为高山中山，山峦层叠，气候具有一定的垂直分异性	以沿古道分布的山地聚落为主，多为交通商贸聚落，传统民居体现出巴蜀文化和关中文化结合的特征	秦岭古道，雄关如铁，历经千年，为秦巴文化过渡区	现代交通兴起，古道衰落，古道型交通聚落景观衰落，出现景观结构变异
		秦岭南麓东部传统乡村聚落文化生态亚区（Q132）	佛坪以东，汉江谷地北侧的秦岭南麓，主要属南暖温带气候，南部以低山丘陵为主，北部为高山中山，拥有商洛—丹凤河谷盆地，以汉江支流旬河和丹江流域为主体	以山地沟谷聚落为主，文化上以秦文化为主，兼有移民文化、荆楚文化，传统民居亦体现出多种文化的交汇性	秦岭腹地，商山洛水，商丹谷地，秦风楚韵，多有融合	相对封闭，经济社会文化发展缓慢，传统乡村聚落景观相对稳定

聚落景观文化生态大区	聚落景观文化生态区	聚落景观文化生态亚区	自然环境特征	传统民居特征	聚落景观总体特征（景观意象）	景观基因变异特征
关中平原传统乡村聚落文化生态大区（Q2）	秦岭北麓传统乡村聚落文化生态区（Q21）	秦岭北麓山地传统乡村聚落文化生态亚区（Q211）	宝鸡凤县—西安周至县板房子镇—西安蓝田县葛牌镇以北，渭河平原以南的秦岭北麓山地区，属暖温带湿润气候，西部以中高山为主，东部以中低山、丘陵为主，峪沟众多，北部逐渐过渡到平原地貌	聚落分布较少，传统聚落多以古道型交通商贸聚落为主，潜山区多有峪沟聚落分布，寺庙道观众多，隐逸文化较为典型，文化背景上呈现南北混杂、过渡的特征	古道北麓，山高沟深，聚落稀少，西岳峥嵘，多为自然保护区	古道衰落，紧邻关中平原，传统乡村聚落景观出现结构变异
	渭河平原传统乡村聚落文化生态区（Q22）	渭河平原西部传统乡村聚落文化生态亚区（Q221）	渭北台塬与秦岭山地所夹的渭河平原西部地区，属暖温带半湿润气候，以平原地形为主，北部区域有黄土台塬，地形略有起伏，是陕西自然条件最好的区域之一	传统聚落分布较少，以农业景观和现代城镇景观为主，是中华民族主要发祥地之一，周秦汉唐文化积淀在这一区域交相辉映	凤鸣岐山，汉唐帝陵，遗珍遍地，但传统乡村聚落保存较少	关中平原西部，经济文化发达，传统乡村聚落景观基本消退
		西安咸阳渭南大都市景观（传统乡村聚落景观消退区）（Q222）	渭北台塬与秦岭山地所夹的渭河平原中部地区，属暖温带半湿润气候，是关中平原的核心腹地，泾渭分明，八水环绕	几乎已经没有传统聚落分布，有多个原始聚落及历代文化遗存，历史上多为都城建设地，历经战乱，现为西安、咸阳、渭南大都市区，主要为大都市景观	关中城阙，秦皇帝陵，为大都市景观区	关中平原腹地，经济社会文化发达，传统乡村聚落景观几乎完全消退
		渭河平原东部传统乡村聚落文化生态亚区（Q223）	渭北台塬与秦岭山地所夹的渭河平原东部地区，属暖温带半湿润气候，是关中平原东部的开阔地带，地势平坦，沃野遍布，东隔黄河与山西相望，自然条件极为优越	关中及陕西传统乡村聚落的主要分布区，以韩城为代表，传统乡村聚落众多且典型，古风悠悠，富集了元明清以来关中地区的传统聚落文化	耕读传家，古堡遍地，防御思想，宗法礼制，皆汇于此	关中传统乡村聚落景观的主要汇集地，传承较好，传统聚落景观稳定
	渭北台塬传统乡村聚落文化生态区（Q23）	渭北台塬西部地坑窑传统乡村聚落文化生态亚区（Q231）	铜川耀州以西、渭河平原以北的台塬地区，属暖温带半湿润气候，黄土层逐渐变厚，海拔升高，黄土直立结构性较好，是关中平原向陕北高原的过渡地带	是我国地坑窑传统乡村聚落景观的主要分布区，下沉式的地窑景观曾绵延数百里，是独特的生土聚落景观群	地坑窑，黄土地，关中平原逐渐向黄土沟壑过渡	地坑窑逐渐被填埋，只剩下少数聚落保存有地坑窑，地窑传统聚落景观逐渐消退
		渭北台塬东部房窑结合传统乡村聚落文化生态亚区（Q232）	铜川耀州以东的白水、澄城及合阳、韩城的西北部等地，属暖温带半干旱气候，沟塬相间，逐步过渡到黄土沟壑区	以独立箍筑的青砖窑洞为主体，兼有靠崖窑、地坑窑等各类窑洞聚落及房窑结合聚落，是陕西典型的房窑过渡区域，受关中文化和陕北黄土高原文化的双重影响	青砖箍窑，房窑结合，聚落景观呈现过渡性	传统聚落景观的现代传承良好，景观特征稳定

续表

聚落景观文化生态大区	聚落景观文化生态区	聚落景观文化生态亚区	自然环境特征	传统民居特征	聚落景观总体特征（景观意象）	景观基因变异特征
陕北黄土高原传统乡村聚落文化生态大区（Q3）	黄土沟壑传统乡村聚落文化生态区（Q31）	黄土沟壑南部窑洞传统乡村聚落文化生态亚区（Q311）	黄陵—黄龙一线以北、甘泉县以南的黄土沟壑区，属暖温带半干旱气候，地形起伏，坡陡谷深，中部形成一条南北走向的谷地，海拔相对较低，是本区城镇和聚落的主要分布区，东西两侧海拔较高	传统民居以窑洞聚落为主，为陕北窑洞聚落主要分布区，方言上仍受关中影响，为黄帝葬地，属黄帝文化区，是中华民族文化主要发祥地之一，鼓文化、剪纸文化等非遗文化发达	黄帝葬地，壶口雄壮，民族发源，窑洞聚落具有陕北典型特征	传统聚落保存较少，随着经济社会文化发展，窑洞聚落空废趋势严重，传统聚落景观呈现一定变异趋势
		黄土沟壑中部红色遗存窑洞传统乡村聚落文化生态亚区（Q312）	甘泉以北、子长以南的黄土沟壑区，属暖温带半干旱气候，地形破碎，沟壑纵横，西部山势较高，东部海拔逐渐降低，过渡到黄河谷地，以延河流域为主，是黄土高原的核心腹地	传统民居以窑洞聚落为主，多为红色革命遗存聚落和知青遗存聚落，是陕北窑洞聚落的腹地，革命时期为中共中央所在地，民风淳朴，鼓文化、剪纸文化、秧歌文化等非遗文化发达	九曲黄河，革命圣地，知青旧址，农耕文化，是陕北窑洞聚落景观的核心	红色遗存和知青旧址保存较好，传统聚落景观遗传稳定
		黄土沟壑北部精致窑洞传统乡村聚落文化生态亚区（Q313）	榆林东南部的米脂、绥德、清涧、子洲等县，属暖温带半干旱气候，是陕西黄土沟壑区的最北端，以无定河流域为主，整体海拔在1000m左右，干旱少雨，沟壑纵横	极致窑洞聚落文化景观区域，有多个地主窑洞庄园和沿黄交通商贸聚落，处于秦晋文化交融区，聚落景观受晋文化影响深刻，窑洞民居极为精致，以农耕文化为主，农牧结合	秦晋融合，地主庄园，黄河古渡，以明柱抱厦式窑洞四合院最为典型	传统聚落遗存较多，保护较好，传承稳定
		长城沿线边塞传统乡村聚落文化生态亚区（Q314）	大部处于明长城沿线，属温带半干旱气候，地处黄土沟壑区向风沙草滩过渡地带，自然景观上由千沟万壑逐渐变得开阔平坦	经历了数代多次移民戍边，文化上呈现流融合、多元叠加的特征，传统聚落以古代特别是明代遗存的军事防御古堡为主，是典型的农牧交错区域	农牧交错，边塞古堡，多元融合，古军事防御体系完备	传统聚落遗存较多，但多为断面式景观，存在一定的消亡趋势
	风沙滩地景观区（Q32）	风沙滩地传统乡村聚落景观缺失区（Q321）	大部为毛乌素沙地，属温带干旱、半干旱气候，以沙漠、丘陵地貌为主，西部海拔较高，东部海拔相对较低	沙丘为主，人迹罕至，聚落稀少，匈奴人赫连勃勃曾在此建立大夏国都城统万城，是游牧民族与中原民族融合的见证	大漠风光，沙丘绵延，匈奴都城，聚落稀少	传统聚落几乎已经消失，没有得到传承，为陕西传统乡村聚落景观缺失区

5.3.4　文化生态区划的影响机制

　　文化生态区的形成及其相对稳定性的维持，受多方面因素影响。从陕西传统乡村聚落景观来看，其文化生态区划主要受以下几方面因素影响：

（1）自然地理环境

按照文化生态学的基本观点，文化景观是人类活动叠加在自然环境之上融合而形成的人文景观现象。因此，自然环境对文化景观的形成、区划等有重要影响。从陕西传统乡村聚落景观区划方案来看，自然环境对文化景观区划的影响主要有两大方面：第一，秦岭作为我国南北地理分界线，造成陕西南北人文景观差异。由于秦岭的阻挡作用，秦岭北侧的陕西地区较南侧降雨明显减少，空气湿度也更小。自然气候的不同，反映在聚落景观上，就是民居造型、屋顶选取甚至地域饮食的差别，进而形成不同的聚落景观现象。第二，黄土高原支离破碎的地貌和黄土良好的直立性结构，孕育了窑洞聚落景观。黄土高原作为我国四大高原之一，其千沟万壑、干燥少雨的特征，使人们顺势而为，产生了窑洞聚落景观，成为我国独具特色的聚落景观类型之一。

（2）行政区划

行政区划对陕西传统乡村聚落景观区划亦具有重要影响，这种影响主要体现在行政区划对传统文化区的打破之上。自元代设立陕西行省以来，出于政治考虑，打破了千年以来既有文化区的格局。例如，将本属于巴蜀文化区、长期以来与蜀地联系在一起的汉中地区划归陕西省，将原属于陕西管辖的现今甘肃东部地区划归甘肃省，打破了既有格局，对文化区形成一定的阻断作用。再如，现今西安的秦岭深山区，如周至县老县城村、蓝田县葛牌镇等，聚落景观特征上非常接近陕南地区的汉中、安康传统聚落景观，与关中地区传统聚落景观差别较大，但行政划分上却和关中平原上多个县区同属西安。

（3）历史传统和文化积淀

陕西是中华民族的主要发祥地之一，自秦始皇统一中国以来，先后有 14 个王朝在陕西境内建都，其中就包括周秦汉唐等举世公认的我国封建社会的几个鼎盛时期。悠久的历史在陕西留下了深厚的文化积淀，对中华民族文化具有深远影响。对陕西传统乡村聚落而言，也形成了关中京畿地区、陕北边塞、陕南大后方的基本文化格局，并在长期的历史发展中得以传承和延续，奠定了今日陕西传统乡村聚落景观的基本格局。

（4）数次移民和地方认同

从广泛的调研情况可以看到，无论是陕南、陕北还是关中地区，都有较为典型的移民聚落，正是民族融合的见证。总体来看，陕北的移民聚落多为宋元明时期的戍边移民，促进了陕北地区的文化交融；而关中地区的移民聚落多为山东、河南、山西等地的逃难移民，如铜川地区在近现代以来涌入了大量河南移民，使该地拥有"小河南"之称；陕南地区则在元明清三代涌入了大量的湖广垦荒移民，形成了具有典型移民特征的传统聚落景观。这些移民有的互相融合，有的融入了当地，有的则依恋家乡，带来了家乡的文化习俗，他们有着不同的地方认同感。可见，移民和地方认同，对陕西传统乡村聚落景观文化生态区的形成具有重要影响。

5.4 陕西传统乡村聚落景观基因总体变异机制与变异性判定

5.4.1 区域识别系统的建立

在前述多个相关研究基础上，本研究综合文化生态学及信息大数据基本逻辑，结合陕西传统乡村聚落景观基因具体特征，构建了陕西传统乡村聚落景观区域识别系统（图 5-8），其基本特征和基本功能如下：

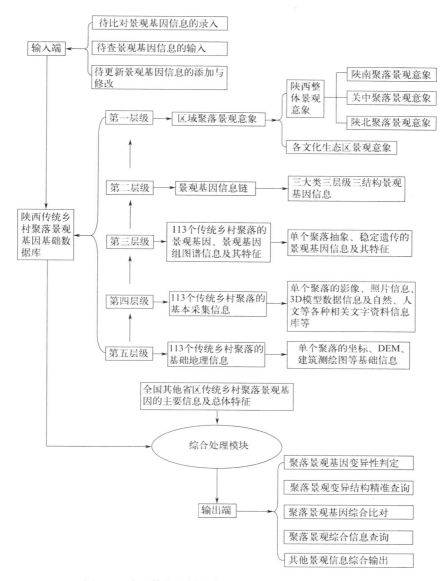

图 5-8　陕西传统乡村聚落景观区域识别系统模型构建

（1）基本特征

①基础性、全面性与系统性。前述研究分别进行了陕西传统乡村聚落景观基因识别及图谱构建，提出了陕西传统乡村聚落景观基因的形成与表达机制、遗传总体机制，提取了景观意象，构建了景观基因信息链，这所有研究，都是为构建陕西传统乡村聚落景观区域识别系统奠定基础，而此处建立的区域识别系统，仅是陕西传统乡村聚落景观识别系统的总体框架，具体景观基因信息、景观基因特征及机制，都已包含在前述研究中，体现出本识别系统的全面性与系统性。②信息化与大数据化。本系统不仅仅局限于文化生态学视

角，而是综合了计算机与大数据基本原理，提出了一个面向大数据、面向应用的综合巨系统。当然，此系统仅仅是一个理论模型，在实际应用中需要与计算机、大数据等相关专业进一步合作。③地域文化的独特性与区域差异性。只有明确地域文化的差异性与独特性，才能进一步研究区域的差异性，才能进行景观基因的变异性研究。因此，本系统充分解构了陕西传统乡村聚落景观的地域文化特征，并体现其独特性与差异性。④动态更新。与景观基因信息链类似，本系统也是一个开放的动态系统，便于新发现景观基因信息、变异信息的添加与更新。

（2）基本功能

①系统梳理陕西传统乡村聚落景观体系。本系统包含了五个层级的景观基因信息及其基础信息，是对陕西传统乡村聚落景观的系统研究与梳理。②变异性判定与变异结构精准查询。本系统储存了陕西区域传统聚落景观基因的全部信息，通过与本系统相关信息的综合比对，可以精准判定陕西区域内传统乡村聚落景观基因的变异性及变异结构，也可以判定某些传统聚落景观是否属于陕西区域，为其修复提供依据和参考。③实时动态监测，助力传统聚落修复与传统景观保护。通过与相关传统乡村聚落建立的视频监控系统关联，本系统可以对传统聚落景观进行实时动态监测，并定期进行景观信息更新，面向传统乡村聚落景观基因修复，为文物保护、传统景观保护及乡村振兴等提供基础技术支撑。④景观基本信息查询，文化科普、教育与推广。本系统以开放、共享为基本理念，着力推广、活化陕西传统乡村聚落景观文化，实现其可持续发展。

5.4.2 区域识别系统的地域总体特征及其区域差异

（1）地域文化生态系统总体特征

陕西传统乡村聚落，是陕西地域文化的主要载体。本研究已系统梳理了陕西113个传统乡村聚落的地域文化景观特征与景观特质，此处在区域识别系统提出基础上，进一步梳理出陕西传统乡村聚落景观地域文化生态总体系统（图5-9），其总体特征如下：

①地方性与区域性。这是所有地域文化的共性特征，也是地域文化生态系统的基本特征。②多元性与融合性。陕西存在以关中秦文化为代表的多种地域文化，它们在三秦大地上和谐共生，互相融合，体现出陕西地域文化生态系统内涵的丰富多彩。③地域文化分异存在方向差别。总体来看，陕南西部偏巴蜀文化、东部偏荆楚文化，存在东西分异，关中秦文化也存在西府文化与东府文化的东西分异，而陕北黄土高原窑洞聚落与风沙滩地，则多为南北方向上的文化景观分异。④关中地域文化的受挤压性。近年来，随着城镇化的持续进行，陕西省内的安康、汉中、延安等地的人口大量向关中地区迁移，甚至陕西周边甘肃的天水、庆阳和山西的运城、晋城等地的人口也大量向关中聚集，外来人口的到来，形成一定文化融合的同时，对关中地域文化形成挤压趋势。

（2）与周边区域的差异性、过渡性与联系性

①差异性。中华民族经过长期融合，已很难有相邻省区的交界区域之间存在绝对文化差异。这种地域文化的差异性，一般都是相对的。对陕西而言，与周边省区存在较大地域文化差异的区域，就是陕北地区。从黄土高原过渡到风沙滩地以后，陕北地区仍然与北边以草原游牧文化为主的内蒙古自治区存在较大的地域文化差异。②过渡性与联系性。行政区划的阻隔，并不能完全打破文化区之间的过渡性与联系性。众所周知，秦文化起源于陇

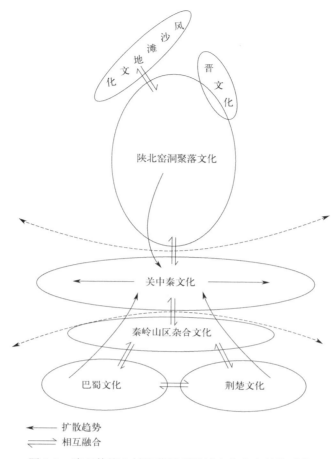

图 5-9　陕西传统乡村聚落景观地域文化生态总体系统

东地区，所以甘肃庆阳、天水的村庄里，人们依然在高唱秦腔，与关中秦文化同属一脉；而陕南移民带来的徽派民居文化，让人们在地处西北的陕南地区，看到了与江浙地区几乎一样的马头墙文化；虽相隔千里，但河南三门峡市陕州区的地坑窑竟然与陕西渭北地区的地坑窑几乎一样；虽同在黄土高原，黄河以东山西介休市的张壁古堡，随着黄土土质的变化，当地人选择了地上房屋、地下为地道式窑洞的房窑结合民居形式，与陕北窑洞既有联系又有区别。陕西西南角的青木川古镇，川陕甘文化在此交融；陕西东南角的漫川关古镇，秦楚文化在此博弈了近两千年；陕北黄河岸边的木头峪古镇，人们唱着晋剧、跳着秧歌，秦晋文化在此碰撞。可见，陕西地域文化生态系统与周边多个省份存在密切联系，也体现出一定的过渡性。

5.4.3　总体变异机制与总体变异特征

（1）总体变异机制

综合分析陕西 113 个国家级传统村落的总体特征，按照类型学的基本原理，本研究已梳理出陕北、关中、陕南传统乡村聚落主要地域文化景观特质类型（见本书 4.1.4 节），且对其景观基因遗传和变异的总体趋势作了基础分析（见本书 4.2.3 节），结合传统乡村聚落景观基因类生命变异机制（图 5-5），此部分进一步分析陕西传统乡村聚落景观基因发生变异的诱导因素及总体变异趋势，进而凝练提出陕西传统乡村聚落景观基因的总体变异机制（图 5-10）。

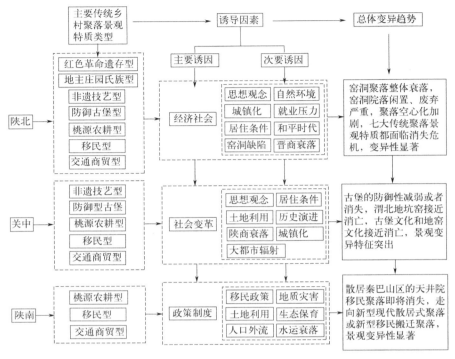

图 5-10　陕西传统乡村聚落景观基因总体变异机制

对陕北地区而言，窑洞聚落是其主要聚落类型。而随着经济社会的深入发展，窑洞被很多人认为是贫穷的体现，加之窑洞民居存在通风性能欠佳、占地面积大等缺陷，以及城镇化、就业压力等因素，陕北窑洞聚落出现大面积闲置、荒废的现象，当地地域文化景观特质面临严峻的消亡危机，景观变异特征显著。就关中地区而言，其农耕文明历史悠久，但由于关中历代战乱不断，特别是明清以来的严重匪患，使防御型古堡成为关中地区最主要的地域文化景观特质类型。随着新中国的建立和改革开放新时代的到来，古堡的土城墙逐渐失去了防御意义，关中古堡逐步走向开放的街坊式发展格局。地坑院窑洞聚落，曾在关中地区的渭北西部旱塬地区广泛分布。和陕北窑洞类似，地坑院窑洞也被认为是贫穷的代名词，且占用耕地较多，因而在 20 世纪末被大面积填埋复垦，现在仅有部分村庄保存有少量地坑院窑洞，地坑窑文化已经到了消失的边缘，景观变异特征亦显著。陕南地区，山水资源丰富，并有一定的耕地资源，明清两朝以来由于政府的移民垦荒政策，大量的湖广、安徽、江西移民来到陕南秦巴山区耕地拓荒，并带来了家乡的风土人情等聚落景观。而在 21 世纪第一个十年间，陕南地区发生了多次泥石流、滑坡等地质灾害，造成重大人员伤亡和财产损失，政府决定执行新的移民政策，将分布在山顶、半山腰等存在地质安全威胁的聚落重新选址，搬迁至地势平坦、较为安全的地带，这就是陕南移民搬迁安置工程。移民搬迁工程的实施，使陕南乡村处于彻底的重构状态，更使原本就处于半闲置状态的陕南传统乡村聚落进一步走向废弃，而在新的移民社区形成新的移民文化景观。从移民景观到新移民景观，陕南传统乡村聚落景观变异性也较显著。

（2）总体变异特征

依据陕西传统乡村聚落景观区域识别系统及总体变异机制，结合陕西传统乡村聚落景观基因信息链，本研究分析了陕西三大地理板块传统乡村聚落景观的基本特征及其总体变异特征。从基本特征与总体变异特征的对比分析可见，陕北窑洞聚落、关中地区的古堡、渭北地坑窑聚落和陕南移民聚落，都呈现出一定的变异特征（表 5-3），导致相应地域文化景观特质减弱甚至消失。

此部分研究从传统乡村聚落景观的宏观变异趋势和宏观变异特征出发，明确了陕西传统乡村聚落景观基因的总体变异机制、总体变异特征，为进一步研究单个传统乡村聚落景观基因变异性及其修复奠定了坚实基础。实际上，发生景观基因具体变异的，多为单个具体聚落。传统乡村聚落景观基因修复的对象，一般也以发生变异的单个具体聚落为主。发生变异的单个聚落景观基因信息得到修复，区域宏观变异趋势也将得到扭转。

陕西传统乡村聚落景观基因总体变异特征　　　　　　表 5-3

自然经济区	传统乡村聚落景观基本特征	典型变异聚落	总体变异特征
陕北	窑洞聚落是主体，由于该区域历史上多位于边境，产生了多个军屯聚落；由于封建时代封闭发展的经济，产生了多个延续数代的地主庄园窑洞聚落；革命时期中共中央的驻扎，又使其产生了多个红色窑洞聚落；窑洞聚落与沟、塬、梁、峁相伴相生，是黄土高原最壮观的人文景观	杨家沟村、高杰村、碾畔村、马家湾村等	窑洞聚落大面积闲置、废弃，聚落空心化严重，大量窑洞聚落景观基因信息消失或者破坏，变异类型以景观基因突变和景观结构变异为主，大量窑洞聚落景观基因元、基因链、基因形三层次结构全面破坏
关中	受都城营城思想的影响及为防兵燹、匪患，无险可守的关中平原上形成了大量的防御式古堡；渭北旱塬处于关中盆地向黄土高原过渡地带，呈现出房窑结合的聚落景观特征，地坑院窑洞聚落尤其典型	程家川村、老县城村、双泉村、曹家村、移村等	防御古堡文化和地坑窑文化即将消失，相关景观基因信息流失严重，变异类型以景观基因重组和景观结构变异为主，景观基因形、基因链损坏严重
陕南	陕南东部的安康、商洛地区传统乡村聚落受秦、楚文化和湖广移民文化影响，聚落景观亦秦亦楚亦徽派，多呈徽派移民聚落景观特征；陕南西部汉中地区则深受巴蜀文化影响，聚落景观多呈秦巴文化融合的特征。陕南传统聚落多选址于山顶、半山腰及沿河沟谷地带，多呈带枝状及团块状发展的形态	双柏村、天宝村、青木川村、前河村等	以徽派天井院民居为代表的移民文化，全面走向现代多层居住小区文化，变异类型以景观结构变异为主，传统乡村聚落景观基因元、基因链、基因形等景观基因信息即将大面积消失

5.4.4　景观基因变异性判定的原则与操作流程

结合前述研究，本研究提出"景观基因综合比对法"对传统乡村聚落景观基因变异性进行判定，本方法主要遵循以下原则：

①主体基因变异原则。如传统乡村聚落内部最具稳定遗传特征的传统民居等基因要素发生变异，则可判定该聚落景观基因发生变异。②景观特质优位原则。如前所述，传统乡村聚落景观特征具有多样性，而景观特质具有唯一性，经综合比对，发现聚落景观特质已变异，则判定该聚落发生景观基因变异。③区域普遍性原则。经区域景观基因识别系统等

综合比对，如发现该聚落景观基因特征与本区域聚落普遍的景观基因特征已经不同，则可判定该聚落发生景观基因变异。④分类判定原则。以物质要素为主的聚落，则以物质类主要景观基因的变化作为其变异性判定的依据；以非物质要素为主的聚落，则以非物质类景观基因的变化作为其变异性判定的依据。⑤综合比对判定原则。除了上述几个原则，聚落变异性的判定，都是以主体基因要素为主、兼顾综合、多层级景观基因比对的结果。

　　"景观基因综合比对法"主要包括传统乡村聚落景观基因基础数据资料收集整理、综合比对判定、判定结果给出三个步骤，具体操作流程如图5-11所示。

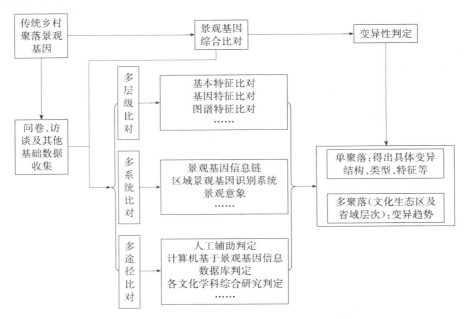

图 5-11　变异性判定的景观基因综合比对法操作流程

第 6 章

典型变异聚落的景观基因信息链修复

6.1 理论框架与样例选取

6.1.1 景观基因信息链修复的理论框架

景观基因信息链修复，主要包括变异性判定、信息链修复、保护利用策略提出三个步骤（图 6-1）。对发生变异的传统乡村聚落的变异特征、变异类型等进行判定，是景观基因信息链修复的首要任务。在传统乡村聚落景观基因识别、图谱构建及特征解析基础上，进行景观基因比对、图谱比对、特征比对等，并结合区域聚落景观意象、区域聚落景观基因信息链和区域聚落景观文化生态区划，以区域聚落景观基因识别系统为主体，人工判定为辅助，综合判定传统乡村聚落景观基因的变异性。

根据综合判定结果，进行景观基因信息链修复。从适用范围来看，景观基因信息链修复主要针对单体聚落和小群系聚落，发生大规模、大群系聚落景观变异的可能性较小。传统乡村聚落景观基因发生变异后，其景观基因信息链产生相应变化。从类型上来讲，对景观基因信息破坏严重、趋于消亡的聚落，即发生不利变异的聚落，应进行景观基因信息链复原；对较历史时期承载的景观基因信息更完整、更丰富的聚落，即发生有利变异的聚落，应进行景观基因信息链重建，这就是景观基因信息链修复的两个主要方面。大部分景观基因变异现象，属于不利变异，需要进行景观基因信息链复原，以恢复其历史时期最完整的景观基因信息，并最终修复其文化生态系统。可见，景观基因信息链复原，是传统乡村聚落景观基因信息链修复的最主要方面。

从修复对象来看，景观基因变异主要破坏的是景观的"基因链"及"基因形"。因此，对"基因链"和"基因形"的修复，是景观基因信息链修复的核心、重点和难点。从修复方法上来说，景观基因信息链修复，主要借助考古学、历史地理学的"复原思想"和社会学、管理学与人文地理学的质性研究方法以及生物学的基因分析方法等，以考古技术、建筑技术、计算机数字辅助图复原技术、无人机航拍及测绘技术等为支撑，进行聚落景观基因信息链复原和重建两方面的工作，为遗址地景观复原展示、乡村地理、乡村旅游研究及

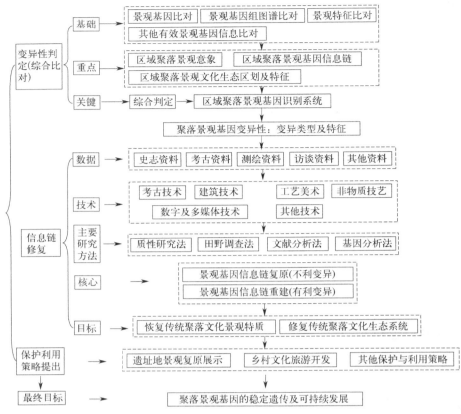

图 6-1 传统乡村聚落景观基因信息链修复的理论框架

传统乡村聚落保护利用、乡村振兴等提供理论基础和技术支撑。

从区别和联系角度来看，景观基因信息链重建（有利变异），是将新产生的变异基因纳入该聚落的景观基因信息链中，使其景观基因信息达到最新、最完整的状态。而景观基因信息链复原（不利变异），是将其景观基因信息恢复到其历史时期的最完整状态。可见，虽然一个是纳入新变异基因，一个是恢复历史时期的完整基因，但两者的目的和结果都是使聚落的景观基因信息达到最完整的状态，因此两者实施的过程和方法基本相同，一般都是以质性研究为主体，辅以田野调查、文献分析等方法，实现信息链的修复。只是两者的侧重点和难易程度有所不同，新的有利变异的景观基因信息往往比较容易获取，景观基因信息链重建更容易实现。而历史时期最完整的景观基因信息往往比较难获取，需要查阅大量的史志资料，其准确性也不能完全保证，因而景观基因信息链复原的难度更大。

当然，景观基因信息链修复主要是从文化生态学和景观基因角度，对发生变异的传统乡村聚落景观进行修复，要实现传统乡村聚落景观的可持续发展，还必须采取一定的实际政策、措施等，使景观基因信息链修复的成果能够在传统乡村聚落保护利用中发挥实际作用。

6.1.2 典型变异聚落样例的选取

传统乡村聚落景观基因的变异，大部分属于不利变异，其数量远远超过有利变异。同时，发生物质要素景观基因变异的情况，远多于非物质要素景观基因的变异。因此，本研究在单个聚落景观基因信息链修复案例选取时，以发生不利变异的传统乡村聚落景观的复原为主，陕南、陕北、关中地区各选取一个具有代表性的变异聚落进行研究。发生有利变异的景观基因信息链重建类聚落，选取陕北榆林的杨家沟村为典型样例进行研究，具体选取情况见图 6-2。进行景观基因信息链修复时，以可识别性强的物质类传统景观基因要素为主体，非物质类景观基因要素难以具象研究，只做辅助探讨。

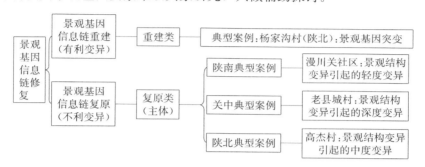

图 6-2　陕西传统乡村聚落景观基因信息链修复典型聚落选取

6.2　陕西典型变异传统乡村聚落景观基因信息链修复

6.2.1　杨家沟村（景观基因信息链重建）

（1）变异性判定

1）基本情况

前述研究中，在陕西传统乡村聚落景观基因识别及窑洞聚落景观基因组图谱构建时，都以杨家沟村为例进行过探讨，其中窑洞聚落图谱构建时为了突出聚落特征，称之为杨家沟窑洞聚落，此处称之为杨家沟村，皆为同一聚落。杨家沟村坐落在陕西省榆林市米脂县东南的黄土沟壑群峁之中，距县城约 23km。米脂县以无定河流域为主，总体地势东西高中间低，地貌沟壑纵横、梁峁起伏、支离破碎，属于典型的黄土高原丘陵沟壑区。杨家沟所处的米脂区域，年平均气温 7.9～11.3℃，年平均降雨量 316～513mm[303]。2019 年，全村基本情况如表 6-1 所示。

杨家沟村基本情况（2019 年）　　　　　　　　　　　　　　　　表 6-1

类别	数量/产业类别(单位)	类别	数量/产业类别(单位)
总面积	10(km²)	总户数	462(户)
耕地面积	4770(亩)	总人口	1404(人)
林地面积	2273(亩)	常住人口	626(人)
灌溉面积	506(亩)	外出人口	778(人)
主要产业	种植、养殖业	人均纯收入	9000(元)

自马林槐从山西迁居绥德马家山开始，马氏家族已在陕北地区发展四百余年，现已繁衍至第十六代左右。马氏家族农商并举，耕读传家，于 18 世纪中叶开始发家，19 世纪中

叶达到顶峰，成为陕北最大的地主集团，其具体发展脉络见图6-3。

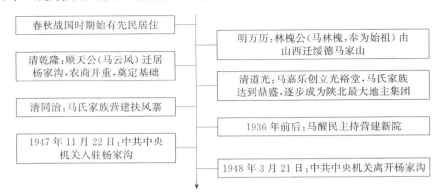

图6-3　杨家沟村马氏家族历史大事件脉络

附注：根据《杨家沟马氏家族志》等资料整理

杨家沟村经过马氏家族数百年的艰辛经营，从地主庄园逐渐变为寻求革新的进步园地，再到红色圣地，几经沧桑，内涵丰富。杨家沟村是中共中央转战陕北取得光辉胜利的标志点，是中央离开陕北走向全国胜利的出发点，具有很高的历史地位[234]。杨家沟村入选了中国历史文化名村和中国传统村落，现开辟有转战陕北纪念馆、影视基地、爱国主义教育基地、红色旅游基地等，杨家沟革命旧址为第五批全国重点文物保护单位。

2）变异性判定

依据陕西传统乡村聚落景观区域识别系统及人工辅助综合判断，杨家沟村存在景观基因变异现象，杨家沟村在陕西省传统村落中编号为83（见附录1），根据判定，其景观基因信息链中的JA183、JB483、TE183和TE1183基因存在变异基因，以外来基因诱发的景观基因突变为主，属于有利变异，因此需要对其进行景观基因信息链重建。

3）变异结构及特征

第一，变异结构。根据判定，杨家沟村景观基因变异结构以景观基因元和景观基因链为主，具体变异部位为宗族文化、典型院落两大景观基因元及聚落空间序列景观基因链。第二，变异类型。杨家沟村景观基因变异属于典型的外来文化基因引起的景观基因突变，变异景观基因总体促进了杨家沟传统乡村聚落景观的丰富完善，属于有利变异。第三，变异次数和时间。杨家沟村以地主型农耕景观为基底，在四五百年的发展史中，发生了数次景观基因变异，主要有两个阶段：一是民国时期，以马醒民为代表的马氏族人发奋读书，引进新思潮，对家族原有的传统农耕景观形成冲击和影响；二是中共中央的到来，给杨家沟注入了红色基因，彻底摧毁了马氏家族的封建经济，马氏子孙开始投身革命和新中国建设，面貌全新。

4）变异原因分析

经济原因：杨家沟马氏家族在发家的最初时期，主要依靠马云风利用陕北商路运输货物起家，然后逐渐购买土地，扩大经营，发家致富。把土地作为资本经营，紧紧依靠土地，是马氏家族的最大经济特征。鼎盛时期，马氏家族曾拥有周围四五个县约18万亩土地（据《马氏家族志》），使杨家沟成为一个地主经济极为集中的聚落。然而，随着子孙增多，从马云风的第四代开始，马氏家族内部已经开始出现贫富分化。有的子孙不善经营，有的子孙贪图享乐，不思进取，造成马氏家族内部经济水平分化加剧。伴随着抑商思想的出现，部分马氏族人重视考取功名而轻视商务，造成家业逐渐衰败。到民国时期，马氏各堂号中仅光裕堂、敬慈堂和元吉堂还比较富裕。随着封建王朝的垮塌，马氏封建地主经济难以为继，并最终崩塌。在经济变革的同时，伴随着的是马氏族人思想认识的深刻变化，并最终导致家族革新的到来。

社会政治原因：清末民初，社会动荡，列强侵扰，正值民族危亡之际。清末鸦片战争以来，随着鸦片大量输入中国，马氏子弟中也有不少人吸食鸦片，逐渐使马氏子弟健康受损，家产破败。马氏族人中的开明绅士开始担忧国家、家族的前途命运，寻求救亡图存之道。抗日时期，为了夺取抗战胜利，马氏家族捐钱捐粮，为抗战作出了积极贡献，但使马氏家族整体逐渐走向衰落，也使得部分小地主走向破产。随着革命的进行，土地改革在陕北地区逐渐铺开。1946—1947 年，土地改革在杨家沟进行，地主的土地被人民政权没收，马氏地主集团的经济基础被彻底摧毁，地主们接受教育，接受新思想。1947 年底，中共中央转战陕北到达杨家沟村，开始在杨家沟四个月的驻扎。至此，红色革命基因全面注入马氏族人血液之中，越来越多的马氏儿女开始投身革命与新中国建设，杨家沟也再次发生深度变革。

文化原因：马云风确立的"耕读传家"家风，为马氏家族树立起了"文化教育"的旗帜。马氏家族先后于清朝早期举办家塾，清朝中期举办私塾，民国时期办新式学堂、送族人去国外留学，这些都说明了马氏家族历代对教育的重视。仅辛亥革命前后，光裕堂就先后送 12 人去国外留学，培养了一大批人才，为家族革新奠定了基础。但在封建社会末期，马氏家族依然注重考取功名，固执地坚持耕读传家，不知变通，轻视工商业，没有把握住社会发展的正确动向，走向衰落已是必然。

近百年来，杨家沟马氏地主集团作为一个典型的地主经济文化景观现象，在各个时代都被中外学者进行广泛深入的研究。杨家沟的百年变迁，反映了近现代以来中国农村和农耕文化的深度变革，值得人们深思和深度研究。

（2）信息链修复

1）修复过程

2018 年至 2019 年，研究团队三次到杨家沟村进行深入调研。调研过程中，本团队收集了《马氏家族志》《杨家沟传统村落保护与发展规划》等大量关于杨家沟历史、文化的资料，并发放相关问卷，对村委会主任、老人、文化学者、普通村民等进行了深入的半结构式访谈。对景观基因信息链修复具有重要作用的访谈信息摘录如下：

村委会主任（马宏风，2019 年 7 月 26 日）：杨家沟从一个大地主村落，变成红色根据地，经历了沧桑巨变。杨家沟革命旧址在我们党的历史上具有重要意义，我们一定好好保护。2017 年到 2019 年，我们主要干的事情就是维修马氏地主庄园窑洞群。对十几组主要窑洞院落立面进行了重新粉刷，扶风寨下面的公路边我们新修了石头砌的挡土墙，并开辟了停车场。对扶风寨山顶的转战陕北纪念馆和下面的毛主席旧居，也就是新院，进行了重点整修，面貌焕然一新。下一步我们要继续深入挖掘马氏庄园文化和红色文化，搞好红色教育、红色旅游，并结合我们的农家乐、农副产品销售等，拓展渠道，为村民增收，实现文物保护与经济发展的双赢。

马姓村民（约 70 岁，2018 年 5 月 29 日）：杨家沟是从马云风开始建设的，历经二三百年，鼎盛的时候有号称七十二户大地主，土地遍布大半个陕北。扶风寨上那几十个院子，我小的时候就是那个样子，只是粉刷过，没有重新修建过。我小时候在山顶上那个马氏讲堂还上过学，那个时候学校在山顶上，后来才搬到这个沟底来的。

马姓村民（约75岁，2018年5月29日）：毛主席离开杨家沟的时候说，杨家沟是个好地方。我没有看见他们，那个时候我还小，我父亲参加了送别中央的活动。杨家沟最好的院子应该是马醒民修的新院，那是醒民从日本留学回来，按照日本和西方的方式修的院子，在杨家沟和陕北地区来说算是很有特点的了。新院大概是在民国十八年左右开始修的，历时十年左右，当时陕北大灾，马醒民借着修新院，缓解了周围许多贫苦农民的生活。

马姓村民（约65岁，2019年7月27日）：这个碑，看到没有，就是当时修了扶风寨，居高临下，挡住了回民军的进攻，周围的村民看到这个情况，都纷纷跑到寨子上头去避难，马家收留了他们。后来回民军平息了，周边的村民为了感谢马家，就立了这么一个碑，"文革"的时候差点被拆掉，后来保存了下来。

在综合判定杨家沟村景观基因信息链的宗族文化、典型院落两处景观基因元及空间序列景观基因链存在变异情况后，结合调研资料、文献资料和访谈情况等综合材料，以质性研究为主，对发生变异的部位进行景观基因信息链重建。

2）修复结果（景观基因信息链重建）

杨家沟景观基因变异属于有利变异，需对变异景观基因信息进行重建。主要重建发生变异的宗族文化特征、传统民居特征与典型院落图谱、空间序列图谱及特征。

①变异宗族文化特征重建（JB483）

在发家初期，马云风秉承农商并举的思想，利用运输业发家，然后不断购买土地，并经营商业"字号"，不断积累财富。马云风在立族之初便确立了"耕读传家"的总体宗族思想，"耕为本务，读为荣身"是其核心内涵。在发家的初始阶段，马氏家族为了积累财富，是不排斥商业的。但随着家族财富的增多，土地面积的扩大，在闭塞的陕北地区，本就不善于经商的马氏族人开始抑制商业，发奋耕读，为官入仕，家族的"堂号文化"开始兴起，子孙也开始从杨家沟外迁。"堂号"与商业"字号"不同，"堂号"是马氏内部不同族群的代称，而"字号"则是对外的商业名称。清道光年间，马氏族人已完全不参与商务，聘请专门人员经营生意。

到顺天公马云风的三门四世孙马嘉乐时代，马氏家族已是绥米第一巨富。马氏族人一直到清王朝覆灭、抗日战争前，都坚守着"耕读传家"的基本宗族思想，坚守着族长制的基本宗族制度。随着留学归国的马醒民等开明绅士的回归，马氏家族开始接受民主思想，投身革命，为国家和民族培育了一大批人才。在辛亥革命、新民主主义革命、社会主义新中国建设等各时期各条战线上，都留下了马氏子孙的身影。

综合来看，马氏宗族文化总体为"耕读传家"，但其内涵有从"农商并举"到"重农抑商"的变化。新中国成立前后，马氏家族顺应时代变化，接受民主思想和现代科学思想，宗族思想发生了彻底改变，其总体宗族思想重建序列见图6-4。

②传统民居变异特征（JA183）与典型变异院落图谱重建（TE1183）

马祝平（1890—1961），字醒民，是光裕堂二门十世孙。马醒民是马氏家族革新派的典型代表，也是马氏家族"睁眼看世界"的代表人物和家族"外交家"，早年曾在同济大

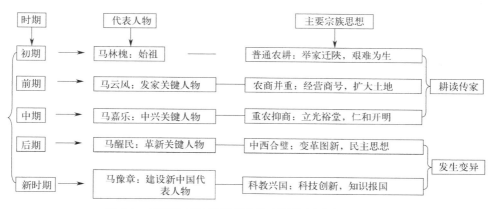

图 6-4 杨家沟村马氏宗族文化变异特征重建（JB483）

学学习建筑与土木工程，后从日本留学归国。马醒民精通建筑、土木、水利甚至军事，曾担任陕甘宁边区政府参议员，一生致力于马氏家族振兴，为家族教育事业倾尽全力。1936年，他亲自设计并主持建设的新院（中共中央驻扎杨家沟时毛主席居住院落）落成。新院融汇东西，由于其引入了外来文化景观基因，属于典型的景观基因突变现象。本研究在窑洞聚落景观基因组图谱构建时，已以杨家沟为例，构建了杨家沟窑洞聚落的典型院落图谱（图 4-14）。由于杨家沟传统民居以窑洞四合院居多，故选取的典型院落为具有厢窑式四合院典型特征的"十二月会议"旧址。而此处，本研究重建了具有变异特征的马醒民新院图谱（图 6-5）。

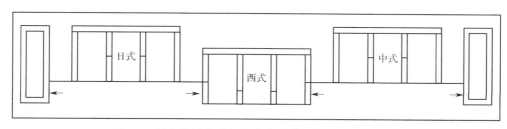

图 6-5 杨家沟村典型变异院落图谱重建（马醒民新院）

通过将前述研究建立的杨家沟典型院落图谱和马醒民新院图谱（图 4-14 与图 6-5）进行比对，可以得出新院具有如下变异特征：从平面形态来看，留学归来的建筑学家马醒民主持设计的杨家沟新院被认为具有前"中"、中"洋"、里"和"的特征[58]。新院选址于扶风寨最优的山头顶部、人工平整的靠山平台上，共 11 孔窑，全为明窑，没有暗窑和厢窑。11 孔明窑的中间九孔，每三孔为一组：正中间一组凸出，三孔窑横向联通，开侧门，屋脸为三个仿哥特式大窗，是为"西式"；两侧两组窑后退，退出的位置供中间一组开侧门；靠东的那组窑，屋脸为传统的陕北嵌入式雕花木抱窗，是为"中式"；靠西的那组窑，屋脸为日式方格窗，是为"日式"；两侧两组窑均为正向开门。三组窑东西外侧，各有一孔窑。中间三组窑和两侧两孔窑呈"钢琴键式"错落单排布置，而非"合院"形制。西侧通过防空洞与上部"马氏讲堂"相连。从细部装饰来看，中间一组三孔正窑和最外侧两孔窑正面墙的位置都有柱子，共八根。八根柱子与西式圆形柱不同，借鉴了陕北窑洞顶方形烟道的做法，直通屋顶，且高过女儿墙。该窑洞院落屋顶依然是平屋顶，但屋檐为中式坡屋顶的檩梁式做法，木檩打底，上铺瓦。且在斗栱位置，用石斗挑檐做替代，部分石斗上雕刻有龙纹。

此外，该院出现山墙，一般靠崖窑则没有。新院融入了西式建筑的典雅特征，又传承了陕北窑洞的雄浑气势，堪称"中西建筑风格融合"的典范，它受外来文化景观基因影响，具有明显的景观基因变异特征。新院与杨家沟典型院落景观基因具体比对如表6-2所示。

杨家沟村典型变异院落景观基因特征比对   表 6-2

类别	因子	指标	典型院落	典型变异院落（新院）
建筑特征 （内在/物质）	民居特征	屋顶	平屋顶或缓坡窑洞顶	带镂空女儿墙、平屋顶
		山墙	一般无	有山墙：侧开门，且门上有石斗式屋檐
		屋脸	窑脸：嵌入式木雕拱形窗	前"中"，中"洋"，里"和"
		平面	窑洞四合院	"钢琴键"式错落单排院，无厢窑、暗窑
		装饰	入院门楼砖雕、木雕	通天柱、石斗式屋檐
		材质	砖、石、木	砖、石、木

③变异空间序列图谱重建及其特征解析（TE183）

杨家沟村变异空间序列图谱重建主要包括两部分，一是杨家沟至清末形成的变异前空间序列图谱的重建，二是杨家沟融入西式景观基因和红色革命基因的变异后空间序列图谱重建，即前述研究构建的杨家沟空间序列图谱（图4-15）。

变异前空间序列图谱重建（封建时代末文化景观断面）：至清末，马氏家族在杨家沟的总体格局已经形成。其总体格局的形成，主要依赖光裕堂子孙中的三个关键人物和三次大事件。马嘉乐创立光裕堂以来，对内奖励耕读，在为官子孙家中立旗杆、挂匾额以示奖励，践行"耕读传家"的宗族思想；对外，施行"好义可风"的仁政，不仅惠及乡邻，还帮助妹夫姜安邦发家致富，使姜家成为陕北另一巨富。马嘉乐使光裕堂逐渐成为马氏家族和杨家沟的核心族群。

在马嘉乐的影响下，他的大门孙子马国士、二门曾孙马祝舆、马醒民成为马氏家族后期的三个关键人物。首先，马国士（字次韩），于清同治六年联合家族各部力量，于寨子圪埕修筑扶风寨，抵御回民军进攻，奠定了扶风寨的整体格局，并接纳乡邻到寨上避难，后乡邻立《马公次韩德惠碑》以表感谢。第二，马祝舆（字子衡），于清光绪二十五、二十六年赈济灾民，百姓立《马公子衡德惠碑》以表谢意。两德碑如今仍立于杨家沟村委会前（图6-6）。第三，马祝平（字醒民），于民国十八年开始修筑新院，接纳饥民，以工代赈，救济灾民。马国士、马祝舆、马醒民三人，一次筑寨，两次赈灾，奠定了封建社会末期马氏地主庄园群的总体格局，也带来了新的景观变化。

从封建社会末期这个景观断面杨家沟的总体空间格局来看，扶风寨主要为光裕堂大门子孙的宅基地，其他各门如需到寨上筑窑避难，须用土地置换。水道沟主要为光裕堂二三门的宅基地，四门位于寺沟，五门主要位于阳坬山（图6-6）。至封建时代末期杨家沟形成的主要公共建筑有马氏学堂、马氏宗祠、两德碑、纪念马嘉乐及其子孙功绩的十七通碑（位于寺沟村）、多个牌楼等，主要公共建筑和各主要堂号格局具体重建情况见图6-6。

变异后空间序列图谱重建：在发生两次主要景观变异后，杨家沟传统乡村聚落景观融入了西式景观基因和红色革命基因，聚落空间格局发生了重大变化，前述研究在探讨窑洞聚落单聚落图谱构建时构建的杨家沟空间序列图谱即为变异后杨家沟的空间序列图谱，具体见图 4-15 及相关分析。

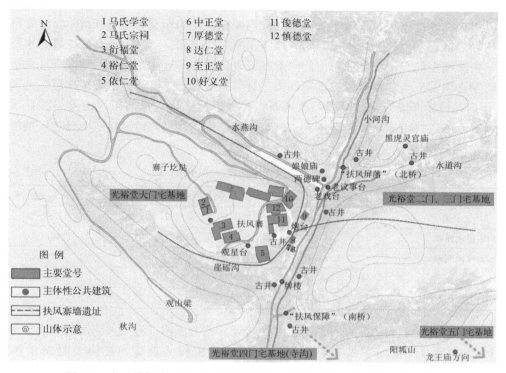

图 6-6　变异前杨家沟空间序列图谱重建（封建时代末期文化景观断面）

（3）保护利用策略

上述研究从文化生态学和景观基因角度，重建了发生有利变异的杨家沟村景观基因信息链中的宗族文化特征、典型变异院落图谱与变异空间序列图谱等。针对景观基因信息链重建情况，未来杨家沟村在发展建设中应着重于以下方面。

1）马氏地主窑洞庄园群的保护。杨家沟马氏地主窑洞庄园群，历经四百余年发展建设，成为黄土高原上一道亮丽而独特的人文景观。现作为全国重点文物保护单位，应结合相关法律法规、保护规划，做好保护工作，严禁破坏窑洞传统聚落景观的各类建设活动，并定期修缮，实现可持续的保护与利用。

2）文化挖掘与各类相关产业培育。马氏家族地主经济文化、中共红色革命文化、黄土高原文化在这里相交融，赋予了杨家沟独特的精神文化内涵，为各类相关产业培育奠定了很好的基础。应在红色教育、红色旅游产业发展、黄土文化挖掘上做足文章，并配套适当发展生态观光农业和乡村旅游，提高当地农民收入，增强当地人民主人翁意识，反过来促进马氏地主庄园群的保护，形成良性循环，实现乡村振兴。

3）生态建设与基础设施建设。对村域内的坡、梁、峁、湾，加强生态治理，增加绿化。"旱厕改造、粪便处理、山体绿化"，是杨家沟传统乡村聚落在生态宜居新农村建设中的三大核心生态问题，应加大力度进行重点攻关。

6.2.2 漫川关社区（景观基因信息链复原）

（1）变异性判定

1）基本情况

漫川关社区位于陕西省商洛市山阳县漫川关镇，距山阳县城约45km。漫川关自古为秦楚边界之地，今为陕鄂交界地带，有陕西东南大门之称。陆路处于秦楚交界，水路上金钱河、靳家河在此交汇，金钱河由此向南在安康白河县附近注入汉江，沟通汉江水运，使明清时期漫川关成为陕南重要的水旱码头，有"船帮百艇连樯，骡帮千蹄接踵"之说。自2008年启动旅游开发以来，漫川关镇区面积扩大了两三倍，目前镇区由漫川关社区、闫家店新区、街道村组成，镇区常住人口已逾万人。作为漫川关镇区组成部分之一的漫川关社区2019年基本情况见表6-3。

漫川关社区基本情况（2019年）　　　　　　　　　　　表6-3

类别	数量/产业类别（单位）	类别	数量/产业类别（单位）
总面积	1.8（km²）	总户数	993（户）
耕地面积	300（亩）	总人口	3762（人）
林地面积	500（亩）	常住人口	2225（人）
河流	300（亩）	外出人口	1537（人）
主要产业	旅游业、商贸业	人均纯收入	约15000（元）

在漫川关镇的乔村，发掘有新石器时代遗址，充分证明了漫川关悠久的历史。漫川关交通区位重要，自古商贸发达，非物质文化景观也较为典型，其历史时期主体脉络见图6-7。

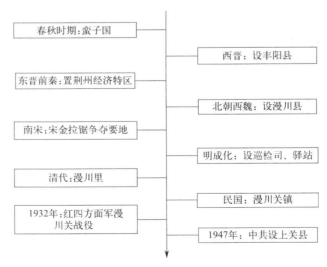

图6-7　漫川关社区历史大事件脉络

附注：根据清《山阳县志》等相关史料整理

2）变异性判定

根据综合判定，漫川关社区传统乡村聚落景观总体处于消退状态，发生景观结构变异引起的不利变异，民国末期景观断面承载了其历史时期最完整的景观基因信息。漫川关社区在陕西省国家级传统村落中编号为22（见附录1），其景观基因信息链中的A122、D122、D222三个景观基因信息及E122、E22两个图谱信息存在变异情况，需要对其进行景观基因信息链复原，以恢复其文化生态系统。

3）变异结构及特征

①变异结构。根据判定，漫川关社区传统乡村聚落发生变异的具体景观基因结构为传统民居特征、形态特征、结构特征、空间序列图谱四个景观基因链及总体形态图谱一个景观基因形，需要对其进行景观基因信息链复原。漫川关形态、空间结构变异主要体现在以下三方面：首先，水码头的没落以至逐渐消失。随着金钱河的改道，水码头逐渐没有了水运业务，水码头一侧的商贸业也逐渐消失。其次，主体性公共建筑格局的改变。当前，漫川关的双戏楼、武昌会馆、北会馆等主体公共建筑仍在，它们撑起了漫川关的总体格局。但作为全国重点文物保护单位的双戏楼仍有遗憾，一是旁边的另一个戏楼在"文革"时被破坏；二是双戏楼自身也被重建过，原有风貌已难再现。再次，传统民居接近消失，新建建筑量过大。漫川关秦街还保存有十几户相对完整的徽派天井四合院，楚街几乎已经全是新建的仿古建筑。再加上近几年旅游开发过猛，新建建筑过多，对整体风貌改变很大。

②变异类型。漫川关社区传统乡村聚落发生了景观结构变异引起的不利变异，以聚落的景观基因链和基因形损坏为主。总体来看，该变异还处于中前期阶段，对景观基因链和基因形尚未达到深度破坏的程度，尚未引起景观特质改变，属于轻度变异。

③变异时间和次数。总体来看，漫川关社区只发生了一次景观基因变异，但这次变异时间跨度较长，从中华人民共和国成立后一直持续至今。在长达几十年的时间跨度里，漫川关社区的传统乡村聚落景观发生着缓慢的改变。

4）变异原因分析

①交通运输总体格局的改变：漫川关社区在明清两代能够迅猛发展，成为陕南东部首屈一指的交通商贸型聚落，主要得益于交通区位的绝对优势。在现代交通体系尚未兴起前，运量大、成本低的水运占据了绝对优势。漫川关地处秦楚交界、东南和西北贸易的咽喉之地，又拥有一个较为宽阔的谷地，为水陆联运提供了绝佳条件。山西的盐、陕西的桐油、河南的棉花等货物，经陆路驮运到此，转水路销往全国；上海和外国的货物经水路运至漫川关，再转陆路运往西北各地。南船北马在此汇集，使漫川关逐渐发展成为繁荣异常的商贸集散地，有"十户九商"之说。但是，随着铁路运输的兴起，1934年陇海铁路通车，东南销往西北的货物改从陆路运至西安进行贸易。随后几十年，飞机、高速公路等现代交通体系兴起，漫川关不再具备交通区位的绝对优势，逐渐由全国性的区域商贸中心，降格为陕鄂交界县市区域级别的小型商贸中心。

②文化生态的深度变革：在春秋战国时期，漫川关一带长期都是秦楚两国互相争夺之地，"朝秦暮楚"的典故就出自于此。漫川关位于秦头楚尾，文化层面亦秦亦楚，处于文化拉锯的锋面地带。而明清两代水旱码头的兴盛，为漫川关带来了全国各地的文化，会馆、戏台等商贸建筑在漫川关扎下了根。但随着交通地位的失去，往来漫川关的人员由原来的湘鄂川陕晋豫等全国各地客商逐渐变为以陕鄂居民为主，漫川关又回到了宋元以前的

秦楚文化相互拉锯的时代。

③当地社会经济体系的改变：随着全国区域商贸交通地位的丧失，金钱河的水运逐渐衰落。当地人民开始发展种植业、养殖业及工业企业，不再单纯依靠水旱码头的商贸业。而新中国成立以来，随着现代社会的全面发展，人们用电需求增加，当地政府对金钱河进行了梯级水电站开发，使其完全失去了水运功能。特别是1970年左右，为了修建水电站和改河造田、减少水灾，漫川关当地人民凿开下薄岭，迫使金钱河改道直流，当年的"环流太极"景观不复存在（图6-8），使水码头不再拥有水道。加之福银高速公路和203省道的修通及旅游业的开发，使漫川关镇区的发展更加倾向于交通便利的"旱码头"一侧，原来金钱河一侧的"水码头"彻底走向没落。

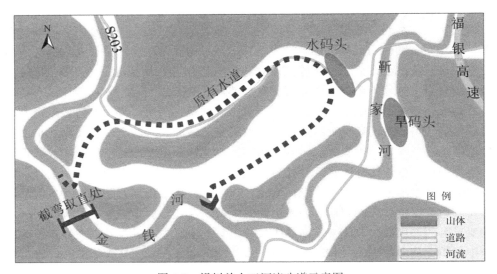

图6-8 漫川关人工河流改道示意图

（2）信息链修复

1）修复过程

研究团队先后两次深入漫川关调研，收集到《漫川关镇总体规划》《漫川关文化旅游名镇建设规划》等相关资料，对当地保存的传统文化景观元素进行实地调查，共进行问卷、访谈20余人次。现对景观基因信息链复原具有重要作用的访谈摘录如下，其他未摘录的有效访谈信息已融入景观基因信息链复原结果中。

镇政府古镇保护办负责人（2019年8月5日）：2008年左右镇上开始古镇旅游开发，已经十来年了，目前我们新建了八街十六巷。当前是以政府主导的旅游开发为主、公司化运营为辅，兼具古镇保护与开发。2018年"五一"三天，我们游客量就达到17万，全年80万。我们对古代留下来的"一街二楼三馆四庙"进行了全面保护，古街核心区禁止新建房屋，对有损坏的房屋进行落架维修，并要求修旧如旧。我们这里的传统民居大多属于徽派建筑，最早是安徽安庆移民带过来的习俗。新建的安置区我们都要求跟古民居做到风貌协调。1987年6月5日水灾后，我们对双戏楼进行了整体抬升，以防再被水淹。未来还会对老街在现有残存院落基础上恢复十几个民俗院落。除了这些工程措施，县上还在我们镇成立了文管所，建立了消防所，还对当地民俗、会馆文化、商帮文化在会馆内进行了布展，展示当地文化。非物质文化这块儿，我们有漫川大调和漫川八大件两个省级非物质文化遗产项目。

当地老人（约70岁，2019年8月5日）：现在镇上保存得好的古民居不多了，比较完整的就是吴家大院和席家大院，那个莲花第就是吴家大院，以前是一个秀才的院子。中心广场那个黄家药铺，以前是一个药铺，现在变成了一个当铺。漫川关这个地方明清时候为什么这么发达，全靠这个水旱码头，全靠做生意。在我十几岁的时候，船还上来，上来拉油。（20世纪）60年代中后期以后金钱河就不再有水运了，生态破坏了。

当地文化学者（约75岁，2019年8月6日）：这些年，漫川关这古镇风貌被破坏不少。二十多年前，有棵十二个人合抱的树被砍伐了，地气被破坏了。另外一个事例，就是现在这个双戏楼，原来旁边还有个戏楼，是武汉人建的，被破坏掉了。漫川古镇古在哪？我认为古在这个秦街和楚街，这两条街的价值才是最大的，后面这些双戏楼都要晚一些。现在当地政府搞旅游开发，都在外围新建，对核心这个秦街、楚街没有什么有效措施。秦街（上街）已经被百姓拆得不成样子了，都修成了楼房，还剩很少一部分古民居，政府也管不住。楚街（下街）几乎都是新建的仿古建筑，原来的都快被拆没了，整体风貌都快被破坏了。

王安道（省级非物质文化遗产"漫川大调"第七代传承人，2019年8月6日）：漫川大调是一种古老的唱腔，它见证了漫川关几百年的发展历史。它只在我们漫川关这一带流行，其他地方都没有这个大调，现在我们这里红白喜事一般都会请人唱这个大调，但遗憾的是会这个大调的人越来越少，有濒临失传的趋势。

2）修复结果（景观基因信息链复原）

本研究将漫川关社区主要景观基因变异信息复原至民国末期景观断面，具体复原结果如下。

①传统民居特征复原

漫川关最为典型的传统民居为店居式徽派天井四合院。但遗憾的是，漫川关当地传统民居正在大面积消失，几乎已经没有完整保存的独立天井四合院。本研究参考秦街保存相对完整的几户院落，复原出漫川关典型的店居式四合院（图6-9），其特征主要有以下几方面：第一，从功能上讲，为了满足临街做生意和居住的双重需要，该类院落多为前店后院的模式，前面为商铺，后面为居住生活空间。此类院落也是陕南交通商贸类传统聚落普遍采用的院落模式。第二，从形态特征上看，此类院落具有明显的徽派民居特征，一方面采用四水归堂的狭窄天井院，另一方面采用了典型的徽派马头墙。第三，独特的漫川关地域符号。秦街每个院落前面都有由两侧的烽火山墙和门脸围合成的进深约1m的店前空间，供客商避雨、躲阴和休息，成为漫川关的独特符号。

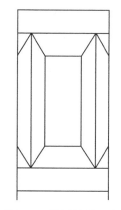

图6-9　漫川关典型店居式四合院复原

②形态特征、空间结构特征及总体形态图谱复原

结合调研成果及史志资料，对漫川关总体形态图谱复原如图6-10所示。从形态特征上看，漫川关水码头在金钱河东岸呈弧形排列，旱码头在靳家河东岸呈近似椭圆形排列。从结构特征上看，水旱码头，一东一西，隔河相望，伴随着金钱河"太极环流"的自然景观，非常壮观。经过数百年的发展，漫川关水旱码头形成了自己独特的文化形态。水码

头，成为往来船帮的根据地；旱码头，成为往来骡帮的根据地。当时每年农历三月初三，骡帮在旱码头举行商务会，在鸳鸯戏楼进行唱大戏等活动；每年农历五月初五，船帮在水码头举行商务会，并进行赛龙舟等活动。南船北马，秦腔汉剧在此发生文化碰撞。根据资料和访谈，当时水码头一侧也建有船帮会馆和多处庙宇。但至如今，随着金钱河改道，水码头景观已经基本消失，漫川关传统乡村聚落景观只剩下旱码头一侧景观残存，其中心的骡帮会馆，成为全国重点文物保护单位。

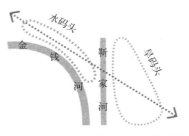

图 6-10　漫川关总体形态图谱复原（民国末期文化景观断面）

③空间序列图谱复原

从漫川关现状保存的传统景观来看，主要有：一街二楼三馆四庙（图 6-11）。这些传统景观大多位于原来旱码头一侧，水码头一侧已经基本没有传统景观遗存。"一街"主要包括秦街（上街）、中心广场（中街）、楚街（下街）三部分；"二楼"即为中心广场上的双戏楼；"三馆"包括北会馆、骡帮会馆、武昌会馆，都位于中心广场周围；"四庙"即一柏单二庙、娘娘庙、三官殿、慈王庙。漫川关现存传统景观主要有以下特征：第一，虽有局部改变，但主体公共建筑保存相对完整。代表商帮文化的骡帮会馆、北会馆、双戏楼等仍屹立在漫川关中心广场，使漫川关成为一个典型的依赖公共建筑而存在的传统乡村聚落。第二，传统民居濒临消失，这也是漫川关景观基因变异的主要方面。第三，新建建筑数量过多，其面积已是传统景观面积的两三倍有余。足见，漫川关旅游开发强度过大，对当地传统景观形成一定冲击。

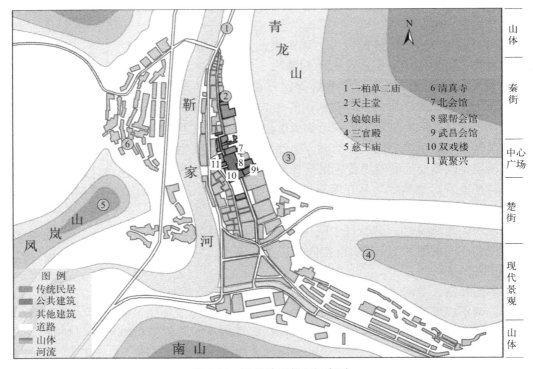

图 6-11　漫川关现状空间序列

在查阅相关资料、访谈和传统民居基址测绘图基础上，本研究复原出漫川关传统乡村聚落民国末期景观断面的空间序列图谱，主要做了以下方面的复原工作：一是对水码头一侧主要景观的复原，包括水系走向、传统民居、主要道路等。二是对旱码头一侧的传统民居总体格局及武昌楼、主要庙宇等主体性公共建筑的空间位置进行了复原。通过复原，基本再现了民国末期景观断面漫川关传统乡村聚落的总体格局（图 6-12）。

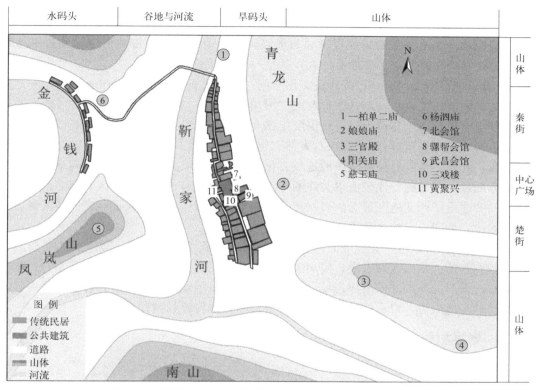

图 6-12 漫川关空间序列图谱复原（民国末期文化景观断面）

从复原的漫川关民国末期景观断面空间序列图谱来看，主要存在以下特征：第一，金钱河"太极环流"景观和水旱码头相映生辉，漫川关传统乡村聚落景观的完整结构得以复原。当时，伴随"太极环流"和金靳交汇两大自然景观，水旱码头一东一西，为南来北往的客商提供贸易和文化交流的舞台。第二，旱码头一侧的秦街、中街、楚街，以拐弯处为转折，呈"之"字造型，故又称"蝎子街"，是漫川关传统乡村聚落景观的主体。第三，中心广场（中街）是主体性公共建筑的主要分布区域，是当时各类活动的主要场所，也是漫川关文化景观特质的主要载体。武昌楼空间位置复原后，再现了北侧关帝庙对秦腔楼、中间马王庙对汉阳楼（骡帮会馆由关帝庙和马王庙组成），南侧武昌馆对武昌楼"三馆对三楼"的格局。加上最北侧的北会馆，再现了"三戏楼、四会馆"的格局。物质形态的文化景观都蕴含着非物质文化的内涵。通过对漫川关空间序列图谱的复原，可以窥见其承载的商帮文化、水旱码头文化、寺庙文化等文化景观内涵。

（3）保护利用策略

通过漫川关社区传统乡村聚落景观基因信息链复原，可以看到，漫川关社区发生的景观基因变异是有限的，并未引起漫川关交通商贸型传统乡村聚落这一景观特质的改变。但随着其景观结构的变异，导致漫川关的水旱码头文化、徽派民居文化、寺庙宗教文化等部分文化景观特征及景观基因流失。对未来漫川关社区保护与发展，本研究提出以下建议。

1）适度控制旅游开发，加强传统景观保护。当前，漫川关的旅游开发强度过大、过猛，传统景观保护与旅游设施建设矛盾突出，而其餐饮、住宿等配套设施并不完善，并没有形成较好的乡村旅游结构体系，只是一味地搞建设（安置小区和仿古街区），对真正有意义的文化空间却缺乏有效保护措施。传统乡村聚落是农耕文明的重要载体，具有不可再生性，应当珍惜来之不易的景观资源。如果漫川关当地有特色的传统景观遭到进一步破坏，游客还会再来吗？来了又能看什么？这是一个值得深思的问题。

2）真正挖掘文化内涵，正确建设文化空间。漫川关拥有两个省级非遗项目，一个是地方戏曲类的漫川大调，一个是饮食类的"漫川八大件"。但让人遗憾的是，当地在旅游开发中并没有对这两个非遗项目进行深度挖掘。例如，可以将漫川大调和双戏楼等资源结合起来，形成固定表演节目；"漫川八大件"也可以和美食街区结合起来，实现保护和利用的双赢。此外，虽拥有如此丰厚的地域文化，当地在地域文化挖掘、文化创意、土特产包装等方面却乏善可陈。比较值得关注的一点是，当地政府在漫川关社区北侧的福银高速公路出口旁建了西北地区最大的徽派建筑博物馆，以对当地曾经大量存在的徽派民居景观进行展示，形成一定的文化效应和社会效应。

3）古镇保护与旅游产业发展的区域协调。对发展旅游产业来说，漫川关的交通区位仍是比较有利的。从大区域来说，漫川关距西安和湖北武当山都在两小时车程左右；从小区域来看，漫川关与湖北的上津古城、安康旬阳太极城的距离也非常近，有利于开展区域协调联动的全域旅游，以适度的旅游开发，来反哺古镇传统景观保护。

6.2.3 老县城村（景观基因信息链复原）

（1）变异性判定

1）基本情况（表6-4）

老县城村基本情况（2019年） 表6-4

类别	数量/产业类别（单位）	类别	数量/产业类别（单位）
总面积	约3（km²）	总户数	38（户）
耕地面积	640（亩）	总人口	158（人）
林地面积	—（亩）	常住人口	158（人）
河流	—（亩）	外出人口	—（人）
主要产业	自然保护区、乡村旅游	人均纯收入	约7000（元）

老县城村位于西安市周至县厚畛子镇，地处西安、宝鸡、汉中三市交汇处，距西安主城区约180km，是千年傥骆古道上的一颗明珠。老县城村的原佛坪厅故城，是国内目前唯一保存较为完整的高山石头城，平均海拔1740m左右，是典型的高山、深山古聚落。老县城村地跨长江、黄河两大水系，是西安市行政范围内唯一属于长江流域的村落。严格来说，老县城村只是属于行政意义上的关中地区，从自然地理的角度来看，它地处秦岭南北坡分界地带，自然景观上更偏向南方地区，因而有"北方香格里拉"之称。老县城村周

围有周至国家级自然保护区、太白山国家级自然保护区等多个保护区，自然资源丰富，历史文化悠久，对研究秦岭山区经济、社会、文化、自然资源具有重要意义。

厅分为直属厅和散厅两种，直属厅与府同级，可辖县；散厅不辖县，有的与县同级，有的比县高半级，佛坪厅即属于散厅，隶属汉中府[313]。佛坪厅是陕南三厅（佛坪厅、留坝厅、定远厅）之一。佛坪厅城自 1825 年首任同知景梁曾发起建城至 1926 年城废，历时 101 年，期间也曾经历繁荣，辖区内人口最多时超过两万，但随着佛坪县搬迁至新县城，厅城故址迅速降格为村庄，人口最少时城内仅九户人家，其历史景观演变之剧烈让人惊叹。表 6-5 统计了陕西国家级传统村落中曾作为县城的村落，其中以老县城村历史景观演变最为剧烈（图 6-13）。

曾作为县城的陕西国家级传统村落　　　　　　　　　　　　表 6-5

村落名称	曾作县城名称	朝代
万家城村	普润县城	隋代
东宫城村	宫城县城	北魏
安定村	安定县城	宋元明清
莲湖村	富平县城	明、清
镇靖村	靖边县城	清、民国
老县城村	佛坪厅城	清代

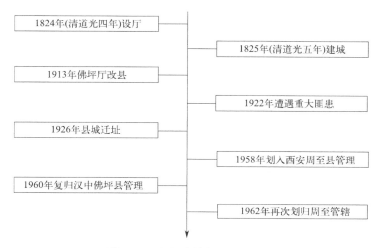

图 6-13　老县城村主要历史脉络

附注：根据《佛坪县志》[314] 等相关资料整理

2）变异性判定

根据综合判定，老县城村传统乡村聚落景观已接近完全消退，存在明显的景观结构变异引起的不利变异，清末文化景观断面承载了其最完整的景观基因信息。老县城村在陕西省国家级传统村落中编号为 24（见附录 1），其景观基因信息链中的 A224、D224 两个景观基因信息及 E124、E224、E1224 三个景观基因组图谱信息存在变异情况，需要对其进行景观基因信息链复原，以恢复其文化生态系统。

3）变异结构及特征

①变异结构。根据综合判定，老县城村的主体公共建筑特征、聚落结构特征及空间序列图谱、主要景观节点图谱四个景观基因链和重要公共建筑图谱景观基因元发生变异，需要对其进行景观基因信息链复原。老县城村景观形态、结构变异主要体现在以下方面：首先，景观基因形尚在，但景观基因链、基因元破损严重，景观基因流失严重，已改变了其防御古堡的景观特质。随着历史演变，老县城村传统乡村聚落景观的主要历史文化景观特征基本消退，只剩下拟方形城墙这一总体形态残存。其次，随着物质景观消退，聚落人口骤减，非物质文化景观传承也岌岌可危，老县城村传统乡村聚落景观存在严峻的消亡危机。

②变异类型。老县城村发生了景观结构变异引起的不利变异。总体来看，变异对该聚落景观基因链、基因元损坏严重，已经发展到中后期，属于深度变异。

③变异时间和次数。从历史景观发展来看，老县城村传统乡村聚落景观只发生了一次变异，变异发生在清朝末期。在清末经历了景观骤变后，近百年来老县城村的传统景观变化缓慢。

4）变异原因分析

①职能作用的改变：自古以来，秦巴古道就是南北方人民翻越秦岭、巴山天险阻隔进行交流的必经之路。经过历代发展，秦巴山区形成了傥骆道、褒斜道等几条相对成熟的古道。清代《汉中府志》记载"傥骆道山程 700 余里，中间并无州县"[234]，记述了清政府在傥骆道上建立佛坪厅城的原因，即对傥骆道沿线进行管理和防治匪患，并作为驿站。明清时期秦岭山区土匪盘踞，治安混乱，山高坡陡，路途艰难。佛坪厅城建立后，政府招抚流民，安定社会，对稳定秦岭深山区经济社会起到了一定作用。民国初将厅城改为县城，但随着 1922 年土匪郧天录劫持县城并先后杀害两任县长，佛坪城就此走向衰落。县城迁往袁家庄后，佛坪厅故城彻底荒废，沦为村庄，不再具备行政管理中心和驿站的职能。从"城池"到"村落"，老县城村景观变异巨大。

②交通方式的彻底变革：随着现代交通运输体系的兴起，铁路、高速相继穿越秦岭，秦巴古道走向衰落，古道沿线的驿站也随之衰落。再则，老县城村位于秦岭梁的沟底，离新修建的国道干线公路较远，现代交通不便，因此，它并没有得到复兴发展的机会。县城迁址是老县城村衰落的直接原因，而现代交通运输体系的兴起导致古道衰落，则是老县城村走向没落的另一重要原因。

③经济社会的全面变革：随着新中国成立，全国总体经济社会趋于稳定，秦岭山区成立了各种自然保护区，不再有土匪出没，也不再需要进行防御。因此，在民国时期沦为村庄的佛坪厅城也没有得到再次发展的机会，村民数量一直维持在较少的水平，村庄规模也较小。老县城村隶属的周至县厚畛子镇，是西安市重要饮用水源黑河的发源地，动植物资源非常丰富。随着黑河国家森林公园的建立，老县城村被纳入其中，成为保护区中重要的人文景观。

（2）信息链修复

1）修复过程

2019 年 5 月，研究团队到周至县老县城村进行调研，收集了《佛坪厅旧城遗址保护规划》《佛坪厅故城考古调查报告》《周至县厚畛子镇老县城村传统村落保护与发展规划》

等相关文字材料，并进行了问卷与访谈，主要访谈信息如下。

周至县佛坪厅旧城文管所工作人员（约 45 岁，2019 年 5 月 7 日）：这个厚老公路 2018 年才修通，是目前车能开进来的唯一道路。原来的傥骆古道和这个厚老公路不是一回事。老县城村离厚畛子镇上大概 19km，离黑河景区入口大概 43km。现在老县城村主要包括都督门和老县城这两个村民小组。佛坪厅城故址现在是陕西省级文物保护单位，我们在 2015 年左右完成了城墙内的全部考古工作，现在城墙内几乎没有完整保留的建筑，都只剩下一些建筑台基。

黑河景区管理人员（约 30 岁，2019 年 5 月 7 日）：黑河国家森林公园在 2000 年左右成立，主要包括周至县境内的黑河源头一带，面积大概在 75km² 左右。我们黑河管理处位于 108 国道旁，从这里进去到老县城还有 45km 左右。现在厚畛子古镇、老县城都被纳入了黑河景区，实行封闭门票管理，里面农家乐很多，自驾车可以进去住宿，第二天出来。老县城那里现在主要有三个单位：旧城文管所、老县城管理中心、引湑济黑管理所，其他都是村民自建的民房。

当地老者（约 75 岁，2019 年 5 月 8 日）：为什么老县城一下子就由县城变成了小山村？主要有这么几个原因。一个是当时新旧县长正在办理交接手续，被冲进来的土匪给抓了，然后都被杀了。当时本来就是乱世，造成了恐慌，城里土匪又太多，大家都逃跑了。另外一个就是，后面新来的县长，认为老县城不太吉利，也不太敢来，于是就在周围寻找新的城址，然后找到了袁家庄，城里的大户商人都跟着新县长迁到袁家庄去了，老县城就荒废了下来。

当地农家乐经营者（约 50 岁，2019 年 5 月 8 日）：老县城这个地方海拔比较高，夏天比较凉爽，冬天基本都下雪，很冷，所以旅游的季节性比较强。老县城村现在以本地农民经营农家乐为主，一家人年收入在 10 万元左右，比较可观，不允许外面的人来这里经营；原来的县衙、官署这些建筑基本上被拆完了，本地村民现在常住的仅剩 10 余户，也没有什么公共设施，像医院、幼儿园这些都没有，必须要到厚畛子镇上才有，所以留不住年轻人。

2）修复结果（景观基因信息链复原）

本研究将老县城村主要变异景观基因信息复原至清末文化景观断面，具体复原结果如下。

①主体公共建筑特征及重要公共建筑图谱复原

老县城村原为清代佛坪厅城，为县级建制，因而公共建筑众多。其主体公共建筑主要存在以下特征：第一，为了满足管理、防御、驿站功能的需要，城内公共建筑以政府机构、军事防御设施及各类庙宇为主，体现出与县城功能的适应性。第二，从空间分布上看，城内公共建筑大多分布在城北，城南为居民区，分布较为集中。第三，秦岭深山区较为封闭，各类自然崇拜、神灵崇拜活动较多，因而城内及城外周边各类庙宇较多，体现出山区特有的文化。本研究选取位于城墙东北角的原佛坪厅城文庙作为重要公共建筑代表，对其图谱进行了复原（图 6-14）。文庙为佛坪厅故城内重要建筑，曾经过多次重建。

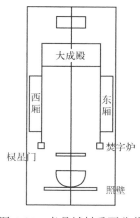

图 6-14 老县城村重要公共建筑（文庙）图谱复原

从图谱特征上看，文庙的大成殿、东西厢房等呈对称布置，并有照壁、棂星门等位于中轴线上，体现出古代庙宇的传统规制。

②聚落结构特征复原

老县城村以城墙为主体的总体形态尚存，但由于城内景观基因元、基因链破损严重，城内景观主体结构遭到破坏。本研究复原了老县城村总体形态图谱（图 6-15）。从复原的总体形态图谱可以看出，当时佛坪厅城总体形态呈近似方形格局，东侧和北侧有护城河，周围群山环抱；城内具体景观结构上，呈现"T"字形的总体空间结构，结构较为简单。可见，在清末慌乱时局中建立的佛坪厅城，并没有形成较为完善的北方城镇典型的方格网景观结构。

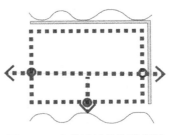

图 6-15 老县城村总体形态图谱复原（清末文化景观断面）

③空间序列图谱复原

佛坪厅城选址于傥骆古道上一块大致东西走向的月牙状山谷小平地上。从现状保存格局（图 6-16）来看，佛坪厅城墙台基依稀可见，城墙呈西北—东南走向，拟方形形态，总体形态格局基本完整。新中国成立后，政府部门对景阳门、延薰门进行了复建，丰乐门基本维持了原状。城内丁字形的道路基本完好，但原厅城的各类建筑拆除殆尽，仅剩下部分建筑的台基以及焚字炉、白云塔等小型建筑物，地面传统景观几乎已经消失。城墙内外，现主要为村民无序建设的近现代民居。

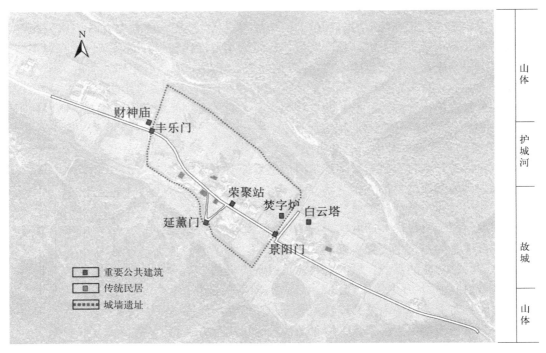

图 6-16 老县城村现状空间序列

经查阅清光绪《佛坪厅志》《佛坪厅故城考古调查报告》等相关资料，综合各史料对佛坪厅城主要历史文化景观元素的记载，结合实地调研、访谈等，本研究将其空间序列图谱复原至其景观基因信息最为完整的清末文化景观断面（图 6-17）。

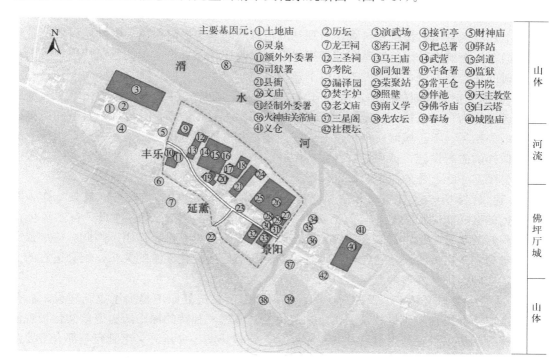

主要基因元：①土地庙　②历坛　③演武场　④接官亭　⑤财神庙　⑥灵泉　⑦龙王祠　⑧药王洞　⑨把总署　⑩驿站　⑪额外外委署　⑫三圣祠　⑬马王庙　⑭武营　⑮剑道　⑯司狱署　⑰考院　⑱同知署　⑲守备署　⑳监狱　㉑县衙　㉒漏泽园　㉓荣聚站　㉔常平仓　㉕书院　㉖文庙　㉗焚字炉　㉘照壁　㉙伴池　㉚天主教堂　㉛经制外委署　㉜老文庙　㉝南义学　㉞佛爷庙　㉟白云塔　㊱火神庙关帝庙　㊲三星阁　㊳先农坛　㊴春场　㊵城隍庙　㊶义仓　㊷社稷坛

山体　河流　佛坪厅城　山体

图 6-17　老县城村空间序列图谱复原（清末文化景观断面）

从复原结果来看，其空间序列主要有以下特征：首先，城墙内呈"T"字形的总体景观结构，城址整体走向与交通流向顺谷地呈西北至东南向，四面环山，东侧、北侧临河，山水环境优美，开丰乐、景阳、延薰三门，北城墙未见城门遗迹。城墙形态并不规整，走向曲折；道路简单，走向也歪歪斜斜，没有形成系统。可见，清末乱世中修建的佛坪厅城受制于时局、经济等条件，呈现出一定的临时性聚落特征。其次，其空间序列主要包含42 个重要的景观基因元。在城西门外，主要设置练武场、接官厅等设施；城内中部为县衙和官署，西部有一些祠、庙，东部则为文庙、学堂、书院等文化类设施；城东门外，是以城隍庙为代表的庙宇群。再次，民居建筑主要位于城内南部，但史料中几乎没有相关记载，无法对其空间形态进行具体复原。现状民居建筑景观以巴蜀地区穿斗式单排民居为主，受关中民居影响较小，与西安所辖其他村落景观有明显区别。

④主要传统景观节点图谱复原

老县城内传统景观损坏严重，为了对其变异景观进行更全面的修复，本研究对其主要传统景观节点图谱进行了复原（图 6-18）。其城内"T"字形交汇处是佛坪厅城内最主要的传统景观节点，汇集了县衙东西两院（西院主要为监狱等）、荣聚站、延薰门等传统景观，是其空间序列的中心地带。县衙等主要为管理功能服务，荣聚站等为南来北往的客商提供住宿、娱乐场地。这一传统空间交通便

图 6-18　老县城村主要传统景观节点图谱复原（清末文化景观断面）

利，可快速通往东西南三门。

（3）保护利用策略

从上述对老县城村传统乡村聚落景观基因信息链的复原可以看出，老县城村传统景观基因形尚存，但城内基因链、基因元破损严重，已改变其防御型古堡的景观特质。对未来老县城村的保护与发展，本研究提出以下建议。

1）明确保护与发展的思路。从目前的情况来看，老县城村到底是走文化旅游的发展道路，还是作为自然保护区完全保护起来，思路仍然不是很清晰。一方面老县城的历史景观即将消失殆尽，除了城墙，当地没有做任何复建和文博遗址展示。另一方面，当地也没有建设像样的旅游设施，标志标牌、服务中心、公共厕所等服务设施几乎都没有，旅游业处于在村民家中吃、住的原生态农家乐形态，缺乏管理和有效经营。

2）建议保护历史文化景观元素，发展文化与生态相结合的旅游产业。老县城作为距西安较近的秦岭深山历史聚落，具有深厚的历史文化底蕴，加之夏季凉爽，自然环境优美，是很好的避暑之地，对服务西安大都市圈文化旅游仍具有重要作用。因此，应加强历史文化景观和生态旅游设施建设，处理好生态保护与历史文化旅游的关系，配套适宜的文旅项目，实现保护与发展的双赢。

3）重视老县城文化空间保护与挖掘。景观基因信息链复原不是为了重新建设，而是研究、提取、保护其文化景观基因信息，避免老县城这一独特的深山历史聚落文化景观消失，对保存其历史景观基因信息及其复原展示、旅游开发、古驿道文化研究等都有重要意义。老县城村周围自然保护区众多、生态环境脆弱、交通不便，已经不具备形成大规模聚落的社会生态，不宜再进行大规模复建，形成聚集大量人口的村落。但其文化空间的独特性，仍值得重视，宜进行文博遗址展示等，以保护为主。否则，如果老县城这一文化空间彻底消失，这一地域将和秦岭深山区其他自然保护区没有任何区别，失去景观特色。

6.2.4 高杰村（景观基因信息链复原）

（1）变异性判定

1）基本情况（表6-6）

高杰村位于陕西省榆林市清涧县高杰村镇，为该镇镇区所在地，距清涧县城约45km。高杰村是白氏家族族居地，是一个典型的氏族聚落，历史悠久，文化底蕴深厚，是清涧县知名的文化村和第二大村。自白氏始祖于明嘉靖年间在高杰村定居以来，白氏家族已在此繁衍发展数百年。高杰村所处区域为无定河与黄河交汇区域，是典型的黄土高原丘陵沟壑区，周围梁峁起伏、沟壑纵横、河谷深切，地形复杂。

高杰村基本情况（2019年） 表6-6

类别	数量/产业类别（单位）	类别	数量/产业类别（单位）
总面积	约9（km²）	总户数	312（户）
耕地面积	4168（亩）	总人口	1186（人）
林地面积	2860（亩）	常住人口	580（人）
河流	—（亩）	外出人口	606（人）
主要产业	红枣种植、加工、劳务输出	人均纯收入	约5000（元）

　　高杰村是一个耕读文化非常典型的传统乡村聚落，是陕北地区少有的重视耕读的非地主普通农耕聚落，文化景观特质突出（表6-7）。自定居高杰村以来，白氏族人重视耕读，他们建私塾、耕读堂，将"唯耕唯读，一经授受"的祖训传承数百年，历代人才辈出，有"父子翰林""三子登科"的佳话。村内现存的传统民居大多是当年贡生举人、进士翰林等的府邸。当地的耕读教育之风一直延续到近现代，并为中国革命、建设输送了不少人才。该村具体历史发展脉络见图6-19。

高杰村与周围村落文化景观特质比较

表6-7

村落名称	主要历史景观	文化特色
高杰村	中央警备三团旧址、毛泽东旧居、二高旧址	耕读文化
王宿里村	"唐王寨""李自成驻扎"旧址	民俗文化
高家坬村	毛泽东《沁园春·雪》诞生地	红色文化
袁家沟村	毛泽东旧居	红色文化

附注：引自《清涧县高杰村传统村落保护发展规划（2016—2030）》。

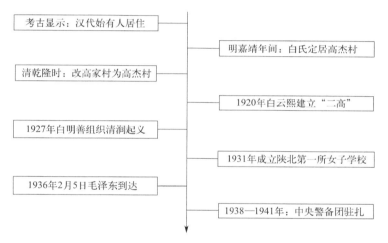

图6-19　高杰村主要历史发展脉络

附注：根据高杰村白氏家族《白一里又九甲家族谱》等资料整理

　　白氏《白一里又九甲家族谱》等资料显示，高杰村白氏的发展，分为两个主要阶段：第一阶段，封建社会时期。在明清两代，白氏族人重视耕读，先后有白慧元等二十多人考取举人、进士，六品以上官员达二十多人。白慧元一家二十七人还在抗清斗争中遇难，有"民族英雄"之称。第二阶段，革命和新中国建设时期。1920年，白云熙在高杰村建立清涧县第二所高小宣传马克思主义，培养出烈士白明善，少将白寿康、白炳勋及地质学家白家驹等一大批英才。

　　2）变异性判定

　　根据综合判定，高杰村发生了景观结构变异引起的不利变异，清代中期文化景观断面承载了其历史时期最完整的景观基因信息。高杰村在陕西省国家级传统村落中编号为95（见附录1），其景观基因信息链中的A195景观基因信息及E1195景观基因组图谱信息存在变异，需要对其进行景观基因信息链复原，以恢复其文化生态系统。

3）变异结构及特征

①变异结构。高杰村传统乡村聚落景观基因信息链中的传统民居特征景观基因链及典型院落图谱景观基因元发生变异，并以典型院落图谱这一景观基因元的破损为主，需要对其进行景观基因信息链复原。高杰村传统景观形态、结构变异主要体现在以下方面：首先，变异结构集中且典型。高杰村传统景观的基因形、主要基因链等受变异影响较小，基本保存完整。其变异集中发生在传统民居这一景观要素上，其他历史文化景观要素破损度较小。其次，非物质文化景观依然保存良好。物质类传统景观的有限变异，并没有对高杰村氏族型聚落的宗法社会体制及高杰村独有的转灯习俗等非物质文化景观产生实质性影响，其主要非物质文化景观传承较好。

②变异类型。高杰村的景观基因变异属于不利变异，主要由景观结构变异引起，变异主要破坏传统民居这一景观基因要素。总体来看，变异对其基因形、主要基因链破坏程度较小，集中破坏景观基因元，属于中度变异。

③变异时间和次数。高杰村传统乡村聚落景观只发生了一次变异，变异主要发生在清末、民国以来至今。由于各种综合的原因，其传统民居景观发生缓慢变异。

4）变异原因分析

①"士大夫"文化的典型性与封建社会的结束：高杰村是一个典型的耕读型历史聚落。在其家族内部，奉行"耕读传家"的宗族思想，历代子孙务耕读，事农桑，逐渐形成了"修身齐家治国平天下"的"士大夫文化"。年轻时，他们耕读考学；中年时，他们在朝为官，造福社会；年老时，他们解甲归田，返乡造屋，光宗耀祖。正是在这种思想的影响下，高杰白氏子孙人才辈出，在朝为官者众多。很多在外为官的白氏子孙，年老了都回家乡修建房屋，就形成了目前高杰村遗存的二十多个明清古院落，每个院落背后几乎都有一个经典的"士大夫"故事。然而，随着历史洪流的滚滚向前，封建社会结束，科举制度不复存在，这种"士大夫"文化也逐渐在高杰村消失。

②经济社会文化的全面变革和现代生活方式的改变：随着现代社会的到来，经济社会文化发生了翻天覆地的变化，人们的思维和生活方式也发生了深刻的变化。当地人不再有"解甲归田、光宗耀祖"的思想，当年归来官员们的后世子孙也逐渐外迁。特别是改革开放以来，随着村民外出务工，人们对现代生活方式更加渴求，进而城镇化加速了当地人口的流失，原来进士、举人的宅邸逐渐荒废了下来。加之修建时间久远，又经历了"文革"的破坏，在人为和自然因素的共同作用下，高杰村二十多个明清进士、举人府邸变得残破不堪，如今只剩下三四个院落保持着相对完整的风貌。

③文物保护体系和措施的缺失：目前，高杰村历史建筑中仅戏楼、毛泽东旧居、中央警备三团旧址三处被列为文物保护单位，其余传统民居、庙宇等都未被列入文物保护单位，大多处于既未被保护也无人居住的荒废状态。在高杰村尚未建立较为完整的文物保护体系和采取有效保护措施的背景下，当地村民新建、改建民居情况严重，进一步加剧了传统风貌的破坏。

（2）信息链修复

1）修复过程

2018—2019年，研究团队先后两次到高杰村调研，收集了《清涧县高杰村传统村落保护发展规划》《白一里又九甲家族谱》《中国传统村落档案（高杰村）》等相关资料，并进行了相关问卷与访谈，其中较为重要的访谈信息如下：

村委会主任白春林（约 45 岁，2018 年 5 月 25 日）：现在全村户籍人口有 1200 人左右，还有在外打工及居住的白姓子孙 2000 人左右。我们这个村历史比较悠久，应该有五六百年历史了。村里有二十来院明清时期留下来的古民居，但大部分破坏比较严重，缺乏有效保护。当年为了防止日本军队跨过黄河，中央警备三团在我们村驻扎了三年。村子的交通区位等各方面条件比较好，村里还有一所规模比较大的中学：清涧县第二中学。现在村子最大的问题就是环境面貌比较差，村民生活污水明渠排放，垃圾收集处理设施缺乏，村子又位于黄土台地之上，周围山体夏天经常滑坡，有一定的地质威胁。这些给古村面貌和文物保护都带来比较大的麻烦。

文化学者、家谱副主编白杰宁（约 65 岁，2018 年 5 月 25 日）：白姓为咱清涧第一巨族，人口众多，支脉纷繁。又九甲这一支的始祖为白斌，是明朝初期从山西迁入清涧县的。高杰村的始祖为白斌的八世孙白宗舜。白氏现在已经繁衍到第二十六世左右了。在我看来，高杰村的文化可以概括为这几方面：耕读教育文化、宗族文化、红色革命文化、转灯习俗等非物质文化。自我们白氏定居高杰村以来，产生了二十多位进士、举人，可谓世代书香、人才济济。白氏在高杰村已经有五百多年历史，曾经有十三个皇帝册封，留下三座贞节牌坊、两座功名牌坊、十二座庙宇，但这些大多已经毁坏了。为官人员都在老家建了院子，如今仍留有二十来院。这些院子大多以祠堂为中心，依山而建，有一部分院子是仿照自己为官的衙门建设的，因此既有陕北风格，也有外地的一些风格，比较著名的就是中心位置那片独特的窑上楼民居，我们称之为"楼上民居"，在陕北地区比较罕见。高杰村也是一个比较典型的红色村落，为革命作出了巨大牺牲。清涧县第一个党支部在我们的"二高"成立，组织领导了"清涧起义"，培养了白明善等一大批英雄人物，中华人民共和国成立后，清涧县政府还在村里为白明善烈士修建了纪念墓园；毛主席、中央警备团都在我们这里住过。此外，高杰转灯是我们这里独有的民俗活动，已经有将近四百年的传承历史。

高杰村民（约 70 岁，2018 年 5 月 26 日）：在祠堂巷父子翰林民居的南侧，原来有一座白氏祠堂，现在已经无迹可寻了。在它的北面，还有个清白社，是家族举办一些文化活动的地方，现在还有两孔半窑洞在那里。那二十来个主要的明清院落，大多围绕这条中心线建设，整体格局还在，就是每个院子的内部保存情况不一样，有的保存得比较好，有的已经破败得不成样子了。现在就是北面山坡上白寿康旧居附近那两三个院子还保存得比较完整。希望政府能采取一些措施修缮一下，现在还有些基础，勉强可以按照旧貌复原，再过几十年，等倒塌完了，估计就很难再复原了。

高杰村民（约 55 岁，2018 年 5 月 26 日）：转灯在我们这里已经有几百年历史了，基本上每年正月十五晚都会在村中心搞这个活动，主要目的是祈祷、保佑来年年景。还有一种说法就是转灯可以保佑家里孩子身体健康，祛除百病。每年的转灯活动都热闹非凡，很多在外地工作的人都回来参与。转灯主要包括下面几个步骤：一般正月十二、十三染吊子，组织秧歌队，正月十四收灯、造灯燧，正月十五白天的时候栽灯杆、建灯场、搭灯棚，然后晚上开始转灯。

2）修复结果

本研究根据前述综合分析，将高杰村主要景观基因变异信息复原至清中期文化景观断面，具体复原结果如下。

①现状总体特征

从高杰村现状空间序列（图6-20）来看，主要有以下特征：第一，传统景观总体格局保存较为完好。高杰村传统景观总体的方形格局及内部"丁"字形的结构依然清晰。高杰村作为普通农耕聚落，虽没有形成土城墙，但整体的方形形态比较规整，保存完好。并且，高杰村以清白社为中心进行布局，形成"丁"字形聚族而居的结构，体现了其宗法社会的特有规制。第二，现代景观面积已数倍于传统景观。随着经济社会的发展和人口的增长，由于用地有限，高杰村不断向附近沟谷扩张，对传统景观形成包围之势。第三，现代景观已失去章法，较为零散。较之核心区的传统景观，不断向外扩张的现代景观表现出无序性。高杰村主要传统景观保存概况见表6-8（编号对应图6-20中的编号）。

图 6-20　高杰村现状空间序列

注：图中编号对应表6-8中编号。

高杰村传统景观保存现状　　　　　　　　　　　　　　　　表 6-8

编号	传统景观名称	保存状况
1	"一经授受"民居	正房损坏严重,厢房完全损毁
2	"父子翰林"民居	前两进院落部分坍塌,第三进院落保存较好
3	"老员外"民居	一进院落几乎全毁,二进院落仍在使用
4	"武老爷"民居	上部窑洞较为完整,下部损毁严重
5	普通古民居	石窑完整,院墙损毁

编号	传统景观名称	保存状况
6	"华州老爷"民居	正房残存,厢房、院墙全毁
7	"蜡少爷"民居	上部院落保存较好,下院废弃
8	中央警备三团旧址	保存完整
9	"新老爷"民居	正房废弃,门窗损坏严重
10	白寿康将军故居(铁少爷民居)	整体格局保存完好
11	"耕读"民居	正房保存较好,院落空置
12	"大桑行"民居	院落空置,门窗损坏严重
13	"同鑫行"民居	院落废弃,正房仍在
14	清白社	院墙已毁,仅存两孔半石窑
15	耕读堂	保存较好,院落空置
16	"新老爷后人"民居	经过翻修,仍在使用
17	"牛相公"民居	新修县道,穿越院落
18	普通古民居	主体保存较好,院落空置
19	毛泽东旧居	已修缮、翻新
20	"二高"旧址	主体保存较好,门窗破损严重
21	陕北女子学校	只留下窑洞主体结构,院落废弃
22	供销社	已修缮
23	邮政代办所	已修缮
24	医院旧址	改做居住功能
25	老爷庙	主体保存较好,部分新建
26	戏楼	保存较好

②传统民居特征及典型院落图谱复原

高杰村传统民居主要修建于明末清初,在清代康乾时期开始大规模兴建,并于清朝中期达到鼎盛,在村内形成了以"铁少爷""蜡少爷""牛相公""新老爷"四大族群为代表的传统民居群(具体见表6-8)。高杰村传统乡村聚落景观变异主要发生在传统民居内部景观格局破坏上,属于比较微观的景观基因元变异。鉴于变异特征的典型性及破坏院落较多的实际,本研究选取"一经授受"民居、"父子翰林"民居、"蜡少爷"民居三个典型民居院落进行高杰村景观基因元的复原。

③"一经授受"民居复原及其特征解析

"一经授受"民居是高杰村最早的院落,为高杰白氏始祖白宗舜来到高杰村修建的第一个院落。白宗舜于明末考中举人,任山西蒲州知州。该院大门匾上正面书写"一经授受",背面书写"高行四达",是确立高杰白氏家风的第一院,具有特殊意义。但由于综合的原因,该院落已破败不堪,正房损坏严重,院墙倒塌后经过改建,厢房已完全没有踪迹,院落整体格局变化巨大。

经过复原后(图6-21),其原有格局特征为:院落总体呈三合院格局,三面皆由窑洞围合而成,没有倒座窑洞。其中,正房由三孔窑洞组成,其北侧还有一孔横向直通的枕头窑，比较典型；东西厢房也各由三孔窑洞组成。该院落与陕北地区典型的窑洞四合院有所不同：首先，其北侧正窑为三孔，与陕北典型厢窑四合院通常为五孔正窑的做法不同；其次，院落整体呈南北狭长形，与陕北典型厢窑四合院通常呈东西宽展形的做法也不同。

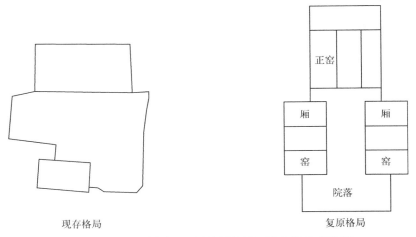

现存格局　　　　　　　　　　　　　复原格局

图 6-21　"一经授受"民居格局复原（清中期景观断面）

④"父子翰林"民居复原及其特征解析

"父子翰林"民居是高杰村早期传统民居院落之一，修建于清康乾时期。高杰村白玠及其侄儿白子云先后考中进士并任职翰林院，留下"父子翰林"的佳话，回家乡修建了这一院落。由于年代久远等综合原因，该院落前两进保存不佳，部分坍塌，导致整体格局较为模糊。第三进院落保存较好，现仍有人居住。

经过复原后（图 6-22），其原有格局特征为：院落总体为三进院布局，每一进院落大小、功能皆不同，且呈现房窑结合的特征。第一进院落，主要为厢房和倒座房等平房构成，门口还有照壁，空间较小，主要为仆人居住。第二进院落，主要为牲口房，空间较大，但较为简易。第三进院落，三面都由石窑围合而成，北面五孔正窑，正窑以北还有横向的枕头窑，东西各三孔厢窑，主要为主人及客人居住，较为完备。"父子翰林"民居是高杰村早期规模最大的民居院落之一，体现出房窑结合的特征，第三进院落已非常接近陕北典型厢窑式四合院的布局特征。

⑤"蜡少爷"民居复原及其特征解析

"蜡少爷"民居始建于清康熙年间，为高杰村一位人称"蜡少爷"的富人所有。该民居是陕北斜坡造窑的典型代表，顺着斜坡分为上下两院，且各自相对独立，是高杰村窑上楼民居的雏形。目前该民居上部院落经过更新修缮，保存较好，下部院落基本废弃，格局模糊。

经过复原后（图 6-23），其原有格局特征为：院落分为上、下两院，呈折形结构，与多进四合院通常呈中轴对称的格局略有不同。上部院落呈三合院格局，由北侧五孔正窑、东侧的三孔厢窑与南侧的两孔倒座窑构成，从西南角入院，西北角还配有祠堂。下部院落由五孔石窑并排组成，西侧两孔石窑与上部院落倒座石窑背靠背而立，东侧三孔石窑稍微后退，也是从西南角入院。由于地势倾斜，存在落差，下部院落的屋顶成为上部院落的院

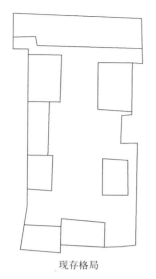

现存格局

　　　　　复原格局

照壁

图 6-22　"父子翰林"民居格局复原（清中期景观断面）

子，并为上部院落提供地基基础，多为安置牲口、存放柴火之用。高杰村比较典型的窑上楼民居，如白寿康将军旧居，就是采取的这种做法，即在下部窑洞院落形成的平台之上，建设四合院，形成下窑上楼的"窑上楼"格局。

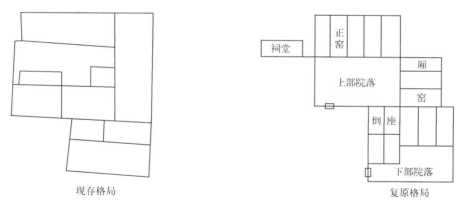

现存格局

复原格局

图 6-23　"蜡少爷"民居格局复原（清中期景观断面）

（3）保护利用策略

通过对高杰村传统乡村聚落景观基因信息链的复原，可以看到，高杰村传统乡村聚落景观的总体形态、内部结构基本完好，其景观基因变异主要破坏景观基因元，属于比较微观的景观基因变异。对未来高杰村的保护与发展，本研究提出以下建议。

1）控制新建民居景观规模，注意整体风貌协调。在对高杰村进行调研、访谈过程中，研究团队发现，当地新建窑洞民居景观规模相当大，并且建设非常凌乱，缺乏统一规划，大多靠山、依沟而建，地质灾害隐患严重。反过来，当地的传统民居又大多处于闲置状态，缺乏有效保护，以至逐渐荒废。因此，应适当控制新建民居规模，集约、节约用地，做好统一规划，防止零散、无序的建设。同时，新建、改建民居要注重同传统风貌景观的统一、协调，传承白氏家族的传统文化元素。

2）建立完备的传统景观保护体系，采取切实有效的保护措施。对物质类传统景观，应建档造册，定期修缮，专人看护；对非物质类景观，应积极申报非遗项目，建立传承人制度，开展各类传承、交流活动。特别是对传统民居景观，应在当地政府的主导下，根据各传统民居具体损坏情况，参考本研究的复原结果，结合传统工艺和现代文物修复技术，对应该修缮的传统民居进行定期修缮维护。并在此基础上，着重尽快建立比较完备的保护体系，制定切实有效的保护措施，防止传统景观进一步损毁、破坏。

3）适度开展文博展示和乡村旅游。高杰村目前还处于一个比较原生态的传统聚落状态，传统景观既没有得到有效保护，也没有得到很好的利用，尚未形成保护与利用的良性循环。综合来看，高杰村的传统景观保存较好，仅部分院落损毁，其承载的耕读文化、红色革命文化、教育文化以及转灯、窑洞建造技艺等非物质文化都极具地域特色，应适当加以利用，开展一定形式的文博展示及乡村旅游，以合理利用来促进传统景观的有效保护。

6.3　基于景观基因信息链修复的主要保护利用模式

前述研究以陕西国家级传统村落为例，从理论层面探讨了传统乡村聚落景观基因形成与表达、遗传与更新及总体变异机制，并对典型变异聚落进行了景观基因信息链修复。

景观基因信息链可以录入、识别区域传统乡村聚落景观基因的全部信息，并可应用于景观基因变异性判定，对变异聚落景观基因信息链进行修复，对传统乡村聚落文化空间修复研究具有一定创新意义。基于"景观基因信息链修复"视角，本研究提出传统乡村聚落景观保护利用的主要模式体系（图 6-24）。

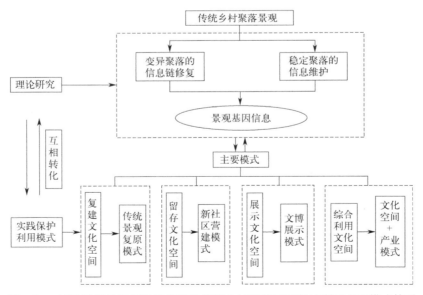

图 6-24　基于景观基因信息链修复的传统乡村聚落景观保护利用主要模式体系

传统乡村聚落景观是我国农耕文明的宝贵遗产，是传统文化、地域文化、历史记忆的主要载体，具有不可再生性，具有较高的历史文化价值、科学研究价值、社会经济价值及美学艺术价值。保护传统乡村聚落，是一种历史责任。对传统乡村聚落要做到修复与保护并举、保护与利用共赢，实现传统乡村聚落景观基因信息的功能再造，恢复和激活其文化生态系统，最终实现传统乡村聚落的振兴和可持续发展。

　　综上，本研究基于景观基因信息链修复视角，提出传统乡村聚落景观的四类主要保护利用模式：传统景观复原模式、新社区营建模式、文博展示模式、文化空间＋产业的综合模式。针对发生深度景观基因变异、历史文化景观留存少，但又确实曾经存在过典型历史文化景观的聚落，可以考虑采用传统景观复原模式，通过复原再现历史文化空间场景，达到保护利用的目的；对发生中度、轻度景观基因变异、仍留存有一定规模历史文化景观的聚落，可以采用原址、原样、原真保留历史文化空间，在附近择址新建生产生活空间的新社区营建模式；对遗址类和以非物质文化为主体的传统乡村聚落，可以采用文博展示模式，以达到文化推广、宣传教育的综合效用。此外，可以结合当地实际，充分利用既有文化景观资源，挖掘和培育相关潜力产业，以"文化空间＋产业"的综合保护利用模式，实现保护与利用的目标。

第7章

结论与展望

7.1 本研究的主要结论

本研究以陕西 113 个国家级传统村落为研究对象，结合文化生态学和景观基因理论的主要研究方法，根据陕西省域、传统乡村聚落文化生态区及单个聚落三个不同尺度下陕西传统乡村聚落景观的不同特征，采用相应的研究方法开展研究，主要得出以下结论。

（1）省域尺度（宏观尺度）下，本研究首先以文献研究等方法为主，对陕西传统乡村聚落的历史演变特征、基本特征进行了研究，结果表明，陕西传统乡村聚落景观经历了曲折的演变历程，具有深厚的文化底蕴。从基本统计特征来看，陕北、关中入选国家级传统村落较多，陕南较少；地级市层面，榆林入选最多，宝鸡入选最少。然后，将传统乡村聚落抽象为点状要素，采用地理集中度和核密度分析等定量研究方法，研究了陕西传统乡村聚落的总体空间格局及不同形成时期传统村落的空间特征，其总体空间格局呈现"土"字形的结构，并表现出"东多西少，北多南少"的总体分布特征。

（2）提出了适于陕西传统乡村聚落的景观基因识别指标体系，对其景观基因进行了系统的识别与提取，并分析了其景观基因的基本特征。在此基础上，按照类型学的基本方法，提取出陕西传统乡村聚落景观的七大类景观特质，并用核密度分析法分析了七类景观特质的空间特征。进一步采用景观基因分析方法，提出了陕西传统乡村聚落景观特质形成与表达的总体机制。

然后，提出了适于陕西传统乡村聚落的景观基因组图谱体系，并按照陕南、关中、陕北三大自然经济区，系统构建了其景观基因组图谱。进一步采用图谱分析的方法，提出了陕西传统乡村聚落景观基因遗传与更新的总体机制，并分析了其遗传和变异的总体趋势。

（3）中观尺度下，着重于传统乡村聚落景观基因变异性核心理论体系的探讨研究。首先提取了陕西传统乡村聚落景观意象，阐释了景观基因信息链的作用、具体结构与特征，并将其应用于景观基因变异性研究。然后，进行陕西传统乡村聚落景观文化生态区划，并探讨了各区景观基因变异特征。在此基础上，构建了陕西传统乡村聚落景观区域景观基因

176

识别系统。将景观基因信息链和区域景观基因识别系统作为景观基因变异性研究的核心，提出了陕西传统乡村聚落景观基因的总体变异机制，分析了其总体变异特征。

（4）微观尺度下，结合前述关于传统乡村聚落景观基因变异性的探讨，提出了传统乡村聚落景观基因信息链修复的理论框架，包含"变异性判定—信息链修复—保护利用策略提出"三个主要步骤。并以陕西四个典型变异聚落为例，探讨了变异聚落的景观基因信息链修复。在此基础上，提出了传统乡村聚落景观的四类主要保护利用模式。

7.2 本研究的主要创新之处

随着历史演进，传统乡村聚落景观普遍呈现出一定的变异性。本研究从景观基因基本理论和文化生态学视角，系统研究了陕西传统乡村聚落景观的变异性及其修复，为传统乡村聚落景观保护、利用、振兴提供了科学依据和全新的理论、方法体系，对推动景观基因理论发展亦具有一定积极意义。本研究主要有以下方面的创新。

（1）以景观基因、景观基因组图谱研究为基础，提出了陕西传统乡村聚落景观基因的形成与表达总体机制、遗传与更新总体机制、变异总体机制三大机制。景观基因形成与表达机制、遗传与更新机制是变异机制研究的基础，变异总体机制是本研究的核心。并且，本研究在三大总体机制提出时都做了类生命机制的比对，使其更加严谨。三大总体机制的提出，是对陕西传统乡村聚落景观形成、发展、演变的系统研究，是应用景观基因理论对陕西传统乡村聚落景观变异性的内在规律进行的研究。

（2）景观基因信息链理论的系统完善与构建，并首创性地将之应用于传统乡村聚落景观基因变异性研究中。基于"景观连续断面复原"理论、景观基因完整性理论等，本研究系统提出了景观基因信息链理论，将景观基因信息链作为传统乡村聚落景观基因具体结构、总体信息的系统表征，又作为其景观变异性研究的基础，起到承前启后的作用。

（3）变异传统乡村聚落的景观基因信息链修复理论的提出。基于景观基因信息链理论，本研究系统提出了传统乡村聚落景观基因信息链的修复理论体系，并进行了典型案例的实证研究，为传统乡村聚落景观的保护、利用提供了全新的理论与方法。

7.3 本研究的不足与展望

由于知识水平、时间、调研经费等有限，本研究依然存在以下不足。

（1）调研过程中，研究团队对陕西 113 个国家级传统村落都进行了实地调研，但由于各种原因，各村落所获取的资料情况参差不齐，有的传统村落资料极少，可能对部分传统村落景观基因的准确识别有一定影响。

（2）研究过程中，在进行陕西传统乡村聚落景观基因信息链构建、修复研究时，以聚落景观中的物质类景观基因为主要研究、分析对象，对非物质类景观基因的研究仍然不足。陕西传统乡村聚落有着比较丰富的非物质文化景观基因，希望在未来的研究中对其进行更加深入的专题研究。

（3）质性研究方法的理解与运用存在不足。本研究在进行景观基因信息链修复时，以质性研究方法为主。但由于知识水平限制,在质性研究方法的实际运用中,有的时候往往找不准问题的重点,往往不能获取最为有效的访谈信息。

(4)本研究提出的景观基因信息链、区域景观基因识别系统等,还处于总体架构层面,结合传统乡村聚落景观基因研究走向大数据化、信息化的趋势,后续研究中希望能与地理信息等相关专业合作,研究开发在传统乡村聚落保护实践中应用性更强的景观基因地理信息系统等,为传统乡村聚落景观保护与利用提供更为有效的技术与方法。

附　录

附录1　陕西省113个国家级传统村落详细情况

自然经济区	所属市	所属县(市/区)	聚落名称(编号)	公布批次
陕南地区(共22个)	安康市(15个)	旬阳县(5个)	中山村(郭家老院)(1)	第二批
			七里庙湾村(2)	第三批
			万福村(3)	第三批
			湛家湾村(4)	第三批
			牛家阴坡村(5)	第四批
		汉滨区(7个)	双柏村(6)	第四批
			天宝村(7)	第四批
			双桥村(8)	第四批
			王庄村(9)	第四批
			高山村(10)	第四批
			马河村(11)	第四批
			前河村(12)	第五批
		石泉县(2个)	长兴村(13)	第三批
			长岭村(14)	第五批
		紫阳县(1个)	营梁村(15)	第三批
	汉中市(5个)	宁强县(1个)	青木川村(16)	第三批
		城固县(1个)	乐丰村(17)	第四批
		留坝县(3个)	庙台子村(18)	第五批
			城关村(19)	第五批
			磨坪村(20)	第五批
	商洛市(2个)	镇安县(1个)	云镇村(21)	第四批
		山阳县(1个)	漫川关社区(22)	第五批

自然经济区	所属市	所属县(市/区)	聚落名称(编号)	公布批次
关中地区(共45个)	西安市(2个)	蓝田县(1个)	石船沟村(23)	第四批
		周至县(1个)	老县城村(24)	第四批
	渭南市(33个)	韩城市(11个)	党家村(25)	第一批
			清水村(26)	第三批
			相里堡村(27)	第四批
			西原村(28)	第四批
			王峰村(29)	第四批
			柳枝村(30)	第四批
			郭庄砦村(31)	第四批
			柳村(32)	第四批
			薛村(33)	第四批
			张代村(34)	第四批
			周原村(35)	第五批
		富平县(2个)	莲湖村(36)	第二批
			笃祐村(37)	第五批
		合阳县(7个)	灵泉村(38)	第二批
			南长益村(39)	第三批
			东宫城村(40)	第四批
			行家庄村(41)	第五批
			杨家坡村(42)	第五批
			南社村(43)	第五批
			黑东村(44)	第五批
		澄城县(2个)	尧头村(45)	第二批
			吉安城村(46)	第五批
		华州区(1个)	辛村(47)	第四批
		大荔县(4个)	大寨村(48)	第四批
			东高垣村(49)	第四批
			东白池村(50)	第五批
			结草村(51)	第五批
		蒲城县(3个)	山西村(52)	第四批
			曹家村(53)	第五批
			陶池村(54)	第五批
		华阴市(1个)	双泉村(55)	第五批
		白水县(2个)	杨武村(56)	第五批
			康家卫村(57)	第五批

自然经济区	所属市	所属县(市/区)	聚落名称(编号)	公布批次
关中地区(共45个)	咸阳市(6个)	三原县(2个)	柏社村(58)	第二批
			东里村(59)	第四批
		礼泉县(2个)	袁家村(60)	第二批
			烽火村(61)	第五批
		永寿县(1个)	等驾坡村(62)	第二批
		彬州市(1个)	程家川村(63)	第四批
	宝鸡市(1个)	麟游县(1个)	万家城村(64)	第三批
	铜川市(3个)	耀州区(2个)	孙塬村(65)	第一批
			移村(66)	第五批
		印台区(1个)	立地坡村(67)	第五批
陕北地区(共46个)	榆林市(34个)	绥德县(7个)	贺一村(68)	第一批
			艾家沟村(69)	第三批
			常家沟村(70)	第三批
			郭家沟村(71)	第三批
			虎墕村(72)	第四批
			梁家甲村(73)	第四批
			中角村(74)	第五批
		佳县(8个)	神泉村(75)	第一批
			张庄村(76)	第二批
			沙坪村(77)	第三批
			峪口村(78)	第三批
			泥河沟村(79)	第三批
			木头峪村(80)	第四批
			刘家坪村(81)	第五批
			何叶坪村(82)	第五批
		米脂县(9个)	杨家沟村(83)	第一批
			高庙山村(84)	第四批
			桃镇村(85)	第四批
			黑圪塔村(86)	第四批
			寺沟村(87)	第四批
			岳家岔村(88)	第四批
			白兴庄村(89)	第四批
			刘家峁村(90)	第四批
			镇子湾村(91)	第四批
		子洲县(3个)	张寨村(92)	第三批
			眠虎沟村(93)	第四批
			园则坪村(94)	第五批

续表

自然经济区	所属市	所属县(市/区)	聚落名称(编号)	公布批次
陕北地区(共46个)	榆林市(34个)	清涧县(1个)	高杰村(95)	第四批
		靖边县(1个)	镇靖村(96)	第五批
		横山区(4个)	响水村(97)	第五批
			贾大峁村(98)	第五批
			五龙山村(99)	第五批
			王皮庄村(100)	第五批
		榆阳区(1个)	罗硷村(101)	第五批
	延安市(12个)	黄龙县(1个)	张峰村(102)	第三批
		宝塔区(1个)	石村(103)	第四批
		子长市(1个)	安定村(104)	第四批
		延川县(8个)	刘家山村(105)	第五批
			碾畔村(106)	第五批
			太相寺村(107)	第五批
			甄家湾村(108)	第五批
			梁家河村(109)	第五批
			赵家河村(110)	第五批
			上田家川村(111)	第五批
			马家湾村(112)	第五批
		延长县(1个)	凉水岸村(113)	第五批

附录2 调研问卷设计

半结构式问卷访谈提纲：

访谈提纲（村委会主任、老人、文化名人）

A 过去：

1. 村庄是什么时候形成的，有多久的历史了？历史上有过一些什么著名事件、著名人物？比如村庄选址、建立、合并、搬迁、发展的重大事件？

2. 村子里的主要传统民居是什么时候建的？建筑和布局，有些什么主要特点？

3. 村子里的非物质文化遗产制作技艺（手工艺；如面塑、剪纸、刺绣、绘画）、民间音乐、传统戏剧、舞蹈、曲艺等有多久历史？有些什么特色（流程、过程等）？（宜有传承人）

4. 村子里的庙宇（山神庙、河神庙、土地庙、霸王庙等）、古井、古树、古塔等都位于哪里？

5. 村子里有没有什么大家族、大姓氏？

6. 村里有没有其他古老传说、民风习俗、传统节日、民歌戏曲等？

B 现在：

7. 关于本村传统民居、非物质文化遗产保护，近年来主要做了哪些工作？有没有相关规划、相关书籍资料、相关视频资料等？最近二十年的发展，过去和现在的最大变化是什么？具体体现在哪些方面？有没有把传统的东西保护好？

8. 村子里的人口、土地利用、产业发展、村民收入情况如何？

9. 村子里基础设施现状建设如何（道路、供水、排水、供电、供暖、燃气、光纤、公厕、垃圾收集处理、防火防灾、环境污染设施与状况）？新建了哪些重大基础设施？

10. 村子里的公共服务设施现在建设得如何（超市、卫生室、敬老院、幼儿园、小学、活动室、文化广场、图书室、老年活动中心、社区服务中心、公园、运动设施等）？

C 将来：

11. 未来如何保护？产业如何发展？有没有什么发展经验总结？

12. 保护与发展中最大的问题，最大的阻碍是什么？最大的优势是什么？

参考文献

［1］ 刘沛林．中国传统聚落景观基因图谱的构建与应用研究［D］．北京：北京大学，2011．

［2］ 蔡运龙，陈彦光，阙维民，等．地理学：科学地位与社会功能［M］．北京：科学出版社，2015．

［3］ 胡最，刘沛林，曹帅强．湖南省传统聚落景观基因的空间特征［J］．地理学报，2013，68（2）：219-231．

［4］ 周尚意，戴俊骋．文化地理学概念、理论的逻辑关系之分析——以"学科树"分析近年中国大陆文化地理学进展［J］．地理学报，2014，69（10）：1521-1532．

［5］ 中共中央，国务院．国家乡村振兴战略规划（2018—2022）［R］．北京：中央农村工作领导小组，2018．

［6］ 曹明明，邱海军．陕西地理［M］．北京：北京师范大学出版社，2018．

［7］ 王向辉．西安十三朝［M］．西安：西安出版社，2016．

［8］ 胡最，刘春腊，邓运员，等．传统聚落景观基因及其研究进展［J］．地理科学进展，2012，31（12）：1620-1627．

［9］ 惠怡安．陕北黄土丘陵沟壑区农村聚落发展及其优化研究［D］．西安：西北大学，2010．

［10］ 住房和城乡建设部，文化部，国家文物局，等．关于开展传统村落调查的通知［EB/OL］．https：//www.gov.cn/zwgk/2012-04/24/content_2121340.htm，2012-04-16．

［11］ 郭崇慧．大数据与中国古村落保护［M］．广州：华南理工出版社，2017．

［12］ 周尚意，孔翔，朱竑．文化地理学［M］．北京：高等教育出版社，2004．

［13］ 刘沛林，董双双．中国古村落景观的空间意象研究［J］．地理研究，1998，17（1）：32-39．

［14］ 胡最，刘沛林．中国传统聚落景观基因组图谱特征［J］．地理学报，2015，70（10）：1592-1605．

［15］ 刘沛林．古村落——独特的人居文化空间［J］．人文地理，1998，13（1）：34-37．

［16］ 朱彬．江苏省县域城乡聚落的空间分异及其形成机制研究［D］．南京：南京师范大学，2015．

［17］ 李红波，张小林．国外乡村聚落地理研究进展及近今趋势［J］．人文地理，2012，27（4）：103-108．

［18］ 白吕纳．人地学原理［M］．任美锷，李旭旦，译．南京：钟山书局，1935．

［19］ Gilbert E，Steel R. Social geography and its place in colonial studies［J］. Geographical Journal，1945，106（3）：118-131．

［20］ Hoffman G W. Transformationof rural settlement in Bulgaria［J］. Geographical Review，1964，54（1）：45-64．

［21］ Stone G D. Settlement ecology：The social and spatial organization of Kofyar Agriculture［M］. Tucson：University of Arizona Press，1996．

［22］ Roberts B K. Landscape of settlementprehistory to the present［M］. London：Rutledge，1996．

［23］ Gy Ruda. Rural buildings and environment［J］. Landscape and Urban Planning，1998，41（2）：93-97．

［24］ W. Christaller. Roproduced in R. W. Dickenson Germany［M］. Landon：Methuen，1961．

［25］ Demangeon A. The origins and causes of settlement types［J］. Reading in Cultural Geography，1962（3）：506-517．

［26］ Robert Burnett Hall. Some rural settlement forms in Japan［J］. Geographical Review，1931，21（1）：93-123．

［27］ Glenn T. Trewartha. Types of rural settlement in Colonial America［J］. Geographical Review，1946，36（4）：568-596．

［28］ Leonard Unger. Rural settlement in the Campania［J］. Geographical Review，1953，43（4）：506-524．

［29］ Roberts B K. Rural settlement in Britain［M］. London：Hutchinson，1979．

［30］ S. Peter. Implication of rural settlement patterns for development：A historical case study in Qaukeni，Eastern Cape，South Africa［J］. Development Southern Africa，2003，20（3）：405-421．

［31］ Voilette Rey，Marin Bachvarov. Rural settlements in transition-agricultural and countryside crisis in the Central-Eastern Europe［J］. Geo Journal，1998，44（4）：345-353．

［32］ M. Tabukeli. Rural settlement and retail trade business in the Eastern Cape［J］. Development Southern Africa，2000，17（2）：189-200．

［33］ Hill M. Rural settlement and the urban impact on the countryside［M］. London：Hodder，2003．

［34］　Juan Porta，Jorge Parapar，Ramon Doallo，et al. A population-based iterated greedy algorithm for the delimitation and zoning of rural settlements ［J］. Computers，Environment and Urban Systems，2013，（39）：12-26.

［35］　陈宗兴. 区域科学导论 ［M］. 北京：高等教育出版社，1990.

［36］　冯·杜能. 孤立国同农业和国民经济的关系 ［M］. 吴衡康，译. 北京：商务印书馆，1986.

［37］　Chisholm M. Rural settlement and land use：An essay in location ［M］. London：Hutchinson，1968.

［38］　Hudson J. G. A location theory for rural settlement Annals ［J］. Association of American Geographers，1969（59）：365-381.

［39］　Deadman P，Brown RD，Gimblett HR. Modelling rural residential settlement patterns with cellular automata ［J］. Journal of Environmental Management，1993，37（2）：147-160.

［40］　金其铭. 中国农村聚落地理 ［M］. 南京：江苏科学技术出版社，1989.

［41］　D. R. Hall. Rural development，migration and uncertainty ［J］. Geo Journal，1996，38（2）：185-189.

［42］　Stockdale A，Findlay A，Dhort D. The repopulation of rural Scotland：opportunity and threat ［J］. Journal of Rural Studies，2000，16（2）：243-257.

［43］　Paquette S，Domon G. Changing ruralities，changing landscape：Exploring social recomposition using multi-scale approach ［J］. Journal of Rural Studies，2003，19（4）：425-444.

［44］　Hoskins W G. The making of the English landscape ［M］. London：Hodder，1955.

［45］　Argent N M，Smailes P J，Griffin T. Tracing the density impulse in rural settlement systems：A quantitative analysis of the factors underlying rural population density across South-Eastern Australia，1981—2001 ［J］. Population and Environment，2005，27（2）：151-190.

［46］　Diane K. ML，C. S. Stokes，Atsuko Nonoyama. Residence and income inequality：Effects on mortality among U. S. Counties ［J］. Rural Sociology，2001，66（4）：579-598.

［47］　Andrew Gilg. An introduction to rural geography ［M］. London：Edward Amold，1985.

［48］　Isabel Martinho. Historic anthropogenic factors shaping the rural landscape of Portugal's interior alenteio ［M］. Arizona：Arizona University Press，2001.

［49］　Carrion-Flores C，Irwin EG. Determinants of residential land-use conversion and sprawl at the rural-urban fringe ［J］. American Agricultural Economics Association，2004，86（4）：889-904.

［50］　Marc Antrop. Landscape change and the urbanization process in Europe ［J］. Landscape and Urban Planning，2004，67（3）：9-29.

［51］　Giulia Caneva，Lorenzo Traversetti，Wawan Sujarwo，et al. Sharing ethnobotanical knowledge in traditional villages：evidence of food and nutraceutical "core groups" in Bali，Indonesia ［J］. Economic Botany，2017（4）：1-11.

［52］　SpeddingR. Agricultural systems and the role of modeling ［J］. AgriculturalEcosystems，1984，12（2）：179-186.

［53］　Lewis CA，Mrara AZ. Rural settlements，mission settlements and rehabilitation in Transkei ［J］. Geo Journal，1986，12（4）：375-386.

［54］　Sanjay K. Tourism and rural settlements Nepal's Annapurna region ［J］. Annals of Tourism Research，2007，34（4）：855-875.

［55］　Azman A，Siti Asmaa，Rosfaniza Rozali. Residents′ preference on conservation of the Malay traditional village in Kampong Morten，Malacca：ASLI，December26-28，2014 ［C］. Istanbul：Elsevier，2014.

［56］　Bixia Chen，Yuei Nakama，Yaoqi Zhang. Traditional village forest landscapes：Tourists′ attitudes and preferences for conservation ［J］. Tourism Management. 2017（59）：652-662.

［57］　李希霍芬. 李希霍芬中国旅行日记 ［M］. 李岩，王彦会，译. 北京：商务印书馆，2018.

［58］　深尾叶子，井口淳子，栗原伸治. 黄土高原的村庄——声音·空间·社会 ［M］. 林琦，译. 北京：民族出版社，2007.

［59］　Whittlesey Derwent. Sequent occupance ［M］. Annals of the Association of American Geographers，1929.

［60］　文静. 基于"景观基因链"视角下遗址文化景观基因图谱构建及旅游展示的原理 ［D］. 西安：西北大

学，2017.

[61] GriffithTaylor. Environment，village and city：A genetic approach to urban geography [J]．Annals of the Association of American Geographers. 1942，32（1）：1-67.

[62] ConzenM. R. G. Morphogenesis，morphogenetic regions，and secular human agency in the historic townscape，as exemplified by Ludlow [A]．Urban Historical Geography [C]．Cambridge：Cambridge University Press，1988.

[63] Yi-fu Tuan. 经验透视中的空间与地方 [M]．潘桂成，译．台北：编译馆，1998.

[64] 李伯华，罗琴，刘沛林，等．基于 Citespace 的中国传统村落研究知识图谱分析 [J]．经济地理，2017，37（9）：207-214.

[65] 住房城乡建设部，文化部，财政部．关于加强传统村落保护发展工作的指导意见 [EB/OL]．https：//www. mohurd. gov. cn/gongkai/zhengce/zhengcefilelib/201212/20121219_212337. html，2012-12-12.

[66] 李柱，张弢．我国传统村落研究进展分析 [J]．安徽农业科学，2017，45（25）：253-256.

[67] 刘沛林．传统村落选址的意象研究 [J]．中国历史地理论丛，1995，10（1）：119-128.

[68] 刘沛林．中国传统村落意象的构成标志 [J]．衡阳师专学报（社会科学），1994，15（4）：62-67.

[69] 张少伟．快速城镇化背景下中原地区新型农村村落空间模式研究 [D]．西安：西安建筑科技大学，2013.

[70] 李鹏，李志，闵忠荣．江西古村落历史选址特征规律及其综合原因探究 [J]．城市发展研究，2018，25（4）：131-136.

[71] 燕宁娜．宁夏西海固回族聚落营建及发展策略研究 [D]．西安：西安建筑科技大学，2015.

[72] 张子琪，裴知，王竹．基于类型学方法的传统乡村聚落演进机制及更新策略探索 [J]．建筑学报，2017（S2）：7-12.

[73] 彭鹏．湖南农村聚居模式的演变趋势及调控研究 [D]．上海：华东师范大学，2008.

[74] 房艳刚，刘继生．集聚型农业村落文化景观的演化过程与机理——以山东曲阜峪口村为例 [J]．地理研究，2009，28（4）：968-978.

[75] 郭晓东，马利邦，张启媛．基于 GIS 的秦安县乡村聚落空间演变特征及其驱动机制研究 [J]．经济地理，2012，32（7）：56-62.

[76] 冯应斌．丘陵地区村域居民点演变过程及调控策略 [D]．重庆：西南大学，2014.

[77] 刘晓星．中国传统聚落形态的有机演进途径及其启示 [J]．城市规划学刊，2007，（3）：55-60.

[78] 朱向东，郝彦鑫．传统聚落与民居形态特征初探——以山西平顺奥治村为例 [J]．中华民居，2011（12）：48-49.

[79] 周传发．论三峡传统聚居与民居形态的地域特征 [J]．三峡大学学报（人文社会科学版），2009，31（2）：5-8.

[80] 程世丹．三峡地区的传统聚居建筑 [J]．武汉大学学报（工学版），2003，36（5）：94-97.

[81] 浦欣成，董一帆．国内传统乡村聚落形态量化研究综述 [J]．建筑与文化，2018（8）：59-61.

[82] 彭一刚．传统村镇聚落景观分析（第二版）[M]．北京：中国建筑工业出版社，2018.

[83] 王传胜，孙贵艳，朱珊珊．西部山区乡村聚落空间演进研究的主要进展 [J]．人文地理，2011，26（5）：9-14.

[84] 陈若曦．陕南地区传统村落景观特征研究 [D]．西安：长安大学，2017.

[85] 魏绪英，蔡军火，刘纯青．江西省传统村落类型及其空间分布特征分析 [J]．现代城市研究，2017（8）：39-44.

[86] 林涛．浙北乡村集聚化及其聚落空间演进模式研究 [D]．杭州：浙江大学，2012.

[87] 魏成，苗凯，肖大威，等．中国传统村落基础设施特征区划及其保护思考 [J]．现代城市研究，2017（11）：2-9.

[88] 陈勇．四川西部山区民族聚落生态分区研究 [J]．西部发展评论，2012（00）：138-144.

[89] 李建华．西南聚落形态的文化学诠释 [D]．重庆：重庆大学，2010.

[90] 崔海洋，眭莉婷，虞虎．西南民族文化生态社区的发展模式与影响因素探析 [J]．贵州民族研究，2015，36（11）：53-58.

[91] 范少言，陈宗兴．试论乡村聚落空间结构的研究内容 [J]．经济地理，1995，15（2）：44-47.

[92] 李瑛，陈宗兴．陕南乡村聚落体系的空间分析 [J]．人文地理，1994，9（3）：13-21.

[93] 刘沛林．论中国历史文化村落的精神空间 [J]．北京大学学报（哲学社会科学版），1996（1）：44-47.

[94] 陈志文，李惠娟．中国江南农村居住空间结构模式分析 [J]．农业现代化研究，2007，28（1）：15-19.

[95] 李根．秦巴山地传统聚落空间特点及人居环境研究——以宁强青木川为例 [J]．四川建筑科学研究，2014，40（3）：230-233.

[96] 业祖润．传统聚落环境空间结构探析 [J]．建筑学报，2001（12）：21-24.

[97] 李微微．徽州古村落空间的类型化初探 [D]．合肥：合肥工业大学，2007.

[98] 郭晓东．黄土丘陵区乡村聚落发展及其空间结构研究 [D]．兰州：兰州大学，2007.

[99] 李红波，张小林，吴江国，等．苏南地区乡村聚落空间格局及其驱动机制 [J]．地理科学，2014，34（4）：438-446.

[100] 李伯华，周鑫，刘沛林，等．城镇化进程中张谷英村功能转型与空间重构 [J]．地理科学，2018，38（8）：1310-1318.

[101] 余侃华．西安大都市周边地区乡村聚落发展模式及规划策略研究 [D]．西安：西安建筑科技大学，2011.

[102] 雷振东．整合与重构——关中乡村聚落转型研究 [D]．西安：西安建筑科技大学，2005.

[103] 郭文．"空间的生产"内涵、逻辑体系及对中国新型城镇化实践的思考 [J]．经济地理，2014，34（6）：33-39.

[104] 黄应贵．空间、力与社会 [M]．台北：民族学研究所，1995.

[105] 张纪娴，左迪，宋志贤，等．传统村落旅游地空间生产与认同研究——以苏州市陆巷村为例 [J]．资源开发与市场，2019，35（5）：712-716.

[106] 陈俭明．传统村落旅游扶贫开发中的空间生产研究——以信阳市新县西河村为例 [J]．智库时代，2019（19）：149-150.

[107] 赵巧艳．空间实践与侗族村落文化表征：以宝赠为例 [J]．广西师范大学学报（哲学社会科学版），2014，50（2）：92-101.

[108] 王丹．基于空间生产理论的古村落文化景观研究——以婺源古村落为例 [D]．西安：西安建筑科技大学，2016.

[109] 佟玉权．基于GIS的中国传统村落空间分异研究 [J]．人文地理，2014，29（4）：44-51.

[110] 刘大均，胡静，陈君子，等．中国传统村落的空间分布格局研究 [J]．中国人口·资源与环境，2014，24（4）：157-162.

[111] 熊梅．中国传统村落的空间分布及其影响因素 [J]．北京理工大学学报（社会科学版），2014，16（5）：153-158.

[112] 康璟瑶，章锦河，胡欢，等．中国传统村落空间分布特征分析 [J]．地理科学进展，2016，35（7）：839-850.

[113] 佟玉权，龙花楼．贵州民族传统村落的空间分异因素 [J]．经济地理，2015，35（3）：133-138.

[114] 李伯华，尹莎，刘沛林，等．湖南省传统村落空间分布特征及影响因素分析 [J]．经济地理，2015，35（2）：189-194.

[115] 孙军涛，牛俊杰，张侃侃，等．山西省传统村落空间分布格局及影响因素研究 [J]．人文地理，2017，32（3）：102-107.

[116] 冯亚芬，俞万源，雷汝林．广东省传统村落空间分布特征及影响因素研究 [J]．地理科学，2017，37（2）：236-243.

[117] 黄荣静，苏惠敏，魏中宇．河南省传统村落的空间分布特征及影响因素 [J]．陕西师范大学学报（自然科学版），2019，47（2）：98-105.

[118] 王艳想，李帅，酒江涛，等．河南省传统村落空间分布特征及影响因素研究 [J]．中国农业资源与区划，2019，40（2）：129-136.

[119] 杨思敏，许娟．基于GIS的安康市传统村落空间分布的研究 [J]．建筑与文化，2018（12）：141-142.

[120] 郭晓东，张启媛，马利邦．山地——丘陵过渡区乡村聚落空间分布特征及其影响因素分析 [J]．经济地理，

2012，32（10）：114-120.

[121] 焦胜，郑志明，徐峰，等．传统村落分布的"边缘化"特征——以湖南省为例［J］．地理研究，2016，35（8）：1525-1534.

[122] 祁剑青．陕西传统民居地理研究［D］．西安：陕西师范大学，2017.

[123] 卢松，张小军，张亚臣．徽州传统村落的时空分布及其影响因素［J］．地理科学，2018，38（10）：1690-1698.

[124] 梁步青，肖大威，陶金，等．赣州客家传统村落分布的时空格局与演化［J］．经济地理，2018，38（8）：196-203.

[125] 龚胜生，李孜沫，胡娟，等．山西省古村落的空间分布与演化研究［J］．地理科学，2017，37（3）：416-425.

[126] 陈君子，刘大均，周勇，等．嘉陵江流域传统村落空间分布及成因分析［J］．经济地理，2018，38（2）：148-153.

[127] 关中美，王同文，职晓晓．中原经济区传统村落分布的时空格局及其成因［J］．经济地理，2017，37（9）：225-232.

[128] 马勇，黄智洵．基于GWR模型的长江中游城市群传统村落空间格局及可达性探究［J］．人文地理，2017，32（4）：78-85.

[129] 黄雪，冯玉良，李丁，等．西北地区传统村落空间分布特征分析［J］．西北师范大学学报（自然科学版），2018，54（6）：117-123.

[130] 崔重重，张晓茹，房鑫，等．晋东南地区传统村落空间分布规律研究［J］．长春师范大学学报，2019，38（2）：87-90.

[131] 吴清，徐茵茵，张意柳，等．西江流域广东段传统村落空间分布特征及影响因素研究［J］．旅游论坛，2018，11（6）：81-91.

[132] 李伯华，刘沛林，窦银娣．乡村人居环境系统的自组织演化机理研究［J］．经济地理，2014，34（9）：130-136.

[133] 李伯华，曾灿，窦银娣，等．基于"三生"空间的传统村落人居环境演变及驱动机制——以湖南江永县兰溪村为例［J］．地理科学进展，2018，37（5）：677-687.

[134] 李伯华，窦银娣，刘沛林．制度约束、行为变迁与乡村人居环境演化［J］．西北农林科技大学学报（社会科学版），2014，14（3）：28-33.

[135] 李伯华，刘沛林，窦银娣，等．景区边缘型乡村旅游地人居环境演变特征及影响机制研究——以大南岳旅游圈为例［J］．地理科学，2014，34（11）：1353-1360.

[136] 李伯华，曾荣倩，刘沛林，等．基于CAS理论的传统村落人居环境演化研究——以张谷英村为例［J］．地理研究，2018，37（10）：1982-1996.

[137] 李伯华，曾灿，刘沛林，等．传统村落人居环境转型发展的系统特征及动力机制研究——以江永县兰溪村为例［J］．经济地理，2019，39（8）：153-159.

[138] 冯晨．陕南传统村落景观中的生态手法研究——以宁强县青木川村为例［D］．西安：西安建筑科技大学，2018.

[139] 刘沛林．古村落文化景观的基因表达与景观识别［J］．衡阳师范学院学报（社会科学），2003，24（4）：1-8.

[140] 刘沛林，刘春腊，邓运员，等．客家传统聚落景观基因识别及其地学视角的解析［J］．人文地理，2009，24（6）：40-43.

[141] 刘沛林，刘春腊，李伯华，等．中国少数民族传统聚落景观特征及其基因分析［J］．地理科学，2010，30（6）：810-817.

[142] 刘沛林，刘春腊，邓运员，等．基于景观基因完整性理念的传统聚落保护与开发［J］．经济地理，2009，29（10）：1731-1736.

[143] 刘沛林，刘春腊，邓运员，等．我国古城镇景观基因"胞—链—形"的图示表达与区域差异研究［J］．人文地理，2011，26（1）：94-99.

[144] 邓运员，杨柳，刘沛林．景观基因视角的湖南省古村镇文化特质及其保护价值［J］．经济地理，2011，31

（9）：1552-1557.

［145］ 胡最，刘沛林，邓运员，等．传统聚落景观基因的识别与提取方法研究［J］．地理科学，2015，35（12）：1518-1524.

［146］ 杨立国，刘沛林，林琳．传统村落景观基因在地方认同建构中的作用效应——以侗族村寨为例［J］．地理科学．2015，35（5）：593-598.

［147］ 祁剑青，刘沛林，邓运员，等．基于景观基因视角的陕南传统民居对自然地理环境的适应性［J］．经济地理，2017，37（3）：201-209.

［148］ 祁剑青，邓运员，郑文武，等．窑洞建筑景观基因的识别及其变异［J］．干旱区资源与环境，2019，33（6）：84-89.

［149］ 辛福森．徽州传统村落景观的基本特征和基因识别研究［D］．芜湖：安徽师范大学，2012.

［150］ 秦为径．凉山彝族地区乡土景观基因及其保护与传承研究［D］．绵阳：西南科技大学，2015.

［151］ 翟文艳，张侃侃，常芳．基于地域"景观基因"理念下的古城文化空间认知结构——以西安城市建筑风格为例［J］．人文地理，2010，25（2）：78-80.

［152］ 王兴中，李胜超，李亮，等．地域文化基因再现及人本观转基因空间控制理念［J］．人文地理，2014，29（6）：1-9.

［153］ 翟洲燕，李同昇，常芳，等．陕西传统村落文化遗产景观基因识别［J］．地理科学进展，2017，36（9）：1067-1080.

［154］ 杨晓俊，方传珊，王益益．传统村落景观基因信息链与自动识别模型构建——以陕西省为例［J］．地理研究，2019，38（6）：1378-1388.

［155］ 胡最，刘沛林．基于 GIS 的南方传统聚落景观基因信息图谱的探索［J］．人文地理，2008，23（6）：13-16.

［156］ 胡最，郑文武，刘沛林，等．湖南省传统聚落景观基因组图谱的空间形态与结构特征［J］．地理学报，2018，73（2）：317-332.

［157］ 侯爱萍，陈新勇．基于基因信息图谱的传统聚落景观研究——以新疆吐鲁番麻扎村维吾尔族聚落为例［J］．新疆大学学报（自然科学版），2016，33（2）：235-240.

［158］ 周烨伟．甘南藏区传统聚落景观基因图谱研究［D］．兰州：兰州理工大学，2018.

［159］ 申秀英，刘沛林，邓运员，等．景观基因图谱：聚落文化景观区系研究的一种新视角［J］．辽宁大学学报（哲学社会科学版），2006，34（3）：143-148.

［160］ 申秀英，刘沛林，邓运员．景观"基因图谱"视角的聚落文化景观区系研究［J］．人文地理，2006，21（4）：109-112.

［161］ 申秀英，刘沛林，邓运员，等．中国南方传统聚落景观区划及其利用价值［J］．地理研究，2006，25（3）：485-494.

［162］ 刘沛林，刘春腊，邓运员，等．中国传统聚落景观区划及景观基因识别要素研究［J］．地理学报，2010，65（12）：1496-1506.

［163］ 翟洲燕，常芳，李同昇，等．陕西省传统村落文化遗产景观基因组图谱研究［J］．地理与地理信息科学，2018，34（3）：87-94.

［164］ 邓运员，代侦勇，刘沛林．基于 GIS 的中国南方传统聚落景观保护管理信息系统初步研究［J］．测绘科学，2006，31（4）：74-77.

［165］ 胡最，刘沛林，申秀英，等．传统聚落景观基因信息单元表达机制［J］．地理与地理信息科学，2010，26（6）：96-101.

［166］ 胡最，刘沛林，陈影．传统聚落景观基因信息图谱单元研究［J］．地理与地理信息科学，2009，25（5）：79-83.

［167］ 胡最，刘沛林，申秀英，等．古村落景观基因图谱的平台系统设计［J］．地球信息科学学报，2010，12（1）：83-88.

［168］ 刘沛林．论中国古代的村落规划思想［J］．自然科学史研究，1998，17（1）：82-90.

［169］ 徐春成，万志琴．传统村落保护基本思路论辩［J］．华中农业大学学报（社会科学版），2015（6）：58-64.

［170］ 翟洲燕．新型城镇化进程中传统村落的统筹性响应机理与发展路径研究——以陕西省传统村落为例［D］．西

安：西北大学，2018.

[171] 翁时秀，卢建鸣．空间治理的社区实践与正当性建构——以浙江省永嘉县芙蓉村传统村落保护为例［J］．地理研究，2019，38（6）：1322-1332.

[172] 刘天曌，刘沛林，朱源湘．古村落旅游农户感知、态度与行为研究——以张谷英村为例［J］．衡阳师范学院学报，2018，39（3）：8-13.

[173] 刘沛林，刘春腊．北京山区沟域经济典型模式及其对山区古村落保护的启示［J］．经济地理，2010，30（12）：1944-1949.

[174] 彭思涛，但文红．基于社区参与的村落文化景观遗产保护模式研究——以贵州省雷山县控拜社区为例［J］．原生态民族文化学刊，2009，1（2）：94-98.

[175] 刘天曌，刘沛林，王良健．新型城镇化背景下的古村镇保护与旅游发展路径选择——以萱洲古镇为例［J］．地理研究，2019，38（1）：133-145.

[176] 刘沛林．"景观信息链"理论及其在文化旅游地规划中的运用［J］．经济地理，2008，28（6）：1035-1039.

[177] 刘沛林，李伯华．传统村落数字化保护的缘起、误区及应对［J］．首都师范大学学报（社会科学版），2018（5）：140-146.

[178] 刘沛林，邓运员．数字化保护：历史文化村镇保护的新途径［J］．北京大学学报（哲学社会科学版），2017，54（6）：104-110.

[179] 郑文武，刘沛林．"留住乡愁"的传统村落数字化保护［J］．江西社会科学，2016，36（10）：246-251.

[180] 王军，夏健．传统村落保护的动态监控体系建构研究［J］．城市发展研究，2016，23（7）：58-63.

[181] 邹子婕，杜歆雨．城市边缘区传统村落发展模式新探——以渭南市莲湖村为例［J］．遗产与保护研究，2019，4（3）：93-97.

[182] 李乔杨，谢清松．场域理论视域下传统村落"精神空间"分析——以遵义桐梓泡通村为例［J］．商丘师范学院学报，2019，35（5）：44-48.

[183] 童正容．传统村落保护与发展参与主体的行为博弈分析［J］．西南石油大学学报（社会科学版），2019，21（1）：28-33.

[184] 许娟．秦巴山区乡村聚落规划与建设策略研究［D］．西安：西安建筑科技大学，2011.

[185] 赵之枫，王峥，云燕．基于乡村特点的传统村落发展与营建模式研究［J］．西部人居环境学刊，2016，31（2）：11-14.

[186] 蒋盈盈，王红．浅谈贵州民族村落文化景观保护与利用——以花溪镇山布依族村寨为案例［J］．贵州工业大学学报（自然科学版），2008，37（5）：182-184.

[187] 华承军．中国陕南地区乡土建筑的有机更新［J］．西北美术，2018（2）：132-134.

[188] 吴昕泽，李文博，张大玉．北京市门头沟区传统村落保护现状及发展策略——基于对六个传统村落的调研［J］．遗产与保护研究，2019，4（1）：101-106.

[189] 韦宝畏，杨明星，许文芳．朝鲜族传统村落特色及保护策略探析——以白龙村为例［J］．遗产与保护研究，2019，4（3）：63-68.

[190] 姜淼，康佳意．传统村落环境格局、街巷空间及建筑风貌保护发展对策研究——以云南武定县万德村为例［J］．遗产与保护研究，2019，4（3）：59-62.

[191] 唐珊珊，张萌，于东明．传统村落公共空间类型及传承研究［J］．北京规划建设，2019（1）：113-116.

[192] 薛正昌，郭勤华．城镇化与传统村落文化遗产保护——以宁夏为例［J］．北方民族大学学报（哲学社会科学版），2015，（5）：11-16.

[193] 张玭．基于文化生态学的格凸河苗寨文化保护与开发策略研究［D］．重庆：重庆大学，2014.

[194] 钟舟海．文化生态学视阈下的赣南客家古村落保护研究［J］．安徽农业科学，2013，41（16）：7232-7234.

[195] 刘春腊，徐美，刘沛林．新农村建设中湖南乡村文化景观资源的开发利用［J］．经济地理，2009，29（2）：320-326.

[196] 王云才，郭焕成，杨丽．北京市郊区传统村落价值评价及可持续利用模式探讨——以北京市门头沟区传统村落的调查研究为例［J］．地理科学，2006，26（6）：735-742.

[197] 王云才，韩丽莹．基于景观孤岛化分析的传统地域文化景观保护模式——以江苏苏州市甪直镇为例［J］．地

理研究，2014，33（1）：143-156.

［198］王云才．基于景观破碎度分析的传统地域文化景观保护模式——以浙江诸暨市直埠镇为例［J］．地理研究，2011，30（1）：10-22.

［199］汪清蓉，李凡．古村落综合价值的定量评价方法及实证研究——以大旗头古村为例［J］．旅游学刊，2006，21（1）：19-24.

［200］宋子千，宋瑞．古村镇旅游开发效果评价：居民感知、专家意见及其对比［J］．旅游学刊，2010，25（5）：56-60.

［201］赵勇，张捷，李娜，等．历史文化村镇保护评价体系及方法研究——以中国首批历史文化名镇（村）为例［J］．地理科学，2006，26（4）：497-505.

［202］王纯阳，屈海林．村落遗产地社区居民旅游发展态度的影响因素［J］．地理学报，2014，69（2）：278-288.

［203］杨立国，龙花楼，刘沛林，等．传统村落保护度评价体系及其实证研究——以湖南省首批中国传统村落为例［J］．人文地理，2018，33（3）：121-128.

［204］杨立国，刘沛林．传统村落文化传承度评价体系及实证研究——以湖南省首批中国传统村落为例［J］．经济地理，2017，37（12）：203-210.

［205］窦银娣，符海琴，李伯华，等．传统村落旅游开发潜力评价与发展策略研究——以永州市为例［J］．资源开发与市场，2018，34（9）：1321-1326.

［206］王勇，周雪，李广斌．苏南不同类型传统村落乡村性评价及特征研究——基于苏州12个传统村落的调查［J］．地理研究，2019，38（6）：1311-1321.

［207］邹君，刘媛，谭芳慧，等．传统村落景观脆弱性及其定量评价——以湖南省新田县为例［J］．地理科学，2018，38（8）：1292-1300.

［208］袁蔷．传统村落保护与农户可持续生计研究——以张家界市石堰坪村为例［J］．河南农业，2019（11）：10-12.

［209］魏唯一．陕西传统村落保护研究［D］．西安：西北大学，2019.

［210］王云才，石忆邵，陈田．传统地域文化景观研究进展与展望［J］．同济大学学报（社会科学版），2009，20（1）：18-24.

［211］王云才．传统地域文化景观之图式语言及其传承［J］．中国园林，2009，25（10）：73-76.

［212］王云才，史欣．传统地域文化景观空间特征及形成机理［J］．同济大学学报（社会科学版），2010，21（1）：31-38.

［213］王云才，Patrick Miller，Brian Katen．文化景观空间传统性评价及其整体保护格局——以江苏昆山千灯——张浦片区为例［J］．地理学报，2011，66（4）：525-534.

［214］赵荣，李同昇．陕西文化景观研究［M］．西安：西北大学出版社，1999.

［215］黄成林．徽州文化景观初步研究［J］．地理研究，2000，19（3）：257-263.

［216］杨洁，杜娟，周佳，等．传统乡村地域文化景观解读——以林盘为例［J］．建筑与文化，2011（12）：44-47.

［217］闫杰．陕南民居建筑及其文化特征［J］．四川建筑科学研究，2009，35（4）：221-225.

［218］闫杰，王军．陕南乡土建筑的类型研究［J］．华中建筑，2012，30（6）：144-146.

［219］闫杰．秦巴山地乡土建筑的文化基因及风格特征解析［J］．建筑技术，2017，48（12）：1319-1321.

［220］师永辉，毛学刚．豫南传统村落景观格局及驱动机制——以河南新县丁李湾村为例［J］．地域研究与开发，2018，37（3）：172-176.

［221］角媛梅，肖笃宁，程国栋．亚热带山地民族文化与自然环境和谐发展实证研究——以云南省元阳县哈尼族梯田文化景观为例［J］．山地学报，2002，20（3）：266-271.

［222］何金廖，宗跃光，张雷．湘中丘陵地区乡村文化景观的演化及其机理分析［J］．南京师范大学学报（自然科学版），2007，30（4）：94-98.

［223］房艳刚，梅林，刘继生，等．近30年冀鲁豫农业村落民宅景观演化过程与机理［J］．地理研究，2011，31（2）：220-233.

［224］李畅．乡土聚落景观的场所性诠释——以巴渝沿江场镇为例［D］．重庆：重庆大学，2015.

［225］许斌，周智生．全球化背景下西南边疆民族地区橡胶文化景观兴起研究——以西双版纳地区为例［J］．热带

地理，2015，35（3）：549-560.

[226] 林若琪，蔡运龙．转型期乡村多功能性及景观重塑［J］．人文地理，2012，27（2）：45-49.

[227] 李伯华，杨家蕊，刘沛林，等．传统村落景观价值居民感知与评价研究——以张谷英村为例［J］．华中师范大学学报（自然科学版），2018，52（2）：248-255.

[228] 张文泉．辨物居方、明分使群——汽车造型品牌基因表征、遗传和变异［D］．长沙：湖南大学，2012.

[229] 潘顺安．旅游开发引起民族文化变异的经济学审视［J］．贵州民族研究，2009，29（6）：134-138.

[230] 李晓星．社会转型中媒体的消费主义文化变异解析［J］．今传媒，2012，20（3）：147-148.

[231] 薛佳．试析饮食文化在旅游开发过程中的文化变异问题——发展多层次饮食文化旅游［J］．特区经济，2009（9）：161-162.

[232] 庞希云，李志峰．文化传递中的想像与重构——中越"翁仲"的流传与变异［J］．上海师范大学学报（哲学社会科学版），2013，42（2）：76-85.

[233] 许然，朱竑，司徒尚纪．文化锋面的地理学诠释［J］．人文地理，2006，21（6）：27-30.

[234] 陕西省城乡规划设计研究院．陕西古村落（一）——记忆与乡愁［M］．北京：中国建筑工业出版社，2015.

[235] 陕西省城乡规划设计研究院．陕西古村落（二）——记忆与乡愁［M］．北京：中国建筑工业出版社，2015.

[236] 刘奔腾，张小娟，李沁鞠．甘肃传统村落［M］．南京：东南大学出版社，2018.

[237] 贵州省住房和城乡建设厅．贵州传统村落［M］．北京：中国建筑工业出版社，2016.

[238] 洪卜仁，靳维柏．厦门传统村落［M］．厦门：厦门大学出版社，2015.

[239] 闵忠荣，段亚鹏，熊春华．江西传统村落［M］．北京：中国建筑工业出版社，2019.

[240] 罗德胤．传统村落——从观念到实践［M］．北京：清华大学出版社，2017.

[241] 杨国才，王珊珊．城市化进程中诺邓古村的保护与发展［M］．北京：中国社会科学出版社，2017.

[242] 胡彬彬，吴灿．中国传统村落文化概论［M］．北京：中国社会科学出版社，2018.

[243] 刘沛林．家园的景观与基因：传统聚落景观基因图谱的深层解读［M］．北京：商务印书馆，2014.

[244] 李伯华，郑始年，刘沛林，等．传统村落空间布局的图式语言研究——以张谷英村为例［J］．地理科学，2019，39（11）：1691-1701.

[245] 胡最，邓运员，刘沛林，等．传统聚落文化景观基因的符号机制［J］．地理学报，2020，75（4）：789-803.

[246] 任国平，刘黎明，孙锦，等．基于"胞—链—形"分析的都市郊区村域空间发展模式识别与划分［J］．地理学报，2017，72（12）：2147-2165.

[247] 李倩菁，蔡晓梅．新文化地理学视角下景观研究综述与展望［J］．人文地理，2017，32（1）：23-28.

[248] 江金波．论文化生态学的理论发展与新架构［J］．人文地理，2005，20（4）：119-124.

[249] 吴传钧．论地理学的研究核心——人地关系地域系统［J］．经济地理，1991，11（3）：1-6.

[250] 吕园．区域城镇化空间格局、过程及其响应——以陕西省为例［D］．西安：西北大学，2014.

[251] 侯仁之．历史地理学的理论与实践［M］．上海：上海人民出版社，1979.

[252] 蔡晴．基于地域的文化景观保护［D］．南京：东南大学，2006.

[253] 于汉学．黄土高原沟壑区人居环境生态化理论与规划设计方法研究［D］．西安：西安建筑科技大学，2007.

[254] 吴良镛．人居环境科学导论［M］．北京：中国建筑工业出版社，2001.

[255] 史念海．黄土高原历史地理研究［M］．郑州：黄河水利出版社，2001.

[256] 陕西省地方志编纂委员会．陕西省志．地理志［M］．西安：陕西人民出版社，2000.

[257] 毕沅（清），张沛校点．关中胜迹图志［M］．西安：三秦出版社，2004.

[258] 黄高才．咸阳文化解读——中国文化寻根［M］．北京：北京大学出版社，2011.

[259] 陕西省地方志办公室．陕西帝王陵墓志［M］．西安：三秦出版社，2017.

[260] 朱鸿．关中：长安文化的沉积［M］．北京：商务印书馆，2011.

[261] 张德丽．西安文化论稿［M］．西安：西安出版社，2009.

[262] 中国国家人文地理编委会．中国国家人文地理：铜川［M］．北京：中国地图出版社，2016.

[263] 宝鸡市文物事业管理局．听我讲宝鸡［M］．西安：三秦出版社，2009.

[264] 李文英．民居瑰宝：党家村［M］．西安：陕西人民教育出版社，2002.

[265] 周国祥．陕北古代史纪略［M］．西安：陕西人民出版社，2008.

［266］ 景俊海．人文陕西［M］．西安：陕西旅游出版社，2010.

［267］ 住房和城乡建设部．中国传统建筑解析与传承（陕西卷）［M］．北京：中国建筑工业出版社，2017.

［268］ 段双印．延安古代纪闻［M］．西安：三秦出版社，2010.

［269］ 孙启祥．汉中历史文化论集［M］．西安：陕西人民出版社，2011.

［270］ 安康市地方志编纂委员会．安康地区志（上）［M］．西安：陕西人民出版社，2004.

［271］ 姚远．西安科技文明［M］．西安：西安出版社，2010.

［272］ 陕西省地方志编纂委员会．陕西省志·文物志［M］．西安：三秦出版社，1995.

［273］ 陕西省建设志编纂委员会．陕西省志·建设志［M］．西安：三秦出版社，1999.

［274］ 侯幼彬，李婉贞．中国古代建筑历史图说［M］．北京：中国建筑工业出版社，2002.

［275］ 魏世刚．试论石峁等遗存与客省庄二期文化的关系［J］．文博，1990（4）：33-40.

［276］ 徐凤阳．陕西神木石峁遗址公园展示设计研究［D］．西安：西安建筑科技大学，2016.

［277］ 邹逸麟．中国历史人文地理［M］．北京：科学出版社，2017.

［278］ 董鉴泓．中国城市建设史［M］．北京：中国建筑工业出版社，2004.

［279］ 张岂之，史念海，郭琦．陕西通史：隋唐卷［M］．西安：陕西师范大学出版社，1997.

［280］ 史红帅，吴宏岐．西北重镇西安［M］．西安：西安出版社，2007.

［281］ 史念海．西安历史地图集［M］．西安：西安地图出版社，1996.

［282］ 刘景纯．清代黄土高原地区城镇地理研究［M］．北京：中华书局，2005.

［283］ 史红帅．明清时期西安城市地理研究［M］．北京：中国社会科学出版社，2008.

［284］ 史红帅．近代西方人视野中的西安城乡景观研究（1840—1949）［M］．北京：科学出版社，2014.

［285］ 陕西省统计局．陕西统计年鉴 2018［EB/OL］．
http：//tjj. shaanxi. gov. cn/upload/201802/zk/indexch. htm，2018-11-12.

［286］ 住房和城乡建设部．最后一批传统村落调查推荐工作启动［EB/OL］．
https：//www. mohurd. gov. cn/xinwen/gzdt/201708/20170807 _ 232861. html，2017-08-07.

［287］ 霍耀中，刘沛林．黄土高原聚落景观与乡土文化［M］．北京：中国建筑工业出版社，2013.

［288］ 祁嘉华．陕西古村落——成为新农村的路径探索［M］．西安：陕西人民出版社，2013.

［289］ 刘沛林．风水：中国人的环境观［M］．上海：三联书店，1995.

［290］ 侯继尧，王军．中国窑洞［M］．郑州：河南科学技术出版社，1999.

［291］ 王军．西北民居［M］．北京：中国建筑工业出版社，2009.

［292］ 中国非物质文化遗产数字博物馆．国家级非物质文化遗产代表性项目名录［EB/OL］．
http：//www. ihchina. cn/project. html♯target1，2019-04-15.

［293］ 方嘉雯．基于文化地理学视角的秦腔文化起源与扩散［J］．人文地理，2013，28（3）：64-69.

［294］ 陕西省非物质文化遗产保护中心．陕西省第一批非物质文化遗产名录图典［M］．西安：陕西人民美术出版社，2008.

［295］ 方李莉．西部人文资源考察实录［M］．北京：学苑出版社，2010.

［296］ 贺绎，赵慧兰．陕西庙会［M］．西安：西北大学出版社，2012.

［297］ 杨力．基因表达视角下传统村落的延续与新生［D］．重庆：重庆大学，2016.

［298］ 冯天瑜，杨华，任放．中华文化史［M］．上海：上海人民出版社，2005.

［299］ 赵逵，邵岚．山陕会馆与关帝庙［M］．北京：中国出版集团，2015.

［300］ 叶广芩．青木川［M］．西安：太白文艺出版社，2012.

［301］ 闫杰，王军．安康民居建筑文化及形态特征分析［J］．四川建筑科学研究，2012，38（1）：255-258.

［302］ 米脂县志编纂委员会．米脂县志［M］．西安：陕西人民出版社，1993.

［303］ 贾珺．北方私家园林［M］．北京：清华大学出版社，2013.

［304］ 于海洋，罗天．目标修复体空间中的数量及数量关系在精准美学修复中的应用［J］．华西口腔医学杂志，2016，34（3）：223-228.

［305］ 方创琳，刘海猛，罗奎，等．中国人文地理综合区划［J］．地理学报，2017，72（2）：179-196.

［306］ 潘竟虎，从忆波．基于景点空间可达性的中国旅游区划［J］．地理科学，2014，34（10）：1161-1168.

［307］　叶岱夫 . 广东东江流域文化地理研究与区域经济展望［J］. 人文地理，1998，13（4）：53-56.

［308］　肖龙，金石柱 . 分析吉林省文化区划分［J］. 旅游纵览，2016（6）：120-121.

［309］　孟召宜，苗长虹，沈正平，等 . 江苏省文化区的形成与划分研究［J］. 南京社会科学，2008（12）：88-96.

［310］　张晓虹 . 陕西文化区划及其机制分析［J］. 人文地理，2000，15（3）：17-21.

［311］　角媛梅 . 论哈尼文化区的划分［J］. 云南师范大学学报（自然科学版），1999，19（5）：58-60.

［312］　叶广芩 . 老县城［M］. 西安：西安出版社，2010.

［313］　佛坪县地方志编纂委员会 . 佛坪县志［M］. 西安：三秦出版社，1993.